发电企业安全管理系列丛书

国家能源集团
CHN ENERGY

火力发电厂检修工序卡

中国神华能源股份有限公司　编

U0246475

中国电力出版社
CHINA ELECTRIC POWER PRESS

内 容 提 要

本书采用基于风险预控管理的现场检修（消缺）作业管理方法，选择火力发电有代表性检修作业编制了检修文件包范本。该方法将现场检修（消缺）作业全过程划分为六个环节，进行系统的风险辨识和风险评估，制定安全作业标准；并借助设备故障模式分析（FEMA）查找故障原因。在此基础上，编制规范的现场检修（消缺）作业消缺卡。为有效防范在现场检修（消缺）作业过程中，由于安全措施不完善，管理责任落实不到位，作业人员违章作业及误操作等原因而导致的生产中断、设备损坏及人身伤害等事件发生提供了有效途径。

本书针对性、实用性强，可供火力发电运行人员参考使用，也可作为编制消缺卡的指导工具书。

图书在版编目（CIP）数据

火力发电厂检修工序卡 / 中国神华能源股份有限公司编 . —北京：中国电力出版社，2018.4（2019.4重印）
（发电企业安全管理系列丛书）
ISBN 978-7-5198-2430-3

Ⅰ.①火… Ⅱ.①中… Ⅲ.①火电厂－检修 Ⅳ.①TM621

中国版本图书馆 CIP 数据核字（2018）第 215945 号

出版发行：中国电力出版社
地　　址：北京市东城区北京站西街 19 号（邮政编码 100005）
网　　址：http://www.cepp.sgcc.com.cn
责任编辑：郑艳蓉（010-63412379）　马雪倩
责任校对：黄 蓓 李 楠
装帧设计：赵姗姗
责任印制：蔺义舟

印　　刷：北京天宇星印刷厂
版　　次：2018 年 4 月第一版
印　　次：2019 年 4 月北京第二次印刷
开　　本：880 毫米×1230 毫米　16 开本
印　　张：19
字　　数：623 千字
印　　数：1001—2000 册
定　　价：109.00 元

本书编委会

主　任　李　东
副主任　王树民　肖创英　谢友泉　张光德　刘志江　毛　迅
委　员　（按姓氏笔画排序）

刘志强　刘　明　杨汉宏　杨吉平　李志明　吴优福

何成江　宋　畅　张传江　张胜利　邵俊杰　赵岫华

赵　剑　赵振海

本书编写组

主　编　王树民
副主编　（按姓氏笔画排序）

方世清　史颖君　刘志江　刘志强　孙小玲　李　石

李　忠　李瑞欣　李　巍　肖创英　吴优福　何成江

宋　畅　张光德　陈志龙　陈　英　陈杭君　国汉君

季明彬　赵世斌　赵岫华　赵振海　秦文军　凌荣华

蒋国俊　魏　星

参编人员　（按姓氏笔画排序）

王　勇　王　晖　王朝飞　王渤海　田红鹏　付　昱

白继亮　刘　斌　安志勇　孙志春　杨　建　李海节

李　鹏　吴海斌　张力夫　张大健　张建生　张艳亮

张　磊　陈　晗　陈福安　林秀华　卓　华　庞宏利

项颢林　赵　跃　钟　波　祝　捷　郭海峰　唐　辉

董桂华　童朝平　曾袁斌

中国神华能源股份有限公司是集煤炭、电力、铁路、港口、航运、煤制油与煤化工等板块于一体的特大型综合能源企业。基于各板块均属于高危行业的特点，中国神华能源股份有限公司始终高度重视安全生产工作，并利用企业内涉及行业多的特点，在实践中相互借鉴，积极探索创新安全管理。早在 20 世纪 90 年代企业成立之初，从煤炭板块开始开展安全质量标准化建设，并在国内率先推广到电力、铁路、港口等其他行业领域；进入新世纪，2001 年中国神华能源股份有限公司电力板块从国外引进 NOSA 安健环管理模式，在国内安全生产领域首次引入了风险预控管理的理念；2005 年，在国家安全生产监督管理总局的指导下，中国神华能源股份有限公司在煤炭板块率先开展"安全生产风险预控管理体系"研究，经过历时两年的研究和在全国百家煤矿单位试点实践，取得良好的效果。2010 年开始，中国神华能源股份有限公司在电力、铁路、港口、煤制油和煤化工等板块创建安全风险预控管理体系。经过不断完善，逐步形成了一套日趋成熟的安全生产管理体系。

中国神华能源股份有限公司历经多年创建的这套安全管理体系包含了多项创新，核心内容包括：要素全面系统的管理体系建设标准；一套系统的危害辨识和风险预控管理模式及方法；作业任务风险评估、设备故障（模式）风险评估、生产区域风险评估等相互关联的三种模式和方法；一套基于风险预控的生产作业文件，将危险源辨识结果及风险预控措施与传统的操作票、工作票、检修工序卡和检修文件包相结合；系统的安全质量标准化标准；一套完善的保障管理制度流程；一套考核评审办法和安全审计机制。

中国神华能源股份有限公司编写的这套《发电企业安全管理系列丛书》具有管理制度化、制度表单化、表单信息化的特点，将管理要求分解为具体的执行表单，以信息化手段实施，落实了岗位职责，提高了管理效率，促进了管理的规范化与标准化。

近年来，中国神华能源股份有限公司体系建设取得多项成果，建立行业标准 4 项，企业标准 13 项，获行业科技成果一等奖三项。

为了更好地推广应用，将实践成果进行归纳整理，出版了该套《发电企业安全管理系列丛书》，具有极强的可操作性和实用性，可作为发电企业领导、安全生产管理人员、专业技术人员、班组长以上管理人员的管理工具书，也可作为发电企业安全生产管理培训教材。

由于编写人员水平有限，编写时间仓促，书中难免存在不足之处，真诚希望广大读者批评指正。

编　者
2018 年 3 月

编 制 说 明

经过多年的探索与实践，将风险预控理念融入现场检修工作，建立了一套系统的检修（消缺）工序卡管理方法。针对检修（消缺）作业全过程，在危害辨识和风险评估基础上，制定安全作业标准，借助设备故障模式分析（FEMA）查找设备故障原因，形成基于风险预控管理的检修（消缺）工序卡，作为发电检修维护人员进行设备检修消缺时使用的书面文件，具有显著特点，在生产实践中起到了很好的效果。

1. 风险辨识

采用基于作业任务的双因（内外因）综合辨识方法，对检修作业可能存在的风险进行全面辨识和评估，制定预控措施，具体体现在以下方面：

（1）作业环境。对检修作业现场条件是否符合安全作业要求进行风险辨识评估，制定预控措施。

（2）安全隔离措施。从介质隔离、工作地点隔离、检修需采取的其他安全措施等方面辨识危险源和危害因素，制定预控措施。

（3）工器具。对作业中使用的工器具、施工机具及消防设施等进行危险源和危害因素辨识，制定质量完好标准。

（4）作业过程。按照具体检修作业工序，从工器具、施工机具的使用及各类高风险作业要求等方面辨识危险源和危害因素，制定安全作业标准。

（5）检修作业结束。按照工完、料净、场地清的标准，从有无遗留物件，临时打开的孔、洞、栏杆以及临时拆除安全措施是否恢复原状等方面辨识危险源和危害因素，制订控制措施。

2. 借助设备故障模式分析（FEMA）查找故障原因

根据故障现象，借助设备故障模式分析数据库，查找故障原因，进而判断消缺工作需检查的部位。根据现场设备检查难易程度和解体顺序调整检查部件的顺序，以便快速查找故障点。

3. 全过程控制

将检修过程的各环节管理要求集中编制在一个检修（消缺）工序卡中，进行全过程文件化管理。主要包括以下环节：

（1）检修任务策划，包括检修项目、修后目标、安全、质量鉴证点分布等。

（2）办理工作票。

（3）检修现场准备，包括检修现场布置、工器具及备品备件准备等。

（4）检修过程，包括每一道检修工序的安全、质量标准及其鉴证确认。

（5）完工验收，包括安全措施恢复情况、设备自身状况、设备环境状况等。

（6）检修技术记录，包括检修过程相关数据记录、遗留问题及采取措施等内容。

4. 标准化管理

一是检修（消缺）工序卡结构形式标准化，采用统一的结构形式，且规范术语和编写要求，保证检修文件包结构清晰，表述严谨。

二是检修（消缺）作业要求标准化，明确检修作业的工作步序，并根据风险预控措施建立各步序安全作业标准，有效解决风险预控与实际工作脱节的问题。

5. 鉴证签字要求

明确了各环节安全管理程序和相关责任人签字要求。根据工序的重要性、难易程度及安全风险设置安全鉴证点（H/W/S），根据风险等级，明确不同等级安全鉴证点对相关人员鉴证确认要求。通过责任落实，确保安全、质量标准执行到位。

6. 信息化管理

检修（消缺）工序卡在编制过程中，首先直接从信息系统数据库中调取风险辨识评估及预控措施，以及根据故障现象，从数据库中调取可能的故障原因等相关基本内容，并结合具体检修作业进行审核并修改完善，即提高了检修（消缺）工序卡编制的效率，又保证了质量，同时将修改后的内容存入数据库，做到持续改进。

该检修（消缺）工序卡具有很强的针对性、实用性，为有效防范检修作业过程中，由于安全措施不完善、质量标准执行不到位，管理责任不落实等原因而导致的人身伤害和设备损坏等事件提供了有效途径。

目　　录

第二篇　消　缺　工　序　卡

第一篇　检修工序卡

1 锅 炉 检 修

检 修 工 序 卡

单位：＿＿＿＿＿＿＿　　班组：＿＿＿＿＿＿＿　　　　　　　　　　编号：＿＿＿＿＿＿

检修任务：**锅炉点火油枪检修**　　　　　　　　　　　　　　风险等级：＿＿＿＿＿

编　号		工单号	
计划检修时间		计划工日	
安全鉴证点（S1）	8	安全鉴证点（S2、S3）	0
见证点（W）	3	停工待检点（H）	0
办 理 工 作 票			
工作票编号：			
检修单位		工作负责人	
工作组成员			

施 工 现 场 准 备

序号	安 全 措 施 检 查	确认符合
1	进入粉尘较大的场所作业，作业人员必须戴防尘口罩	□
2	在高温场所工作时，应为工作人员提供足够的饮水、清凉饮料及防暑药品；对温度较高的作业场所必须增加通风设备	□
3	进入噪声区域、使用高噪声工具时正确佩戴合格的耳塞	□
4	增加临时照明	□
5	检查防护栏完好无损，如因工作需要拆除的栏杆，要做好临时护栏及悬挂警示标识	□
6	工作前核对设备名称及编号	□
7	开工前确认现场安全措施、隔离措施正确完备，需检修的管道已可靠地与运行中的管道隔断，没有汽、水、烟或可燃气流入的可能	□
8	对现场检修区域设置围栏、铺设胶皮，进行有效的隔离，有人监护	□

确认人签字：

工 器 具 检 查

序号	工具名称及型号	数量	完 好 标 准	确认符合
1	手电	1	电池电量充足、亮度正常、开关灵活好用	□
2	手锤 （0.75p）	1	手锤的锤头须完整，其表面须光滑微凸，不得有歪斜、缺口、凹入及裂纹等情形。大锤和手锤的柄须用整根的硬木制成，并将头部用楔栓固定。楔栓宜采用金属楔，楔子长度不应大于安装孔的2/3	□
3	活扳手 （250mm）	1	活动扳口应在扳体导轨的全行程上灵活移动；活扳手不应有裂缝、毛刺及明显的夹缝、氧化皮等缺陷，柄部平直且不应有影响使用性能的缺陷	□
4	活扳手 （300mm）	1	活动扳口应在扳体导轨的全行程上灵活移动；活扳手不应有裂缝、毛刺及明显的夹缝、氧化皮等缺陷，柄部平直且不应有影响使用性能的缺陷	□
5	活扳手 （450mm）	1	活动扳口应在扳体导轨的全行程上灵活移动；活扳手不应有裂缝、毛刺及明显的夹缝、氧化皮等缺陷，柄部平直且不应有影响使用性能的缺陷	□
6	梅花扳手 （10～12mm）	1	扳手不应有裂缝、毛刺及明显的夹缝、切痕、氧化皮等缺陷，柄部应平直	□

序号	工具名称及型号	数量	完 好 标 准	确认符合
7	梅花扳手 （14～17mm）	1	扳手不应有裂缝、毛刺及明显的夹缝、切痕、氧化皮等缺陷，柄部应平直	□
8	一字螺丝刀 （200mm×6mm）	1	螺丝刀手柄应安装牢固，没有手柄的不准使用	□
9	内六角扳手 （10mm）	1	表面应光滑，不应有裂纹、毛刺等影响使用性能的缺陷	□
10	内六角扳手 （8mm）	1	表面应光滑，不应有裂纹、毛刺等影响使用性能的缺陷	□
11	内六角扳手 （6mm）	1	表面应光滑，不应有裂纹、毛刺等影响使用性能的缺陷	□
12	管钳（450mm）	1	管钳固定销钉牢固，钳头、钳柄应无裂纹，活抓、齿纹、齿轮应完整灵活	□

确认人签字：

备 件 材 料 准 备

序号	材料名称	规 格	单位	数量	检查结果
1	胶板	$\delta=1mm$（δ 为厚度），350mm×600mm	块	1	□
2	硅橡胶密封剂	732R	支	2	□
3	磨辊油	SHC634	kg	10	□
4	纯棉抹布		kg	2	□
5	润滑油	二硫化钼锂基脂	kg	1	□
6	润滑油	T91	kg	1	□
7	轴承	UC209	套	1	□
8	轴承	UC218	套	1	□
9	弹性体	ZGM95G-29-29-4	件	12	□
10	耐磨套筒	ZGM95G-15-12	件	3	□

检 修 工 序

检修工序步骤及内容	安全、质量标准
1　油枪推进器消缺工序 □1.1　将油枪与推进器解开，松开油枪推进器固定螺栓危险源：大锤、高空中的工器具、零部件 　安全鉴证点　1-S1	□A1.1（a）　锤把上不可有油污；抡大锤时，周围不得有人，不得单手抡大锤；严禁戴手套抡大锤。 　□A1.1（b）　在格栅式的平台上工作时，应采取防止工具和器材掉落的措施；圆形、不规则物件分类摆放，并做好防滚动滑落措施，不准随便乱放。
□1.2　拆除电机防护罩，盘车检查 　质检点　1-R1	1.2　固定滑块动作灵活，无卡涩，与限位开关指示符合。
□1.3　拆下电机，检查连接件 危险源：重物 　安全鉴证点　2-S1 　质检点　2-R1	□A1.3　手搬物件时应量力而行，不得搬运超过自己能力的物件。 1.3　连接件固定可靠，无磨损，变形。
□1.4　回装 危险源：重物、法兰的螺丝孔 　安全鉴证点　3-S1	□A1.4（a）　手搬物件时应量力而行，不得搬运超过自己能力的物件。 　□A1.4（b）　安装管道法兰和阀门的螺丝时，应用撬棒校正螺丝孔，不准用手指伸入螺丝孔内触摸，以防轧伤手指。 1.4　回装油枪推进器，油枪与推进器连接可靠

续表

检修工序步骤及内容	安全、质量标准
2 油枪消缺工序 □2.1 拆下软管 危险源：柴油 安全鉴证点 4-S1	□A2.1 检修中应使用接油盘，防止柴油滴落污染地面，地面有油水必须及时清除，以防滑跌； 不准将油污、油泥、废油等（包括沾油棉纱、布、手套、纸等）倒入下水道排放或随地倾倒，应收集放于指定的地点，妥善处理，以防污染环境及发生火灾。
□2.2 检查接头及软管螺纹、密封面，根据情况更换接头或软管 质检点 3-R1	2.2 螺纹应无断扣、乱扣现象，密封面完好。
□2.3 抽出油枪，检查枪头 危险源：重物 安全鉴证点 5-S1 质检点 1-W2 一级 二级	□A2.3 搬运管子等长形物件时，应注意防止物件甩动打伤他人。 2.3 枪头应无磨损、烧损，枪头螺纹应无断扣、乱扣现象，无被蒸汽吹损现象，无堵塞现象。
□2.4 回装油枪及油枪软管 危险源：重物、法兰的螺丝孔 安全鉴证点 6-S1	□A2.4（a） 搬运管子等长形物件时，应注意防止物件甩动打伤他人。 □A2.4（b） 安装管道法兰和阀门的螺丝时，应用撬棒校正螺丝孔，不准用手指伸入螺丝孔内触摸，以防轧伤手指。 2.4 油枪枪头和软管接头应拧紧牢固
□3 整体试运 质检点 2-W2 一级 二级	3 油枪及推进器投入试运正常，软管接口接头、软管、焊口无渗漏
4 供油、压缩空气压力取样一次门锁母渗漏消缺工序 □4.1 松开阀门锁母 危险源：高空中的工器具、零部件、柴油 安全鉴证点 7-S1	□A4.1（a） 在格栅式的平台上工作时，应采取防止工具和器材掉落的措施。 □A4.1（b） 检修中应使用接油盘，防止柴油滴落污染地面，地面有油水必须及时清除，以防滑跌；不准将油污、油泥、废油等（包括沾油棉纱、布、手套、纸等）倒入下水道排放或随地倾倒，应收集放于指定的地点，妥善处理，以防污染环境及发生火灾。 4.1 内部存有积油、积水做好防泄漏措施。
□4.2 检查阀门法兰、管座结合面 质检点 3-W2 一级 二级	4.2 结合面平整、光滑，无冲刷、腐蚀的沟槽。
□4.3 垫片检查（铜垫） 质检点 4-R1	4.3 垫片缺陷较小时，可打磨平整后继续使用，如缺陷较大，更换新垫片。
□4.4 紧固阀门锁母 □4.5 阀门试运 质检点 5-R1	4.4 垫片放置正确，紧力均匀。 4.5 阀门锁母无漏油、漏气现象
□5 检修工作结束 危险源：废料 安全鉴证点 8-S1	□A5 废料及时清理，做到工完、料尽、场地清

检 修 技 术 记 录			
数据记录：			
遗留问题及处理措施：			
记录人	年　月　日	工作负责人	年　月　日

续表

检 修 工 序 卡

单位：_____ 班组：_____ 编号：_____

检修任务：**制粉系统定修** 风险等级：_____

编　号		工单号	
计划检修时间		计划工日	
安全鉴证点（S1）	5	安全鉴证点（S2、S3）	1
见证点（W）	5	停工待检点（H）	0
办 理 工 作 票			

工作票编号：

检修单位		工作负责人	
工作组成员			

施 工 现 场 准 备		
序号	安 全 措 施 检 查	确认符合
1	进入粉尘较大的场所作业，作业人员必须戴防尘口罩	□
2	在高温场所工作时，应为工作人员提供足够的饮水、清凉饮料及防暑药品；对温度较高的作业场所必须增加通风设备	□
3	进入噪声区域、使用高噪声工具时正确佩戴合格的耳塞	□
4	增加临时照明	□
5	检查防护栏完好无损，如因工作需要拆除的栏杆，要做好临时护栏及悬挂警示标识	□
6	工作前核对设备名称及编号	□
7	开工前确认现场安全措施、隔离措施正确完备，需检修的管道已可靠地与运行中的管道隔断，没有汽、水、烟或可燃气流入的可能	□

确认人签字：

工 器 具 检 查				
序号	工具名称及型号	数量	完 好 标 准	确认符合
1	梅花扳手（14～17mm）	2	扳手不应有裂缝、毛刺及明显的夹缝、切痕、氧化皮等缺陷，柄部应平直	□
2	梅花扳手（30～32mm）	1	扳手不应有裂缝、毛刺及明显的夹缝、切痕、氧化皮等缺陷，柄部应平直	□
3	活扳手（250、300mm）	1	活动扳口应在扳体导轨的全行程上灵活移动；活扳手不应有裂缝、毛刺及明显的夹缝、氧化皮等缺陷，柄部平直且不应有影响使用性能的缺陷	□
4	十字螺丝刀（250mm×6mm）	1	螺丝刀手柄应安装牢固，没有手柄的不准使用	□
5	一字螺丝刀（250mm×6mm）	1	螺丝刀手柄应安装牢固，没有手柄的不准使用	□
6	手锤（2p）	1	大锤的锤头须完整，其表面须光滑微凸，不得有歪斜、缺口、凹入及裂纹等情形。大锤和手锤的柄须用整根的硬木制成，并将头部用楔栓固定。楔栓宜采用金属楔，楔子长度不应大于安装孔的2/3	□
7	施胶枪	1	部件完整无缺损，操作灵活	□
8	手电筒	1	电池电量充足、亮度正常、开关灵活好用	□
9	六角扳手（10mm）	1	扳手不应有裂缝、毛刺及明显的夹缝、切痕、氧化皮等缺陷，柄部应平直	□
10	刚卷尺	1	检查刻度和数字应清晰、均匀，不应有脱色现象	□

确认人签字：

备 件 材 料 准 备					
序号	材料名称	规　　　格	单位	数量	检查结果
1	胶　板	$\delta＝1mm$，$350mm×600mm$	块	1	□
2	硅橡胶密封剂	732R	支	2	□
3	磨辊油	SHC634	kg	10	□
4	纯棉抹布		kg	2	□
5	润滑油	二硫化钼锂基脂	kg	1	□
6	润滑油	T91	kg	1	□
7	轴承	UC209	套	1	□
8	轴承	UC218	套	1	□
9	弹性体	ZGM95G-29-29-4	件	12	□
10	耐磨套筒	ZGM95G-15-12	件	3	□

检 修 工 序	
检修工序步骤及内容	安全、质量标准
□1　给煤机清扫链检查调整 危险源：煤尘、转动的清扫链 安全鉴证点　1-S1 质检点　1-R1	□A1（a）　人员进入粉尘较大的场所作业，作业人员必须戴防尘口罩。 □A1（b）　衣服和袖口应扣好，不得戴围巾领带，长发必须盘在安全帽内；不准将用具、工器具接触设备的转动部位。 1.1　用30～32mm梅花扳手松开给煤机前后端盖。 1.2　手动将给煤机清扫链盘动1圈，链条与给煤机底板无接触、链条支撑块无脱落。 1.3　检查上部链条的支撑托板无明显磨损变形。 1.4　链条刮板无明显变形、扭曲、开裂。 1.5　上部链条与下部链条垂直距离大于5cm（目测），否则进行链条调整
□2　给煤机出入口观察窗及密封风管入口检查 质检点　2-R1	2.1　观察窗光洁无积粉无水渍；密封胶圈无老化及破损。 2.2　密封风入口管处无积煤、堵塞现象
□3　给煤机皮带及整形板检查 危险源：转动设备 安全鉴证点　2-S1 质检点　1-W2　一级　二级	□A3　盘动转子工作必须由一个负责人指挥，盘动转子前通知给煤机皮带附近人员。 3.1　皮带无大面积损伤、明显裂纹；滚筒下部皮带裙边与清扫链支撑筋板无接触；皮带与给煤机内原煤出口整形板左右外边缘距离至少大于1cm，否则进行调整。 3.2　无明显磨损，弧线良好
□4　给煤机主、从动轴承检查并更换或添加润滑油 危险源：润滑油 安全鉴证点　3-S1 质检点　2-W2　一级　二级	□A4　检修中应使用接油盘，防止润滑油滴落污染地面，地面有油水必须及时清除，以防滑跌；不准将油污、油泥、废油等（包括沾油棉纱、布、手套、纸等）倒入下水道排放或随地倾倒，应收集放于指定的地点，妥善处理，以防污染环境及发生火灾。 4.1　轴承应无腐蚀、裂纹，保持架完整。 4.2　密封室无积粉，润滑油润滑良好
□5　给煤机减速器检查 质检点　3-W2　一级　二级	5.1　胶带及清扫链减速器轴端无渗油。 5.2　更换润滑油（每6个月更换一次）

续表

检修工序步骤及内容			安全、质量标准
□6 磨煤机减速器联轴器检查			6.1 减速器轴端密封及透盖无渗油。
质检点	3-R1		6.2 弹性体检查无磨损及老化破损、销钉螺栓无松动（第2个月/季度）
□7 磨辊油位检查			7 磨辊油位满足标尺正常位置
质检点	4-W2	一级	
		二级	
□8 出口粉管检查 危险源：高空中的工器具、零部件、高处作业			□A8（a） 在高处作业区域周围设置明显的围栏，悬挂安全警示标识牌，并设置专人监护；高处作业应一律使用工具袋。
安全鉴证点	4-S1		□A8（b） 安全带的挂钩或绳子应挂在腰部以上结实牢固的构件上，或专为挂安全带用的钢丝绳上。 8 无漏点及无漏粉、积粉
□9 磨煤机内部检查 危险源：空气、煤尘、行灯、高温环境、遗留人员、物			□A9（a） 打开通风口进行通风，保证容器内部通风畅通，检测有毒、有害、易燃易爆物质浓度不超标，氧气浓度保持在19.5%～21%范围内；一氧化碳浓度不超过30mg/m³；设置
安全鉴证点	1-S2	一级	逃生通道，并保持通道畅通；设专人不间断地监护，特殊情况时要增加监护人数量；人员进出应登记。
		二级	□A9（b） 进入粉尘较大的场所作业，作业人员必须戴防尘口罩。
质检点	5-W2	一级	□A9（c） 行灯电压不应超过12V。
		二级	□A9（d） 工作人员进入磨煤机内部前，检修工作负责人应检查磨煤机内的温度，不宜超过40℃，并有良好的通风。 □A9（e） 封闭人孔前工作负责人应认真清点工作人员；核对容器进出入登记，确认无人员和工器具遗落，并喊话确认无人。 9.1 分段法兰检查无变形、翘起。旋转喷嘴缝隙无异物。 9.2 密封风管连接完好，关节轴承无脱开现象，管座无磨穿。 9.3 导向板垫片无窜出，导向板完好，间隙合格。 9.4 风室无积煤，刮板及装置无脱落损坏。 9.5 磨辊、衬瓦的磨损量不大于45mm（运行5000h以上时）。 9.6 拉杆无明显磨损。 9.7 检查钢丝绳及护甲磨损情况
□10 磨煤机油系统检查			10.1 滤网压差不超过0.08MPa；法兰密封面、放油门无渗漏。
质检点	4-R1		10.2 减速器油位在油池观察窗的1/3与2/3高度之间。 10.3 油泵结合面密封良好，骨架密封无渗漏、油泵外部无油污。 10.4 油系统整体检查各处结合面密封良好，焊口无渗漏
□11 检修工作结束 危险源：废料			□A11 废料及时清理，做到工完、料尽、场地清。 11 保持设备外观清洁；检查设备的结构完整情况；标识牌完整
安全鉴证点	5-S1		

安 全 鉴 证 卡

风险点鉴证点：1-S2 工序9 磨煤机内部检查，氧气、一氧化碳含量检测				
一级验收		年	月	日
二级验收		年	月	日
一级验收		年	月	日
二级验收		年	月	日

风险点鉴证点：1-S2　工序9　磨煤机内部检查，氧气、一氧化碳含量检测		
一级验收		年　　月　　日
二级验收		年　　月　　日
一级验收		年　　月　　日
二级验收		年　　月　　日
一级验收		年　　月　　日
二级验收		年　　月　　日
一级验收		年　　月　　日
二级验收		年　　月　　日
一级验收		年　　月　　日
二级验收		年　　月　　日
一级验收		年　　月　　日
二级验收		年　　月　　日
一级验收		年　　月　　日
二级验收		年　　月　　日
一级验收		年　　月　　日
二级验收		年　　月　　日
一级验收		年　　月　　日
二级验收		年　　月　　日
一级验收		年　　月　　日
二级验收		年　　月　　日
检 修 技 术 记 录		

数据记录：

遗留问题及处理措施：

记录人	年　　月　　日	工作负责人	年　　月　　日

检 修 工 序 卡

单位：_____ 班组：_____ 编号：_____

检修任务：空气压缩机定期检修　　　　　　　　　　　　风险等级：_____

编　号			工单号	
计划检修时间			计划工日	
安全鉴证点（S1）	7		安全鉴证点（S2、S3）	0
见证点（W）	3		停工待检点（H）	0

办 理 工 作 票				
工作票编号：				
检修单位			工作负责人	
工作组成员				

施 工 现 场 准 备		
序号	安 全 措 施 检 查	确认符合
1	进入粉尘较大的场所作业，作业人员必须戴防尘口罩	□
2	进入噪声区域、使用高噪声工具时正确佩戴合格的耳塞	□
3	增加临时照明	□
4	开工前与运行人员共同确认检修的设备已可靠与运行中的系统隔断，没有高压气流入的可能	□
5	对现场检修区域设置围栏、铺设胶皮，进行有效的隔离，有人监护	□
确认人签字：		

工 器 具 准 备 与 检 查				
序号	工具名称及型号	数量	完 好 标 准	确认符合
1	克丝钳	1	手柄应安装牢固、没有手柄的不准使用	□
2	活扳手（300、375mm）	2	活动扳口应与扳体导轨的全行程上灵活移动；活扳手不应有裂缝、毛刺及明显的夹缝、氧化皮等缺陷，柄部平直且不应有影响使用性能的缺陷	□
3	梅花扳手（14～17mm）	1	扳手不应有裂缝、毛刺及明显的夹缝、切痕、氧化皮等缺陷，柄部应平直	□
4	梅花扳手（17～19mm）	2	扳手不应有裂缝、毛刺及明显的夹缝、切痕、氧化皮等缺陷，柄部应平直	□
5	梅花扳手（22～24mm）	1	扳手不应有裂缝、毛刺及明显的夹缝、切痕、氧化皮等缺陷，柄部应平直	□
6	平面刮刀	1	手柄应安装牢固，没有手柄的不准使用	□
7	一字螺丝刀	1	手柄应安装牢固，没有手柄的不准使用	□
8	施胶枪（JX-117）	1	部件完整无缺损，操作灵活	□
9	松锈灵	1	—	□
10	接油盒	1	—	□
11	清洗剂	1	高压灌装清洁剂远离明火、高温热源	□
12	手电	1	电池电量充足、亮度正常、开关灵活好用	□
确认人签字：				

备 件 材 料 准 备				
序号	材料名称	规　格	单位	数量	检查结果
1	一级进气阀	ET1.5-13-00	个	2	□

10

序号	材料名称	规　格	单位	数量	检查结果
2	一级排气阀	ET1.5-14-00	个	2	□
3	二级进气阀	ET1.5-23-00	个	2	□
4	二级排气阀	ET1.5-24-00	个	2	□
5	一级活塞环	ET1.5-12-03（b）	件	2	□
6	二级活塞环	ET1.5-22-03（b）	件	2	□
7	一级阀组铝垫	ET1.5	件	10	□
8	二级阀组铝垫	ET1.5	件	10	□
9	擦机布		kg	5	□
10	硅橡胶密封剂	732R	支	2	□
11	石棉板	2mm	kg	2	□

检 修 工 序

检修工序步骤及内容	安全、质量标准
1 拆开进、排气阀壳盖、拆卸阀组并检查 危险源：扳手、废水 安全鉴证点　1-S1 □1.1 用17～19、22～24mm梅花扳手拆开进、排气阀壳盖 □1.2 用300mm活扳手松开空气压缩机各级进、排气阀的压阀罩 □1.3 取出并检查各级进、排气阀 质检点　1-R1	□A1（a） 正确佩戴防护手套使用工器具。 □A1（b） 废水及时清理干净
□2 检查活塞各部间隙及活塞环 危险源：转动设备 安全鉴证点　2-S1 质检点　1-W2　一级　二级	□A2 盘动活塞时禁止手指直接接触活塞。 2.1 活塞止点间隙为1.5～2.0mm。 2.2 活塞与汽缸圆周的径向间隙为1.5～1.54mm。 2.3 活塞环应完整无断裂现象，如有缺陷必须更换。检查活塞及活塞环与缸筒的配合情况良好
□3 更换各级进、排气阀 危险源：空气压缩机 安全鉴证点　3-S1 质检点　2-R1	□A3 正确佩戴防护手套进行安装阀组工作。 3 按位置要求正确安装进、排气阀
□4 回装压阀罩、回装进、排气阀的壳盖 质检点　3-R1	4.1 压阀罩安装要符合要求无偏斜及松动。 4.2 壳盖上的螺栓紧固无松动及缺失
□5 检查润滑油位 危险源：润滑油 安全鉴证点　4-S1 质检点　2-W2　一级　二级	□A5 加油时使用接油盒防止污染地面,洒落的及时清理。 5 油位低于标准值时添加润滑油

续表

检修工序步骤及内容			安全、质量标准
□6 检查冷却水管道 危险源：润滑油			□A6 排净管道积水并及时清理积水防止污水污染地面。
安全鉴证点	5-S1		6 冷却水管道应畅通，排污水要清澈（必要时疏通）
质检点	4-R1		
□7 试运 危险源：转动电机			□A7 开始试运前，检修工作负责人必须会同值班人员共同检查，确保试运无影响人身安全情况；试运时人员站在电机的轴向位置避免转动部件飞出伤人；不准将用具、工器具接触设备的转动部位；转动机械试运行操作应由运行值班人员根据检修工作负责人的要求进行，检修人员不准自己进行试运行的操作；试运期间严禁进行检修工作。
安全鉴证点	6-S1		7.1 空气压缩机机体无异声，振动小于 0.08mm。
质检点	3-W2	一级 二级	7.2 空气压缩机各处无渗水、漏气
□8 检修工作结束 危险源：废料			□A8 废料及时清理，做到工完、料尽、场地清
安全鉴证点	7-S1		

检 修 技 术 记 录

数据记录：

遗留问题及处理措施：

记录人		年　月　日	工作负责人		年　月　日

检 修 工 序 卡

单位：_____ 班组：_____ 编号：_____

检修任务：OBM 水力吹灰器系统定期检修 风险等级：_____

编　号		工单号	
计划检修时间		计划工日	
安全鉴证点（S1）	4	安全鉴证点（S2、S3）	0
见证点（W）	6	停工待检点（H）	0

<table>
<tr><td colspan="4" align="center">办 理 工 作 票</td></tr>
<tr><td colspan="4">工作票编号：</td></tr>
<tr><td>检修单位</td><td></td><td>工作负责人</td><td></td></tr>
<tr><td>工作组成员</td><td colspan="3"></td></tr>
</table>

施 工 现 场 准 备

序号	安 全 措 施 检 查	确认符合
1	进入粉尘较大的场所作业，作业人员必须戴防尘口罩	□
2	在高温场所工作时，应为工作人员提供足够的饮水、清凉饮料及防暑药品；对温度较高的作业场所必须增加通风设备	□
3	增加临时照明	□
4	检查防护栏完好无损，如因工作需要拆除的栏杆，要做好临时护栏及悬挂警示标识	□
5	开工前与运行人员共同确认检修的设备已可靠与运行中的系统隔断，没有汽、水流入的可能	□
6	对现场检修区域设置围栏、铺设胶皮，进行有效的隔离，有人监护	□

确认人签字：

工 器 具 准 备 与 检 查

序号	工具名称及型号	数量	完 好 标 准	确认符合
1	梅花扳手（12～14mm、17～19mm、24～27mm）	4	扳手不应有裂缝、毛刺及明显的夹缝、切痕、氧化皮等缺陷，柄部应平直	□
2	活扳手（250、300mm）	2	活动扳口应与扳体导轨的全行程上灵活移动；活扳手不应有裂缝、毛刺及明显的夹缝、氧化皮等缺陷，柄部平直且不应有影响使用性能的缺陷	□
3	管钳（450mm）	1	管钳固定销钉牢固，钳头、钳柄应无裂纹，活抓、齿纹、齿轮应完整灵活	□
4	撬棍（500mm）	2	必须保证撬杠强度满足要求。在使用加力杆时，必须保证其强度和嵌套深度满足要求，以防折断或滑脱	□
5	手锤（0.5p）	2	大锤的锤头须完整，其表面须光滑微凸，不得有歪斜、缺口、凹入及裂纹等情形。大锤和手锤的柄须用整根的硬木制成，并将头部用楔栓固定。楔栓宜采用金属楔，楔子长度不应大于安装孔的2/3	□
6	盘根钩子	2	—	□
7	克丝钳	2	手柄应安装牢固，没有手柄的不准使用	□
8	黄油枪	1	部件完整无缺损，操作灵活	□
9	盒尺（3m）	1	检查刻度和数字应清晰、均匀，不应有脱色现象	□
10	手电	2	电池电量充足、亮度正常、开关灵活好用	□

确认人签字：

序号	材料名称	规　格	单位	数量	检查结果
		备 件 材 料 准 备			
1	擦机布		kg	0.5	□
2	清洗剂	350mL	瓶	2	□
3	滑动密封组件	R349/-1φ80×60mm×110mm	套	5	□
4	螺栓	M12×110mm	条	10	□
5	高温高压油脂	铁霸 B.R	桶	1	□
6	高纯石墨填料环	φ57×74mm	组	10	□
7	高碳纤维填料环	φ57×74mm	组	10	□
8	金属软管	φ48×3mm	根	1	□

检 修 工 序

检修工序步骤及内容	安全、质量标准
□1　吹灰时跟踪检查吹灰器运行及渗漏情况 危险源：转动设备、高温水 　安全鉴证点　　1-S1	□A1（a）　衣服和袖口应扣好，不得戴围巾领带，长发必须盘在安全帽内；不准将用具、工器具接触设备的转动部位。 □A1（b）　工作人员应与高温部件保持适当距离或戴防护手套。 1　系统管道及尾部盘根应无漏水现象，运行平稳无卡涩异声
□2　拆除吹灰器护板 危险源：高空的工器具、零部件 　安全鉴证点　　2-S1	□A2　工器具和零部件必须使用防坠绳；应用绳拴在牢固的构件上，不准随便乱放。 2　用梅花扳手松开螺母；护板应完整
□3　检查紧固或更换尾部盘根密封 危险源：梅花扳手 　安全鉴证点　　3-S1 　质检点　　1-R1	□A3　正确佩戴防护手套使用工器具。 3.1　用梅花扳手松开填料压盖螺母。 3.2　用盘根钩子清理旧填料。 3.3　更换填料9圈。 3.4　回装填料压盖，均匀紧固螺栓
□4　检查电机输出轴与减速箱输入轴十字头磨损、传动套与导轨螺纹啮合情况 　质检点　　1-W2　一级　二级	4.1　轴承骨架油封无损坏漏油现象。电机输出轴与减速箱输入轴十字头无磨损；如磨损严重或缺损需更换。 4.2　传动套与导轨螺纹啮合传动无卡涩现象；导轨润滑良好（每台检查周期3个月）
□5　检查传动链条及张紧装置 　质检点　　2-R1	5　链条润滑良好，涨张紧装置无损坏，紧力适中
□6　检查内管 　质检点　　3-R1	6　检查表面无明显磨损划伤、无腐蚀磨损现象（检查周期6个月）
□7　检查外管 　质检点　　4-R1	7　外管紧固螺栓无松动现象，外管处于吹灰孔中间位置，焊口无裂纹，喷嘴无堵塞磨损现象（每台检查周期1个月）

检修工序步骤及内容	安全、质量标准
□8 检查墙箱翻板装置 质检点　5-R1	8 墙箱翻板装置无烧损现象，开启关闭无卡涩（检查周期6个月）
□9 系统阀门、管道检修 危险源：梅花扳手、管钳 安全鉴证点　3-S1 质检点　6-R1	□A9 正确佩戴防护手套使用工器具。 9 供水阀及金属软管无渗漏现象，电动头润滑良好，关断严密（每台检查周期1个月）
□10 检修工作结束 危险源：孔、洞、废料 安全鉴证点　4-S1	□A10 临时打的孔、洞和栏杆，施工结束后，必须恢复原状，检查现场安全设施已恢复齐全；废料及时清理，做到工完、料尽、场地清。 10 保持设备外观清洁；检查设备的结构完整情况；标识牌完整

<table>
<tr><td colspan="4" align="center">检 修 技 术 记 录</td></tr>
<tr><td colspan="4">数据记录：</td></tr>
<tr><td colspan="4">遗留问题及处理措施：</td></tr>
<tr><td>记录人</td><td>年　月　日</td><td>工作负责人</td><td>年　月　日</td></tr>
</table>

检 修 工 序 卡

单位：_____ 班组：_____ 编号：_____

检修任务：**主汽减温水调节阀及电动阀清扫定期检修** 风险等级：_____

编　号		工单号	
计划检修时间		计划工日	
安全鉴证点（S1）	3	安全鉴证点（S2、S3）	0
见证点（W）	1	停工待检点（H）	0

办 理 工 作 票
工作票编号：

检修单位		工作负责人	
工作组成员			

施 工 现 场 准 备		
序号	安 全 措 施 检 查	确认符合
1	进入粉尘较大的场所作业，作业人员必须戴防尘口罩	□
2	进入噪声区域、使用高噪声工具时正确佩戴合格的耳塞	□
3	增加临时照明	□
4	检查防护栏完好无损，如因工作需要拆除的栏杆，要做好临时护栏及悬挂警示标识	□

确认人签字：

工 器 具 准 备 与 检 查				
序号	工具名称及型号	数量	完 好 标 准	确认符合
1	活扳手（300mm）	1	活动扳口应与扳体导轨的全行程上灵活移动；活扳手不应有裂缝、毛刺及明显的夹缝、氧化皮等缺陷，柄部平直且不应有影响使用性能的缺陷	□
2	吸尘器	1	检查检验合格证在有效期内；检查吸尘器电源线、电源插头完好无破损	□
3	移动式电源盘	1	检查检验合格证在有效期内；检查电源盘电源线、电源插头、插座完好无破损；漏电保护器动作正确；检查电源盘线盘架、拉杆、线盘架轮子及线盘摇动手柄齐全完好	□
4	毛刷（25mm）	1	手柄应安装牢固，没有手柄的不准使用	□

确认人签字：

备 件 材 料 准 备					
序号	材料名称	规　格	单位	数量	检查结果
1	擦机布		kg	0.5	□
2	清洗剂	350mL	瓶	3	□
3	胶板	$\delta=1mm$，350mm×600mm	块	1	□
4	铁霸红油脂	N7000	g	200	□

检 修 工 序	
检修工序步骤及内容	安全、质量标准
1 减温水系统调节阀清扫 □1.1 检查减温水调节阀各部积粉情况 　质检点　　1-R1 □1.2 检查防尘罩	1.1 检查上阀杆螺纹及减速箱内部的积粉及螺纹磨损情况，进行记录。 1.2 检查防尘罩有无涨粗及开裂现象，进行记录。

检修工序步骤及内容	安全、质量标准

质检点	2-R1	

□1.3 检查减速箱与连接件、框架与连接件的连接螺栓

1.3 检查连接螺栓无松动和丢失。

质检点	3-R1	

□1.4 旋开执行器顶部的锁盖，用吸尘器进行内部落粉清除
危险源：高温部件、扳手

□A1.4（a） 衣服和袖口应扣好，不得戴围巾领带，长发必须盘在安全帽内；不准将用具、工器具接触设备的转动部位；工作人员应与高温部件保持适当距离或戴防护手套。
□A1.4（b） 正确佩戴防护手套使用工器具。
□A1.4（c） 不准手提吸收器的导线部分。

安全鉴证点	1-S1	

质检点	1-W2	一级	二级

1.4 清扫完毕后，检查执行器内部应无积粉。如留有积粉，应记录积粉状况及原因。

□1.5 封闭执行器顶部的锁盖

1.5 力矩适中。

□1.6 先向上、向下活动防尘罩，用毛刷清理积粉等杂物

1.6 活动防尘罩时，禁止蛮力操作；将表面的积粉或杂物清除干净。

□1.7 再向上、向下活动防尘罩，用擦机布擦拭上阀杆螺纹
危险源：润滑油

□A1.7 不准将油污、油泥、废油等（包括沾油棉纱、布、手套、纸等）倒入下水道排放或随地倾倒，应收集放于指定的地点，妥善处理，以防污染环境及发生火灾。

安全鉴证点	2-S1	

1.7 将阀杆螺纹的残余积粉及油污清除干净，并擦拭填料室部位的油污。

□1.8 用擦机布清理执行器及框架等部位的油污及灰尘

1.8 保持设备外观清洁，检查设备结构完整情况。记录阀门执行器漏油严重的阀门编号（便于日常擦拭）

质检点	4-R1	

2 减温水系统电动阀清扫
□2.1 检查电动阀执行器有无漏油、灰尘

2.1 用擦机布或清洗剂将油污擦净，用毛刷将执行器表面的浮尘清理干净。保持设备外观清洁。记录阀门执行器漏油严重的阀门编号（便于日常擦拭）

质检点	5-R1	

□2.2 检查电动阀门体有无积油、灰尘

2.2 用擦机布将油污擦净，用毛刷将执行器表面的浮尘清理干净，保持设备外观清洁；检查设备的结构完整情况

质检点	6-R1	

□3 检修工作结束
危险源：废料

□A3 废料及时清理，做到工完、料尽、场地清。

安全鉴证点	3-S1	

3 保持设备外观清洁；检查设备的结构完整情况；标识牌完整

检 修 技 术 记 录

数据记录：

遗留问题及处理措施：

记录人		年　　月　　日	工作负责人		年　　月　　日

检 修 工 序 卡

单位：_____ 班组：_____ 编号：_____

检修任务：**588-10-0 型截止阀定期检修** 风险等级：_____

编　号			工单号	
计划检修时间			计划工日	
安全鉴证点（S1）	3		安全鉴证点（S2、S3）	0
见证点（W）	3		停工待检点（H）	0

办 理 工 作 票

工作票编号：

检修单位		工作负责人	
工作组成员			

施 工 现 场 准 备

序号	安 全 措 施 检 查	确认符合
1	进入粉尘较大的场所作业，作业人员必须戴防尘口罩	□
2	在高温场所工作时，应为工作人员提供足够的饮水、清凉饮料及防暑药品；对温度较高的作业场所必须增加通风设备	□
3	进入噪声区域、使用高噪声工具时正确佩戴合格的耳塞	□
4	增加临时照明	□
5	检查防护栏完好无损，如因工作需要拆除的栏杆，要做好临时护栏及悬挂警示标识	□
6	工作前核对设备名称及编号	□
7	开工前确认现场安全措施、隔离措施正确完备，需检修的管道已可靠地与运行中的管道隔断；检修管段的疏水门必须打开，确保没有汽、水、烟或可燃气流入的可能	□

确认人签字：

工 器 具 检 查

序号	工具名称及型号	数量	完 好 标 准	确认符合
1	活扳手（300mm）	1	活动扳口应在扳体导轨的全行程上灵活移动；活扳手不应有裂缝、毛刺及明显的夹缝、氧化皮等缺陷，柄部平直且不应有影响使用性能的缺陷	□
2	手电	1	电池电量充足、亮度正常、开关灵活好用	□
3	梅花扳手（14～17mm）	1	扳手不应有裂缝、毛刺及明显的夹缝、切痕、氧化皮等缺陷，柄部应平直	□
4	梅花扳手（17～19mm）	1	扳手不应有裂缝、毛刺及明显的夹缝、切痕、氧化皮等缺陷，柄部应平直	□
5	一字螺丝刀（300mm）	2	螺丝刀手柄应安装牢固，没有手柄的不准使用	□
6	游标卡尺（150mm）	1	检查测定面是否有毛头；检查卡尺的表面应无锈蚀、碰伤或其他缺陷，刻度和数字应清晰、均匀，不应有脱色现象	□
7	手锤（0.75p）	1	手锤的锤头须完整，其表面须光滑微凸，不得有歪斜、缺口、凹入及裂纹等情形。大锤和手锤的柄须用整根的硬木制成，并将头部用楔栓固定。楔栓宜采用金属楔，楔子长度不应大于安装孔的2/3	□

确认人签字：

备 件 材 料 准 备

序号	材料名称	规　格	单位	数量	检查结果
1	胶板	$\delta=1mm$，350mm×600mm	块	1	□
2	硅橡胶密封剂	732R	支	2	□

序号	材料名称	规　　格	单位	数量	检查结果
3	磨辊油	SHC634	kg	10	□
4	纯棉抹布		kg	2	□
5	润滑油	二硫化钼锂基脂	kg	1	□
6	润滑油	T91	kg	1	□
7	轴承	UC209	套	1	□
8	轴承	UC218	套	1	□
9	弹性体	ZGM95G-29-29-4	件	12	□
10	耐磨套筒	ZGM95G-15-12	件	3	□

检 修 工 序

检修工序步骤及内容	安全、质量标准
1　阀门解体检查 □1.1　拆卸手柄，松懈阀杆盘根铰链螺栓，将框架逆时针方向旋转，同时将上部阀杆沿开启方向旋转，使其带动下阀杆一起提升，将框架连同上下阀杆一起取下危险源：大锤、高温汽、水、高空中的工器具、零部件、高温汽、水 安全鉴证点　　1-S1	□A1.1（a）　锤把上不可有油污；抡大锤时，周围不得有人，不得单手抡大锤；严禁戴手套抡大锤。 □A1.1（b）　高处作业面应进行铺垫，在格栅式的平台上工作时，应采取防止工具和器材掉落的措；圆形、不规则物件分类摆放，并做好防滚动滑落措施，不准随便乱放。 □A1.1（c）　拧松阀门的法兰盘螺丝时，应先将法兰盘上离身体远的一半螺丝松开，再略松近靠身体一侧的螺丝，使存留的汽、水从对面缝隙排出，以防尚未放尽的汽、水烫伤工作人员。 1.1　小部件分类存放，避免遗失。 1.2　阀杆密封面包裹避免划伤
□2　阀体框架解体	2　拆除上、下阀杆连接件，取出滚珠及下阀杆，从阀杆螺母中旋出上门杆
3　阀门零部件检查清理、密封面检修 □3.1　检查阀体、阀杆 □3.2　清理填料压盖、压板及填料室 □3.3　紧固件检查 质检点　1-W2　一级　二级	3.1　阀体无裂纹、砂眼，阀体通道冲刷腐蚀不得超过原壁厚的1/3，阀杆螺纹完好，无断扣、咬扣现象。阀杆表面锈蚀，磨损深度不超过0.25mm。 3.2　填料压盖及压兰无锈垢，填料室内壁清洁。 3.3　螺母在铰接螺栓上活动灵活，各部螺纹完整无咬、扣乱扣现象
□4　阀芯及阀座密封面研磨、检验 质检点　2-W2　一级　二级	4　研磨后的阀杆及阀座封面不得有可见麻点，沟槽，全圈光亮，表面粗糙度在1.6以上；红丹粉接触在1/3以上切无断线
5　阀门整体组装 危险源：法兰的螺丝孔 □5.1　阀体内部清理 □5.2　将下阀杆套入填料座圈，放入门体内 安全鉴证点　　2-S1 质检点　3-W2　一级　二级	□A5　安装管道法兰和阀门的螺丝时，应用撬棒校正螺丝孔，不准用手指伸入螺丝孔内触摸，以防轧伤手指。 5　阀体内部无杂物，阀杆擦拭干净，并确认座圈已放入到位
□6　检修工作结束 危险源：废料 安全鉴证点　　3-S1	□A6　废料及时清理，做到工完、料尽、场地清。 6　设备干净无油迹，垃圾分类存放

检 修 技 术 记 录			
数据记录：			
遗留问题及处理措施：			
记录人	年　月　日	工作负责人	年　月　日

检 修 工 序 卡

单位：_____ 班组：_____ 编号：_____

检修任务：主汽减温水调节阀上阀杆、阀杆螺母检查（更换）及盘根检查检修 风险等级：_____

编　号		工单号	
计划检修时间		计划工日	
安全鉴证点（S1）	5	安全鉴证点（S2、S3）	0
见证点（W）	4	停工待检点（H）	1

办 理 工 作 票			
工作票编号：			
检修单位		工作负责人	
工作组成员			

施 工 现 场 准 备		
序号	安 全 措 施 检 查	确认符合
1	进入噪声区域、使用高噪声工具时正确佩戴合格的耳塞	□
2	进入粉尘较大的场所作业，作业人员必须戴防尘口罩	□
3	增加临时照明	□
4	开工前与运行人员共同确认检修的设备已可靠与运行中的系统隔断，没有汽、水流入的可能	□
5	对现场检修区域设置围栏、铺设胶皮，进行有效的隔离，有人监护	□
确认人签字：		

工 器 具 准 备 与 检 查				
序号	工具名称及型号	数量	完 好 标 准	确认符合
1	内六角扳手（5mm）	2	表面应光滑，不应有裂纹、毛刺等影响使用性能的缺陷	□
2	活扳手（250mm）	2	活动扳口应在扳体导轨的全行程上灵活移动；活扳手不应有裂缝、毛刺及明显的夹缝、氧化皮等缺陷，柄部平直且不应有影响使用性能的缺陷	□
3	毛刷（25mm）	2	—	□
4	梅花扳手（17~19mm）	2	扳手不应有裂缝、毛刺及明显的夹缝、切痕、氧化皮等缺陷，柄部应平直	□
5	管钳（350mm）	1	管钳固定销钉牢固，钳头、钳柄应无裂纹，活抓、齿纹、齿轮应完整灵活	□
6	平锉（300mm）	1	手柄应安装牢固，没有手柄的不准使用	□
确认人签字：				

备 件 材 料 准 备					
序号	材料名称	规　格	单位	数量	检查结果
1	擦机布		kg	0.5	□
2	清洗剂	350mL	瓶	3	□
3	胶板	$\delta=1mm$，350mm×600mm	块	1	□
4	铁霸红油脂 B.R		g	200	□

序号	材料名称	规　　格	单位	数量	检查结果
5	阀杆螺母 （10t、15t）	G9772.714	件	8	□
6	轴承	9889111	盘	2	□
7	轴承	9889107	盘	2	□
8	防尘罩	$\phi56\times\phi74\times90mm$	件	8	□
9	上阀杆	9772.704/G	件	4	□
10	盘根	$\phi31.9\times19.7mm$	套	8	□

<table>
<tr><td colspan="2" align="center">检 修 工 序</td></tr>
<tr><td align="center">检修工序步骤及内容</td><td align="center">安全、质量标准</td></tr>
</table>

检修工序步骤及内容	安全、质量标准
1　阀门执行器拆除，阀门执行器连接件拆除及防尘罩拆除 危险源：高温水、扳手、润滑油 　安全鉴证点　　1-S1 □1.1　用梅花扳手松开填料压盖螺母 □1.2　手动将阀门开启2～3圈，用梅花扳手松开传动机构与门体框架的连接螺母，拆下阀门传动机构。传动头取下后应水平放好，防止蜗轮箱内齿轮油漏入电动机里 □1.3　从阀体拆除传动机构轴承室，取出阀杆螺母及轴承 　质检点　1-S2　一级　二级	□A1（a）　应用专用测温工具测量高温部件温度，不准用手臂直接接触判断；被解体的阀门能有效隔离且隔离严密；监测阀体温度低于50℃时方可拆除保温及阀门部件。 □A1（b）　正确佩戴防护手套使用工器具。 □A1（c）　地面有油水必须及时清除，以防滑跌
2　阀门执行器连接件解体检查 危险源：扳手、锉刀、清洗剂 　安全鉴证点　　2-S1 □2.1　阀杆螺母清洗、检查 □2.2　轴承清洗、检查 　质检点　1-H3　一级　二级　三级	□A2（a）　正确佩戴防护手套使用工器具。 □A2（b）　使用含有抗菌成分的清洁剂时，戴上手套，避免灼伤皮肤。 2.1　阀杆螺母螺纹磨损不应大于原螺纹厚度的1/3 2.2　检查轴承滚柱完好，轴承架无变形
□3　上阀杆检查，杂物清理 　质检点　1-W2　一级　二级	3　阀杆端部螺纹磨损不应大于原螺纹厚度的1/3
□4　防尘罩检查、更换 　质检点　2-W2　一级　二级	4　防尘罩无膨胀变形或老化现象
□5　部件回装前阀杆螺母与上阀杆预装配 　质检点　3-W2　一级　二级	5　阀杆螺母与上阀杆配合应无卡涩、过紧或过松现象，使用毛刷在上阀杆螺纹部位涂抹铁霸润滑油脂（B.R），并与阀杆螺母进行预装配后，检查上阀螺纹表面应经铁霸润滑油脂（B.R）全部充分润滑，擦去多余的油脂
□6　阀门执行器连接件及阀杆螺母组装	6　轴承的滚柱涂抹适当量的润滑油（铁霸B.R）

检修工序步骤及内容	安全、质量标准
□7 回装阀门执行器连接件；回装阀门执行器 危险源：扳手 安全鉴证点　　3-S1	□A7 正确佩戴防护手套使用工器具。 7 螺栓对角紧固
□8 阀杆盘根检查：旋松填料组件螺栓，掏取 2～3 环盘根，并加装 2～3 环盘根，紧固填料组件螺栓 质检点　4-W2　一级　二级	8 旧盘根掏出后，确保最上层盘根平整、无损伤
□9 手动开关检查；阀门行程整定：执行器接线，调整阀门开关行程位置 危险源：转动设备 安全鉴证点　　4-S1 质检点　　1-R1	□A9 阀门传动前送电调试检查电动执行机构绝缘及接地装置良好；调整阀门执行机构行程的同时不得用手触摸阀杆和手轮，避免挤伤手指。 9.1 阀杆动作应灵活无卡涩。 9.2 联系热工人员进行，阀门无卡涩，行程限位准确；力矩开关动作正常
10 检修工作结束 危险源：废料 安全鉴证点　　5-S1 □10.1 用擦机布清理阀杆螺纹及框架等部位的油污	□A10 废料及时清理，做到工完、料尽、场地清。 10.1 保持设备外观清洁；检查设备的结构完整情况；标识牌完整

检 修 技 术 记 录
数据记录：
遗留问题及处理措施：

记录人		年　月　日	工作负责人	年　月　日

检 修 工 序 卡

单位：＿＿＿＿＿＿　　班组：＿＿＿＿＿＿　　　　　　　　　　编号：＿＿＿＿＿

检修任务：SCR 脱硝吹灰供汽减压阀定期检修　　　　　　风险等级：＿＿＿＿＿

编　号		工单号	
计划检修时间		计划工日	
安全鉴证点（S1）	3	安全鉴证点（S2、S3）	0
见证点（W）	3	停工待检点（H）	0
办 理 工 作 票			
工作票编号：			
检修单位		工作负责人	
工作组成员			

施 工 现 场 准 备		
序号	安 全 措 施 检 查	确认符合
1	进入粉尘较大的场所作业，作业人员必须戴防尘口罩	□
2	不准在工作环境温度超过 40℃进行露天作业；保证人员轮换工作；在高温场所工作时，应为工作人员提供足够的饮水、清凉饮料及防暑药品	□
3	增加临时照明	□
4	检查防护栏完好无损，如因工作需要拆除的栏杆，要做好临时护栏及悬挂警示标识	□
5	开工前与运行人员共同确认检修的设备已可靠与运行中的系统隔断，关闭的阀门和打开的疏水门或放水门应做好防止误操作的措施并挂"禁止操作，有人工作"标示牌；待管道内介质放尽，压力为零，温度适可后方可开始工作	□
6	对现场检修区域设置围栏、铺设胶皮，进行有效的隔离，有人监护	□
确认人签字：		

工 器 具 准 备 与 检 查				
序号	工具名称及型号	数量	完 好 标 准	确认符合
1	活扳手（300mm）	2	活动扳口应与扳体导轨的全行程上灵活移动；活扳手不应有裂缝、毛刺及明显的夹缝、氧化皮等缺陷，柄部平直且不应有影响使用性能的缺陷	□
2	梅花扳手（30～32mm）	2	扳手不应有裂缝、毛刺及明显的夹缝、切痕、氧化皮等缺陷，柄部应平直	□
3	梅花扳手（22～24mm）	1	扳手不应有裂缝、毛刺及明显的夹缝、切痕、氧化皮等缺陷，柄部应平直	□
4	手锤（0.75p）	2	大锤的锤头须完整，其表面须光滑微凸，不得有歪斜、缺口、凹入及裂纹等情形。大锤和手锤的柄须用整根的硬木制成，并将头部用楔栓固定。楔栓宜采用金属楔，楔子长度不应大于安装孔的 2/3	□
5	游标卡尺（0～300mm）	1	检查测定面是否有毛头；检查卡尺的表面应无锈蚀、碰伤或其他缺陷，刻度和数字应清晰、均匀，不应有脱色现象，游标刻线应刻至斜面下缘	□
6	红铜棒（φ16）	1	无卷边、裂纹、弯曲	□
7	一字螺丝刀（120mm）	1	手柄应安装牢固，没有手柄的不准使用	□
8	手电	2	电池电量充足、亮度正常、开关灵活好用	□
确认人签字：				

备 件 材 料 准 备					
序号	材料名称	规 格	单位	数量	检查结果
1	抗咬合剂	N-7000		1	□
2	松锈灵	250mL	瓶	2	□
3	记号笔	粗	支	1	□
4	高压石棉板	2mm	块	1	□
5	砂布	0～60 号	张	2	□
6	金属石墨缠绕垫片	$\phi 94 \times 150mm \times 4.5mm$ $\phi 8-2/$孔距 120mm	件	2	□
7	金属石墨缠绕垫片	$\phi 90 \times 110mm \times 4.5mm$	件	1	□
8	紫铜垫	$\phi 18 \times 23.5mm \times 1mm$	件	1	□
9	高强石墨垫片	$\phi 56 \times 66mm \times 2mm$	件	1	□
10	金属软管	$\phi 48 \times 3mm$	根	1	□

检 修 工 序	
检修工序步骤及内容	安全、质量标准
1 副阀解体 危险源：活扳手、高空的工器具和零部件 安全鉴证点 1-S1 □1.1 上盖与阀体间做标记 □1.2 拆除顶帽，旋松锁紧螺母，旋松锁紧螺钉 □1.3 拆除帽盖及主阀上盖连接螺栓，取下帽盖、调节弹簧、膜片压板及膜片 □1.4 旋松并取下付阀锁紧螺母，取出付阀及付阀弹簧及铜垫片	□A1（a） 正确佩戴防护手套使用工器具。 □A1（b） 高空中的工器具和零部件必须使用防坠绳；应用绳拴在牢固的构件上，不准随便乱放。 1.2 记录锁紧螺母高度
2 主阀解体 □2.1 取下主阀上盖 □2.2 取出活塞、缸套、导向套及导向阀杆 □2.3 拆除阀体下部端盖螺栓，取出下端盖、主阀弹簧及主阀瓣 质检点 1-W2 一级 二级	2.3 拆卸时注意避免主阀弹簧及主阀瓣从下部坠落
3 阀体零部件解体检查 □3.1 阀体检查，清理各部位密封结合面垫片 □3.2 导向阀杆清理、检查，宏观检查，阀杆有无弯曲、变形、磨损，如有异常，需予更换 □3.3 活塞及缸套清理、检查 □3.4 用砂布将调节弹簧、主阀弹簧、付阀弹簧及压盖座圈等清理干净、检查 □3.5 紧固件清理、检查修复 □3.6 主阀、付阀阀座及阀瓣清理、检查、修复	3.1 阀体无裂纹、砂眼、冲刷腐蚀、杂物；阀体及阀盖密封结合面平整光洁，无裂纹、无砂眼。 3.2 导向阀杆磨损深度不超过 0.5mm；与导向套配合无卡涩。 3.3 活塞及缸套磨损深度不超过 0.5mm；配合无卡涩。活塞环无裂纹沟槽、麻点，应具有一定的弹性，在活塞室内要灵活，活塞环棱角应修理圆滑（正确拆卸和组装活塞环）；明显疲劳者应予以更换。 3.4 弹簧无裂纹，无锈蚀和变形，弹性良好；弹簧与弹簧座吻合良好。 3.5 螺栓、螺母螺纹无断扣、咬扣，配合无卡涩。 3.6 阀瓣及阀座密封面应无沟槽、麻点；密封面磨损、冲刷超过 0.5mm 以上应予以更换；密封面粗糙度在 0.6 以上，且密封面周圈接触均匀，无断线现象。

检修工序步骤及内容	安全、质量标准
□3.7 阀体、阀体上盖等通汽通道检查 质检点 2-W2 一级 二级	3.7 阀体、阀体上盖等通汽通道疏通检查无堵塞
4 阀门整体组装:(注意:紧固件回装前涂抹抗咬合剂) 危险源:活扳手、高空的工器具、零部件 安全鉴证点 2-S1 □4.1 清理阀体内部 □4.2 将主阀弹簧及主阀瓣放入阀体,下端盖加装密封垫片后回装紧固 □4.3 依次回装导向套、导向阀杆、缸套及活塞 □4.4 阀体上部加装密封垫片,回装阀体上盖,紧固连接螺栓 □4.5 回装付阀弹簧及付阀,加装紫铜垫片后,旋紧付阀螺母 □4.6 依次回装膜片、帽盖密封垫片、膜片压板、调整弹簧、弹簧座圈、阀帽等部件,紧固连接螺栓 □4.7 恢复调整螺钉及锁紧螺母(系统带压后再调整减压阀出口压力) 质检点 3-W2 一级 二级	□A4(a) 正确佩戴防护手套使用工器具。 □A4(b) 高空中的工器具和零部件必须使用防坠绳;应用绳拴在牢固的构件上,不准随便乱放。 4.1 阀体内部无杂物。 4.3 压缩活塞应动作灵活。 4.4 垫片安装时,密封垫片ϕ8的孔与结合面的孔一致,不得有堵塞。 4.7 调整螺钉不得紧力
5 检修工作结束 危险源:孔、洞、废料 安全鉴证点 3-S1 □5.1 用擦机布清理阀杆螺纹及框架等部位的油污	□A5 废料及时清理,做到工完、料尽、场地清。 5.1 保持设备外观清洁;检查设备的结构完整情况;标识牌完整

检 修 技 术 记 录
数据记录:
遗留问题及处理措施:

记录人		年 月 日	工作负责人		年 月 日

2 电 气 检 修

检 修 工 序 卡

单位：＿＿＿＿＿＿＿ 班组：＿＿＿＿＿＿＿＿＿ 编号：＿＿＿＿＿＿＿

检修任务：**发电机中性点接地变压器检修** 风险等级：＿＿＿＿＿＿

编 号		工单号	
计划检修时间		计划工日	
安全鉴证点（S1）	5	安全鉴证点（S2、S3）	0
见证点（W）	4	停工待检点（H）	0

办 理 工 作 票

工作票编号：

检修单位		工作负责人	
工作组成员			

施 工 现 场 准 备

序号	安 全 措 施 检 查	确认符合
1	与带电设备保持 1m 安全距离	□
2	电气设备的金属外壳应实行单独接地；电气设备金属外壳的接地与电源中性点的接地分开	□
3	（1）与运行人员共同确认现场安全措施、隔离措施正确完备。 （2）确认隔离开关拉开，手车开关拉至"试验"或"检修"位置，控制方式在"就地"位置，操作电源、动力电源断开，验明检修设备确无电压。 （3）确认"禁止合闸、有人工作""在此工作"等警告标示牌按措施要求悬挂。 （4）明确相邻带电设备及带电部位。 （5）确认三相短路接线是否按措施要求悬挂，三相短路接地线悬挂位置应正确、牢固	□
4	工作前核对设备名称及编号；工作前验电	□
5	清理检修现场；设置检修现场定制图；地面使用胶皮铺设，并设置围栏及警告标识牌；检修工器具、材料备件定置摆放	□
6	检修管理文件、原始记录本已准备齐全	□

确认人签字：

工 器 具 准 备 与 检 查

序号	工具名称及型号	数量	完 好 标 准	确认符合
1	移动式电源盘	1	（1）检查检验合格证在有效期内。 （2）检查电源盘电源线、电源插头、插座完好无破损；漏电保护器动作正确。 （3）检查电源盘线盘架、拉杆、线盘架轮子及线盘摇动手柄齐全完好	□
2	电吹风	1	（1）检查检验合格证在有效期内。 （2）检查电吹风电源线、电源插头完好无破损	□
3	梅花扳手 （6～10mm）	1	扳手不应有裂缝、毛刺及明显的夹缝、切痕、氧化皮等缺陷，柄部应平直	□
4	套筒扳手 （8～24mm）	1	扳手不应有裂缝、毛刺及明显的夹缝、切痕、氧化皮等缺陷，柄部应平直	□
5	开口扳手 （6～10mm）	2	扳手不应有裂缝、毛刺及明显的夹缝、切痕、氧化皮等缺陷，柄部应平直	□
6	十字螺丝刀 （5、6mm）	1	螺丝刀手柄应安装牢固，没有手柄的不准使用	□

续表

序号	工具名称及型号	数量	完 好 标 准	确认符合
7	平口螺丝刀 （6、8mm）	2	螺丝刀手柄应安装牢固，没有手柄的不准使用	□
8	万用表	1	（1）检查检验合格证在有效期内。 （2）塑料外壳具有足够的机械强度，不得有缺损和开裂、划伤和污迹，不允许有明显的变形，按键、按钮应灵活可靠，无卡死和接触不良的现象	□
9	双臂电桥	1	（1）检查检验合格证在有效期内。 （2）产品及配套器件外观应完好，各转换开关和接线端钮的标记应齐全清晰、接插件接触良好、开关转动灵活、定位准确	□
10	绝缘表	1	（1）检查检验合格证在有效期内。 （2）外表应整洁美观，不应有变形、缩痕、裂纹、划痕、剥落、锈蚀、油污、变色等缺陷。文字、标志等应清晰无误。绝缘表的零件、部件、整件等应装配正确，牢固可靠。绝缘表的控制调节机构和指示装置应运行平稳，无阻滞和抖动现象	□

确认人签字：

备 件 材 料 准 备

序号	材料名称	规 格	单位	数量	检查结果
1	白布		kg	1	□
2	酒精	500mL	瓶	1	□
3	毛刷	25、50mm	把	2	□
4	清洗剂	500mL	瓶	2	□
5	绝缘胶布		盘	2	□

检 修 工 序

检修工序步骤及内容	安全、质量标准
□1 变压器引线接头拆除，引线外绝检查 危险源：手动扳手 安全鉴证点　1-S1	□A1（a） 在使用梅花扳手时，左手推住梅花扳手与螺栓连接处，保持梅花扳手与螺栓完全配合，防止滑脱，右手握住梅花扳手另一端并加力。 □A1（b）禁止使用带有裂纹和内孔已严重磨损的梅花扳手。 1 外绝缘完好，无过热变色
□2 打开外壳进行清扫，用吹风机吹去变压器上的灰尘，用白布擦掉母线，绝缘子，引线的灰尘 危险源：电吹风、移动式电源盘、灰尘 安全鉴证点　2-S1	□A2（a） 不准手提电吹风的导线或转动部分；不准在潮湿环境下使用电吹风；电吹风不要连续使用时间太久，应间隙断续使用，以免电热元件和电机过热而烧坏；每次使用后，应立即拔断电源，待冷却后，存放于通风良好、干燥、远离阳光照射的地方。 □A2（b） 工作中，离开工作场所、暂停作业以及遇临时停电时，须立即切断电源盘电源。 □A2（c） 作业时正确佩戴合格防尘口罩。 2 变压器线圈、母线、引线、铁芯口各部位、柜壁顶、地板底部等无灰尘
□3 检查引入的电缆和检查接地线	3 电缆绑扎牢固，无松动现象，采用2.5cm²独股铜线牢固。接线正确螺丝紧固连接完好，核实分接头位置正确。用不低于标准力矩的大小力矩紧固分接头连接螺丝
4 绝缘部件检查、电流互感器检查试验 □4.1 检查绝缘部件、电流互感器 □4.2 电流互感器试验：绝缘电阻、一次绕组直流电阻 质检点　1-W2　一级　二级	4.1 绝缘支持部件、电流互感器无裂纹、无损伤，无放电痕迹且固定牢固；线圈无裂纹，脆化闪络痕迹。 4.2 与初始值或出厂值比较无明显变化

检修工序步骤及内容	安全、质量标准
5 中性点变压器检查 □5.1 线圈检查 □5.2 铁芯检查 	质检点	2-W2	一级	二级		5.1 检查线圈表面有无爬电痕迹、炭化、破损、龟裂、过热、变色等现象；检查线圈附近电缆或者其他物体是否绑扎牢固，采用非导磁绝缘线绑扎牢固，且远离铁芯部分。 5.2 铁芯表面清洁，无锈蚀、无过热，夹件螺丝紧固检查，铁芯各穿芯螺杆的绝缘大于 10MΩ，检查变压器铁芯一点接地良好
6 电气试验 □6.1 变压器绕组直阻和二次电阻测量 □6.2 变压器绝缘电阻 危险源：试验电压 | 安全鉴证点	3-S1	| | 质检点	3-W2	一级	二级		6.1 1.6MVA 及以上变压器相间差别一般不大于三相平均值的 2%，线间差别一般不大于三相平均值的 1%。与以前相同部位测得值比较，其变化不应大于 2%。 □A6.2 测量人员和绝缘电阻表安放位置应选择适当，保持安全距离，以免绝缘电阻表引线或引线支持物触碰带电部分；移动引线时，应注意监护，防止工作人员触电；试验结束将所试设备对地放电，释放残余电压。 6.2 绝缘电阻换算至同一温度下，与前一次测试结果相比较应无明显变化，吸收比（10～30℃范围）不低于 1.3 或极化指数不低于 1.5
□7 变压器引线回装，紧固各部螺栓 危险源：手动扳手 | 安全鉴证点	4-S1	| | 质检点	4-W2	一级	二级		□A7（a） 在使用梅花扳手时，左手推住梅花扳手与螺栓连接处，保持梅花扳手与螺栓完全配合，防止滑脱，右手握住梅花扳手另一端并加力。 □A7（b） 禁止使用带有裂纹和内孔已严重磨损的梅花扳手。 7 螺栓紧固，无锈蚀
8 检修工作结束 危险源：施工废料 	安全鉴证点	5-S1		 □8.1 清点检修使用的工器具、备件数量应符合使用前的数量要求，出现丢失等及时进行查找 □8.2 清理工作现场 □8.3 同运行人员按照规定程序办理结束工作票手续	□A8 废料及时清理，做到工完、料尽、场地清。 8.1 回收的工器具应齐全、完整

检 修 技 术 记 录

数据记录：

遗留问题及处理措施：

记录人		年 月 日	工作负责人		年 月 日

检 修 工 序 卡

单位：＿＿＿＿＿＿＿＿ 班组：＿＿＿＿＿＿＿＿ 编号：＿＿＿＿＿＿

检修任务：**发电机出口电压互感器检修** 风险等级：＿＿＿＿＿

编　号		工单号	
计划检修时间		计划工日	
安全鉴证点（S1）	5	安全鉴证点（S2、S3）	0
见证点（W）	3	停工待检点（H）	0

办 理 工 作 票	
工作票编号：	

检修单位		工作负责人	
工作组成员			

施 工 现 场 准 备		
序号	安 全 措 施 检 查	确认符合
1	与带电设备保持 1m 安全距离	☐
2	电气设备的金属外壳应实行单独接地	☐
3	（1）与运行人员共同确认现场安全措施、隔离措施正确完备。 （2）确认手车拉至"检修"位置，验明检修设备确无电压。 （3）确认"禁止合闸、有人工作""在此工作"等警告标示牌按措施要求悬挂。 （4）明确相邻带电设备及带电部位。 （5）确认三相短路接线是否按措施要求悬挂，三相短路接地线悬挂位置应正确、牢固	☐
4	工作前核对设备名称及编号；工作前验电	☐
5	清理检修现场；设置检修现场定制图；地面使用胶皮铺设，并设置围栏及警告标识牌；检修工器具、材料备件定置摆放	☐
6	检修管理文件、原始记录本已准备齐全	☐

确认人签字：

工 器 具 准 备 与 检 查				
序号	工具名称及型号	数量	完 好 标 准	确认符合
1	移动式电源盘	1	（1）检查检验合格证在有效期内。 （2）检查电源盘电源线、电源插头、插座完好无破损；漏电保护器动作正确。 （3）检查电源盘线盘架、拉杆、线盘架轮子及线盘摇动手柄齐全完好	☐
2	电吹风	1	（1）检查检验合格证在有效期内。 （2）检查电吹风电源线、电源插头完好无破损	☐
3	梅花扳手 （6～10mm）	1	扳手不应有裂缝、毛刺及明显的夹缝、切痕、氧化皮等缺陷，柄部应平直	☐
4	套筒扳手 （8～24mm）	1	扳手不应有裂缝、毛刺及明显的夹缝、切痕、氧化皮等缺陷，柄部应平直	☐
5	开口扳手 （6～10mm）	1	扳手不应有裂缝、毛刺及明显的夹缝、切痕、氧化皮等缺陷，柄部应平直	☐
6	十字螺丝刀 （5、6mm）	2	螺丝刀手柄应安装牢固，没有手柄的不准使用	☐
7	平口螺丝刀	2	螺丝刀手柄应安装牢固，没有手柄的不准使用	☐

序号	工具名称及型号	数量	完 好 标 准	确认符合
8	万用表	1	（1）检查检验合格证在有效期内。 （2）塑料外壳具有足够的机械强度，不得有缺损和开裂、划伤和污迹，不允许有明显的变形，按键、按钮应灵活可靠，无卡死和接触不良的现象	□
9	双臂电桥	1	（1）检查检验合格证在有效期内。 （2）产品及配套器件外观应完好，各转换开关和接线端钮的标记应齐全清晰、接插件接触良好、开关转动灵活、定位准确	□
10	绝缘表	1	（1）检查检验合格证在有效期内。 （2）外表应整洁美观，不应有变形、缩痕、裂纹、划痕、剥落、锈蚀、油污、变色等缺陷。文字、标志等应清晰无误。绝缘表的零件、部件、整件等应装配正确，牢固可靠。绝缘表的控制调节机构和指示装置应运行平稳，无阻滞和抖动现象	□

确认人签字：

	备 件 材 料 准 备				
序号	材料名称	规　　格	单位	数量	检查结果
1	白布		kg	1	□
2	酒精	500mL	瓶	1	□
3	毛刷	25、50mm	把	2	□
4	清洗剂	500mL	瓶	2	□
5	绝缘胶布		盘	2	□

检 修 工 序

检修工序步骤及内容	安全、质量标准
□1　互感器一次连接引线拆除，二次引线检查紧固 危险源：手动扳手 安全鉴证点　1-S1	□A1（a）　在使用梅花扳手时，左手推住梅花扳手与螺栓连接处，保持梅花扳手与螺栓完全配合，防止滑脱，右手握住梅花扳手另一端并加力。 □A1（b）　禁止使用带有裂纹和内孔已严重磨损的梅花扳手
□2　互感器外绝缘和保险清扫检查测量 危险源：电吹风、移动式电源盘、灰尘 安全鉴证点　2-S1 质检点　1-W1　一级　二级	□A2（a）　不准手提电吹风的导线或转动部分；不准在潮湿环境下使用电吹风；电吹风不要连续使用时间太久，应间隙断续使用，以免电热元件和电机过热而烧坏；每次使用后，应立即拔断电源，待冷却后，存放于通风良好、干燥、远离阳光照射的地方。 □A2（b）　工作中，离开工作场所、暂停作业以及遇临时停电时，须立即切断电源盘电源。 □A2（c）　作业时正确佩戴合格防尘口罩。 2　外绝缘清洁无裂纹放电痕迹，保险连接良好、保险直流电阻三相平衡
3　电气试验 □3.1　互感器一、二次侧绝缘电阻测试 危险源：试验电压 安全鉴证点　3-S1 □3.2　互感器一、二次侧直流电阻测试 质检点　2-W2　一级　二级	□A3.1　测量人员和绝缘电阻表安放位置，应选择适当，保持安全距离，以免绝缘电阻表引线或引线支持物触碰带电部分；移动引线时，应注意监护，防止工作人员触电；试验结束将所试设备对地放电，释放残余电压。 3.1　绝缘电阻大于2500MΩ。 3.2　直流电阻的变化不超过4%

续表

检修工序步骤及内容	安全、质量标准
□4 互感器一次引线恢复 危险源：手动扳手 <table><tr><td>安全鉴证点</td><td>4-S1</td><td></td></tr></table> <table><tr><td>质检点</td><td>3-W2</td><td>一级</td><td>二级</td></tr><tr><td></td><td></td><td></td><td></td></tr></table>	□A4（a） 在使用梅花扳手时，左手推住梅花扳手与螺栓连接处，保持梅花扳手与螺栓完全配合，防止滑脱，右手握住梅花扳手另一端并加力。 □A4（b） 禁使用带有裂纹和内孔已严重磨损的梅花扳手。 4 螺栓紧固、无锈蚀
5 检修工作结束 危险源：施工废料 <table><tr><td>安全鉴证点</td><td>5-S1</td><td></td></tr></table> □5.1 清点检修使用的工器具、备件数量应符合使用前的数量要求，出现丢失等及时进行查找 □5.2 清理工作现场 □5.3 同运行人员按照规定程序办理结束工作票手续	□A5 废料及时清理，做到工完、料尽、场地清。 5.1 回收的工器具应齐全、完整

检 修 技 术 记 录

数据记录：

遗留问题及处理措施：

记录人		年 月 日	工作负责人		年 月 日

检 修 工 序 卡

单位：_____ 班组：_____ 编号：_____

检修任务：**发电机出口避雷器检修** 风险等级：_____

编　号		工单号	
计划检修时间		计划工日	
安全鉴证点（S1）	5	安全鉴证点（S2、S3）	1（S2）
见证点（W）	2	停工待检点（H）	1

办 理 工 作 票

工作票编号：

检修单位		工作负责人	
工作组成员			

施 工 现 场 准 备		
序号	安 全 措 施 检 查	确认符合
1	与带电设备保持 1m 安全距离	□
2	电气设备的金属外壳应实行单独接地	□
3	（1）与运行人员共同确认现场安全措施、隔离措施正确完备。 （2）确认手车拉至"检修"位置，验明检修设备确无电压。 （3）确认"禁止合闸、有人工作""在此工作"等警告标示牌按措施要求悬挂。 （4）明确相邻带电设备及带电部位。 （5）确认三相短路接线是否按措施要求悬挂，三相短路接地线悬挂位置应正确、牢固	□
4	工作前核对设备名称及编号；工作前验电	□
5	清理检修现场；设置检修现场定制图；地面使用胶皮铺设，并设置围栏及警告标识牌；检修工器具、材料备件定置摆放	□
6	检修管理文件、原始记录本已准备齐全	□

确认人签字：

工 器 具 准 备 与 检 查				
序号	工具名称及型号	数量	完 好 标 准	确认符合
1	移动式电源盘	1	（1）检查检验合格证在有效期内。 （2）检查电源盘电源线、电源插头、插座完好无破损；漏电保护器动作正确。 （3）检查电源盘线盘架、拉杆、线盘架轮子及线盘摇动手柄齐全完好	□
2	电吹风	1	（1）检查检验合格证在有效期内。 （2）检查电吹风电源线、电源插头完好无破损	□
3	梅花扳手 （6～10mm）	1	扳手不应有裂缝、毛刺及明显的夹缝、切痕、氧化皮等缺陷，柄部应平直	□
4	套筒扳手 （8～24mm）	1	扳手不应有裂缝、毛刺及明显的夹缝、切痕、氧化皮等缺陷，柄部应平直	□
5	开口扳手 （6～10mm）	1	扳手不应有裂缝、毛刺及明显的夹缝、切痕、氧化皮等缺陷，柄部应平直	□
6	十字螺丝刀 （5、6mm）	2	螺丝刀手柄应安装牢固，没有手柄的不准使用	□
7	平口螺丝刀 （6、8mm）	2	螺丝刀手柄应安装牢固，没有手柄的不准使用	□

续表

序号	工具名称及型号	数量	完 好 标 准	确认符合
8	放电计数器检验仪	1	（1）检查检验合格证在有效期内。 （2）绝缘杆表面应清洁光滑、干燥、无裂纹、无破损、无绝缘层脱落、无变形及放电痕迹等明显缺陷，各种调节旋钮、按键灵活可靠	□
9	60kV 直流高压发生器	1	（1）检查检验合格证在有效期内。 （2）外观整洁完好，无划痕损伤，各种标注清晰准确，各种调节旋钮、按键灵活可靠	□
10	绝缘表	1	（1）检查检验合格证在有效期内。 （2）外表应整洁美观，不应有变形、缩痕、裂纹、划痕、剥落、锈蚀、油污、变色等缺陷。文字、标志等应清晰无误。绝缘表的零件、部件、整件等应装配正确，牢固可靠。绝缘表的控制调节机构和指示装置应运行平稳，无阻滞和抖动现象	□

确认人签字：

备 件 材 料 准 备

序号	材料名称	规　　格	单位	数量	检查结果
1	白布		kg	1	□
2	酒精	500mL	瓶	1	□
3	毛刷	25、50mm	把	2	□
4	清洗剂	500mL	瓶	2	□
5	绝缘胶布		盘	2	□

检 修 工 序

检修工序步骤及内容	安全、质量标准
□1　避雷器一次连接引线拆除 危险源：手动扳手 安全鉴证点　1-S1	□A1（a）　在使用梅花扳手时，左手推住梅花扳手与螺栓连接处，保持梅花扳手与螺栓完全配合，防止滑脱，右手握住梅花扳手另一端并加力。 □A1（b）　禁止使用带有裂纹和内孔已严重磨损的梅花扳手
□2　避雷器外绝缘瓷瓶及柜内清扫检查 危险源：电吹风、移动式电源盘、灰尘 安全鉴证点　2-S1 质检点　1-W2　一级　二级	□A2（a）　不准手提电吹风的导线或转动部分；不准在潮湿环境下使用电吹风；电吹风不要连续使用时间太久，应间隙断续使用，以免电热元件和电机过热而烧坏；每次使用后，应立即拔断电源，待冷却后，存放在通风良好、干燥、远离阳光照射的地方。 □A2（b）　工作中，离开工作场所、暂停作业以及遇临时停电时，须立即切断电源盘电源。 □A2（c）　作业时正确佩戴合格防尘口罩 2　外观干净无脏污，瓷瓶无裂纹
3　电气试验 □3.1　避雷器绝缘电阻测试 危险源：试验电压 安全鉴证点　3-S1 □3.2　直流泄漏电流测量 危险源：试验电压 安全鉴证点　1-S2 质检点　1-H3　一级　二级　三级	□A3.1　测量人员和绝缘电阻表安放位置应选择适当，保持安全距离，以免绝缘电阻表引线或引线支持物触碰带电部分；移动引线时，应注意监护，防止工作人员触电；试验结束将所试设备对地放电，释放残余电压。 3.1　绝缘电阻大于 2500MΩ。 □A3.2（a）　高压试验工作不得少于两人。试验负责人应由有经验的人员担任，开始试验前，试验负责人应向全体试验人员详细布置试验中的安全注意事项，交代邻近间隔的带电部位，以及其他安全注意事项；试验现场应装设遮栏或围栏，遮栏或围栏与试验设备高压部分应有足够的安全距离，向外悬挂"止步，高压危险！"的标示牌，并派人看守；变更接线或试验结束时，应首先断开试验电源，并将升压设备的高压部分放电、短路接地。

检修工序步骤及内容	安全、质量标准
	□A3.2（b） 试验前确认试验电压标准；加压前必须认真检查试验结线，表计倍率、量程，调压器零位及仪表的开始状态，均正确无误；试验时，通知所有人员离开被试设备，并取得试验负责人许可，方可加压。加压过程中应有人监护并呼唱。 □A3.2（c） 试验结束时，试验人员应拆除自装的接地短路线，并对被试设备进行检查，恢复试验前的状态，经试验负责人复查后，进行现场清理。 3.2　1mA泄漏电流下的电压值与初始值相比，变化不应大于±5%；0.75U1mA下泄漏不应大于50μA
4　避雷器计数器检查 □4.1　避雷器计数器外观检查，紧固螺丝 □4.2　避雷器计数器放电动作测试	4.1　外观清洁完好，螺丝紧固、无锈蚀。 4.2　连续动作3次，放电后计数器走表正常
□5　避雷器一次引线恢复 危险源：手动扳手 安全鉴证点　4-S1 质检点　2-W2　一级　二级	□A5（a） 在使用梅花扳手时，左手推住梅花扳手与螺栓连接处，保持梅花扳手与螺栓完全配合，防止滑脱，右手握住梅花扳手另一端并加力。 □A5（b） 禁止使用带有裂纹和内孔已严重磨损的梅花扳手。 5　螺栓紧固、无锈蚀
6　检修工作结束 危险源：施工废料 安全鉴证点　5-S1 □6.1　清点检修使用的工器具、备件数量应符合使用前的数量要求，出现丢失等及时进行查找 □6.2　清理工作现场 □6.3　同运行人员按照规定程序办理结束工作票手续	□A6　废料及时清理，做到工完、料尽、场地清。 6.1　回收的工器具应齐全、完整

安 全 鉴 证 卡

风险点鉴证点：1-S2　工序3.2　直流泄漏电流测量
试验现场隔离措施完备，无关人员撤出，试验人员与被试设备保持安全距离

一级验收		年 月 日
二级验收		年 月 日
一级验收		年 月 日
二级验收		年 月 日
一级验收		年 月 日
二级验收		年 月 日
一级验收		年 月 日
二级验收		年 月 日
一级验收		年 月 日
二级验收		年 月 日
一级验收		年 月 日
二级验收		年 月 日
一级验收		年 月 日
二级验收		年 月 日

续表

风险点鉴证点：1-S2 工序 3.2 直流泄漏电流测量				
试验现场隔离措施完备，无关人员撤出，试验人员与被试设备保持安全距离				
一级验收		年	月	日
二级验收		年	月	日
一级验收		年	月	日
二级验收		年	月	日
一级验收		年	月	日
二级验收		年	月	日
一级验收		年	月	日
二级验收		年	月	日

检 修 技 术 记 录

数据记录：

遗留问题及处理措施：

记录人		年 月 日	工作负责人	年 月 日

风险点鉴证点：1-S2 工序 3.2 直流泄漏电流测量
试验现场隔离措施完备，无关人员撤出，试验人员与被试设备保持安全距离

检 修 工 序 卡

单位：＿＿＿＿＿＿＿＿＿　班组：＿＿＿＿＿＿＿　　　　　　　　编号：＿＿＿＿＿＿＿＿＿

检修任务：**发电机励磁母线、灭磁开关及隔离闸刀检修**　　　　风险等级：＿＿＿＿＿＿

编　号			工单号		
计划检修时间			计划工日		
安全鉴证点（S1）	3		安全鉴证点（S2、S3）		0
见证点（W）	5		停工待检点（H）		0
办　理　工　作　票					
工作票编号：					
检修单位			工作负责人		
工作组成员					

施　工　现　场　准　备		
序号	安　全　措　施　检　查	确认符合
1	与带电设备保持 1m 安全距离	□
2	电气设备的金属外壳应实行单独接地	□
3	（1）与运行人员共同确认现场安全措施、隔离措施正确完备。 （2）确认灭磁开关、隔离开关拉开，操作电源断开，验明检修设备确无电压。 （3）确认"禁止合闸、有人工作""在此工作"等警告标示牌按措施要求悬挂。 （4）明确相邻带电设备及带电部位	□
4	工作前核对设备名称及编号；工作前验电	□
5	清理检修现场；设置检修现场定制图；地面使用胶皮铺设，并设置围栏及警告标识牌；检修工器具、材料备件定置摆放	□
6	检修管理文件、原始记录本已准备齐全	□

确认人签字：

工　器　具　准　备　与　检　查				
序号	工具名称及型号	数量	完　好　标　准	确认符合
1	移动式电源盘	1	（1）检查检验合格证在有效期内。 （2）检查电源盘电源线、电源插头、插座完好无破损；漏电保护器动作正确。 （3）检查电源盘线盘架、拉杆、线盘架轮子及线盘摇动手柄齐全完好	□
2	电吹风	1	（1）检查检验合格证在有效期内。 （2）检查电吹风电源线、电源插头完好无破损	□
3	梅花扳手 （10～20mm）	1	扳手不应有裂缝、毛刺及明显的夹缝、切痕、氧化皮等缺陷，柄部应平直	□
4	开口扳手 （10～20mm）	1	扳手不应有裂缝、毛刺及明显的夹缝、切痕、氧化皮等缺陷，柄部应平直	□
5	十字螺丝刀 （15、6mm）	2	螺丝刀手柄应安装牢固，没有手柄的不准使用	□
6	平口螺丝刀 （6、8mm）	2	螺丝刀手柄应安装牢固，没有手柄的不准使用	□
7	安全带	2	（1）检查检验合格证应在有效期内，标识（产品标识和定期检验合格标识）应清晰齐全。 （2）各部件应完整无缺失、无伤残破损，腰带、胸带、围杆带、围杆绳、安全绳应无灼伤、脆裂、断股、霉变。 （3）金属卡环（钩）必须有保险装置，且操作要灵活。钩体和钩舌的咬口必须完整，两者不得偏斜	□

续表

序号	工具名称及型号	数量	完 好 标 准	确认符合
8	万用表	1	（1）检查检验合格证在有效期内。 （2）塑料外壳具有足够的机械强度，不得有缺损和开裂、划伤和污迹，不允许有明显的变形，按键、按钮应灵活可靠，无卡死和接触不良的现象	□
9	绝缘表	1	（1）检查检验合格证在有效期内。 （2）外表应整洁美观，不应有变形、缩痕、裂纹、划痕、剥落、锈蚀、油污、变色等缺陷。文字、标志等应清晰无误。绝缘表的零件、部件、整件等应装配正确，牢固可靠。绝缘表的控制调节机构和指示装置应运行平稳，无阻滞和抖动现象	□

确认人签字：

备 件 材 料 准 备

序号	材料名称	规 格	单位	数量	检查结果
1	白布		kg	1	□
2	酒精	500mL	瓶	1	□
3	毛刷	25、50mm	把	2	□
4	砂纸	100目	张	2	□
5	绝缘胶布		盘	1	□

检 修 工 序

检修工序步骤及内容	安全、质量标准
□1 打开母线盖板，检查母线支撑绝缘子，清理母线柜内卫生 危险源：安全带 安全鉴证点　1-S1	□A1 使用时安全带的挂钩或绳子应挂在结实牢固的构件上；安全带要挂在上方，高度不低于腰部（即高挂低用）；安全带严禁打结使用，使用中要避开尖锐的构件。 1 绝缘子外观无裂纹、放电现象，母线柜内卫生清洁
□2 母线柜盖板及盖板外观、密封情况检查	2 母线柜体外壳无明显变形，外壳连结合部位密封良好，接地装置接地良好
□3 励磁母线倒换极性 质检点　1-W2　一级　二级	3 螺栓连接牢固，接触面涂导电膏
□4 母线检查、绝缘电阻测试 危险源：试验电压 安全鉴证点　2-S1 质检点　2-W2　一级　二级	□A4 测量人员和绝缘电阻表安放位置，应选择适当，保持安全距离，以免绝缘电阻表引线或引线支持物触碰带电部分；移动引线时，应注意监护，防止工作人员触电；试验结束将所试设备对地放电，释放残余电压。 4 母线连接处牢固可靠，无过热现象，母线绝缘电阻不小于0.8Ω
□5 灭磁开关本体检修 质检点　3-W2　一级　二级	5 消弧罩应完好，无损、无受潮，消弧室清扫干净

检修工序步骤及内容	安全、质量标准
□6 灭磁开关及隔离开关触头检查	6 无过热变色变形现象，连接螺丝紧固。触头表面应光滑平整、接触良好，无烧熔的熔渣和凹凸不平现象

质检点	4-W2	一级	二级

□7 操作机构检查	7 各紧固件及端子排接线无松动，轴销齐全，接触器动作灵活，各线圈直阻、绝缘电阻正常

□8 传动试验	8 手、电动合分各三次，动作正常

质检点	5-W2	一级	二级

9 检修工作结束 危险源：施工废料	□A9 废料及时清理，做到工完、料尽、场地清。

安全鉴证点	3-S1	

□9.1 清点检修使用的工器具、备件数量应符合使用前的数量要求，出现丢失等及时进行查找
□9.2 清理工作现场
□9.3 同运行人员按照规定程序办理结束工作票手续

9.1 回收的工器具应齐全、完整

检 修 技 术 记 录

数据记录：

遗留问题及处理措施：

记录人		年 月 日	工作负责人		年 月 日

检 修 工 序 卡

单位：_____ 班组：_____ 编号：_____

检修任务：电除尘整流变压器检修 　　　　　　　　　　风险等级：_____

编　号		工单号	
计划检修时间		计划工日	
安全鉴证点（S1）	3	安全鉴证点（S2、S3）	0
见证点（W）	4	停工待检点（H）	0

办 理 工 作 票	
工作票编号：	
检修单位		工作负责人	
工作组成员	

施 工 现 场 准 备

序号	安 全 措 施 检 查	确认符合
1	在 5 级及以上的大风以及暴雨、雷电、冰雹、大雾等恶劣天气，应停止露天高处作业	□
2	与带电设备保持 0.7m 安全距离	□
3	电气设备的金属外壳应实行单独接地	□
4	发现盖板缺损及平台防护栏杆不完整时，应采取临时防护措施，设坚固的临时围栏	□
5	（1）与运行人员共同确认现场安全措施、隔离措施正确完备。 （2）确认隔离开关拉开，操作电源、动力电源断开，验明检修设备确无电压。 （3）确认"禁止合闸、有人工作""在此工作"等警告示牌按措施要求悬挂。 （4）明确相邻带电设备及带电部位。 （5）确认短路接地刀闸是否按措施要求合闸，短路接地刀闸机械状态指示应正确	□
6	工作前核对设备名称及编号；工作前验电	□
7	清理检修现场；设置检修现场定制图；地面使用胶皮铺设，并设置围栏及警告标识牌；检修工器具、材料备件定置摆放	□
8	检修管理文件、原始记录本已准备齐全	□

确认人签字：

工 器 具 准 备 与 检 查

序号	工具名称及型号	数量	完 好 标 准	确认符合
1	移动式电源盘	1	（1）检查检验合格证在有效期内。 （2）检查电源盘电源线、电源插头、插座完好无破损；漏电保护器动作正确。 （3）检查电源盘线盘架、拉杆、线盘架轮子及线盘摇动手柄齐全完好	□
2	电吹风	1	（1）检查检验合格证在有效期内。 （2）检查电吹风电源线、电源插头完好无破损	□
3	梅花扳手 （10～20mm）	1	扳手不应有裂缝、毛刺及明显的夹缝、切痕、氧化皮等缺陷，柄部应平直	□
4	开口扳手 （10～20mm）	1	扳手不应有裂缝、毛刺及明显的夹缝、切痕、氧化皮等缺陷，柄部应平直	□
5	十字螺丝刀 （5、6mm）	2	螺丝刀手柄应安装牢固，没有手柄的不准使用	□

序号	工具名称及型号	数量	完 好 标 准	确认符合
6	平口螺丝刀 （6、8mm）	2	螺丝刀手柄应安装牢固，没有手柄的不准使用	□
7	绝缘油耐压测试仪	1	仪器表面应无裂纹和变形，金属件不应有锈蚀，连接部位不松动。各操作部件应灵活、无卡涩。标注明确、清晰	□
8	绝缘表	1	（1）检查检验合格证在有效期内。 （2）外表应整洁美观，不应有变形、缩痕、裂纹、划痕、剥落、锈蚀、油污、变色等缺陷。文字、标志等应清晰无误。绝缘表的零件、部件、整件等应装配正确，牢固可靠。绝缘表的控制调节机构和指示装置应运行平稳，无阻滞和抖动现象	□

确认人签字：

<table>
<tr><td colspan="6" align="center">备 件 材 料 准 备</td></tr>
<tr><td>序号</td><td>材料名称</td><td>规　　格</td><td>单位</td><td>数量</td><td>检查结果</td></tr>
<tr><td>1</td><td>白布</td><td></td><td>kg</td><td>1</td><td>□</td></tr>
<tr><td>2</td><td>酒精</td><td>500mL</td><td>瓶</td><td>1</td><td>□</td></tr>
<tr><td>3</td><td>毛刷</td><td>25、50mm</td><td>把</td><td>2</td><td>□</td></tr>
<tr><td>4</td><td>清洗剂</td><td>500mL</td><td>瓶</td><td>2</td><td>□</td></tr>
<tr><td>5</td><td>硅胶</td><td></td><td>瓶</td><td>3</td><td>□</td></tr>
</table>

<table>
<tr><td colspan="2" align="center">检 修 工 序</td></tr>
<tr><td align="center">检修工序步骤及内容</td><td align="center">安全、质量标准</td></tr>
<tr>
<td>□1　检查清理整流变本体、高低压侧套管及测量端子</td>
<td>1　所有元件清洁无灰尘，套管完好无裂纹，端子接线无过热松动现象</td>
</tr>
<tr>
<td>□2　高压隔离开关箱内卫生清理，隔离开关及绝缘子检查清理

危险源：电吹风、移动式电源盘、灰尘

安全鉴证点　1-S1

质检点　1-W2　一级　二级</td>
<td>□A2（a）　不准手提电吹风的导线或转动部分；不准在潮湿环境下使用电吹风；电吹风不要连续使用时间太久，应间隙断续使用，以免电热元件和电机过热而烧坏；每次使用后，应立即拔断电源，待冷却后，存放于通风良好、干燥、远离阳光照射的地方。
□A2（b）　工作中，离开工作场所、暂停作业以及遇临时停电时，须立即切断电源盘电源。
□A2（c）　作业时正确佩戴合格防尘口罩。

2　所有元件清洁无灰尘，绝缘子完好无裂纹，闸刀操作灵活，接触良好</td>
</tr>
<tr>
<td>□3　悬挂绝缘子检查清理</td>
<td>3　绝缘子清洁无灰尘，套管完好无裂纹</td>
</tr>
<tr>
<td>□4　变压器密封点渗漏检查、处理

质检点　2-W2　一级　二级</td>
<td>4　密封点螺栓紧固良好，密封垫无老化</td>
</tr>
<tr>
<td>□5　油枕、呼吸器检查</td>
<td>5　无渗漏、油位正常，变色的硅胶应更换</td>
</tr>
<tr>
<td>□6　变电器高、低压侧绕组及低压进线电缆绝缘电阻测量

危险源：试验电压

安全鉴证点　2-S1</td>
<td>□A6　测量人员和绝缘电阻表安放位置，应选择适当，保持安全距离，以免绝缘电阻表引线或引线支持物触碰带电部分；移动引线时，应注意监护，防止工作人员触电；试验结束将所试设备对地放电，释放残余电压。

6　高压侧绕组绝缘大于 500MΩ，低压侧绕组绝缘大于300MΩ，电缆绝缘大于 10MΩ</td>
</tr>
</table>

续表

检修工序步骤及内容	安全、质量标准
7 变压器绝缘油试验 □7.1 绝缘油介电强度试验 □7.2 绝缘油微水、色谱分析测试 　质检点　3-W2　一级　二级	7.1 计算五次电压击穿值的平均值，其值不应小于35kV
□8 空载升压（不带电场） 　质检点　4-W2　一级　二级	8 输出 U_n，保持5min，应无闪络、无击穿现象，并记录空载电流
9 检修工作结束 危险源：废油、施工废料 　安全鉴证点　3-S1 □9.1 清点检修使用的工器具、备件数量应符合使用前的数量要求，出现丢失等及时进行查找 □9.2 清理工作现场 □9.3 同运行人员按照规定程序办理结束工作票手续	□A9 不准将油污、油泥、废油等（包括沾油棉纱、布、手套、纸等）倒入下水道排放或随地倾倒，应收集放于指定的地点，妥善处理，以防污染环境及发生火灾；废料及时清理，做到工完、料尽、场地清。 9.1 回收的工器具应齐全、完整

质检点表格内容：

质检点	3-W2	一级	二级

质检点	4-W2	一级	二级

安全鉴证点	3-S1	

检 修 技 术 记 录

数据记录：

遗留问题及处理措施：

记录人		年　月　日	工作负责人		年　月　日

检 修 工 序 卡

单位：＿＿＿＿＿＿＿＿　　班组：＿＿＿＿＿＿＿＿　　　　　　　　　　编号：＿＿＿＿＿＿＿

检修任务：**400V 框架断路器检修**　　　　　　　　　　　　　　　　风险等级：＿＿＿＿＿＿

编　号		工单号	
计划检修时间		计划工日	
安全鉴证点（S1）	4	安全鉴证点（S2、S3）	0
见证点（W）	2	停工待检点（H）	0
办 理 工 作 票			
工作票编号：			
检修单位		工作负责人	
工作组成员			

施 工 现 场 准 备

序号	安 全 措 施 检 查	确认符合
1	与带电设备保持 0.7m 安全距离	□
2	电气设备的金属外壳应实行单独接地	□
3	（1）与运行人员共同确认现场安全措施、隔离措施正确完备。 （2）确认开关拉开，手车开关拉至"检修"位置，控制方式在"就地"位置，操作电源、动力电源断开，验明检修设备确无电压。 （3）确认"禁止合闸、有人工作""在此工作"等警告标示牌按措施要求悬挂。 （4）明确相邻带电设备及带电部位	□
4	工作前核对设备名称及编号；工作前验电	□
5	清理检修现场；设置检修现场定制图；地面使用胶皮铺设，并设置围栏及警告标识牌；检修工器具、材料备件定置摆放	□
6	检修管理文件、原始记录本已准备齐全	□

确认人签字：

工 器 具 准 备 与 检 查

序号	工具名称及型号	数量	完 好 标 准	确认符合
1	移动式电源盘	1	（1）检查检验合格证在有效期内。 （2）检查电源盘电源线、电源插头、插座完好无破损；漏电保护器动作正确。 （3）检查电源盘线盘架、拉杆、线盘架轮子及线盘摇动手柄齐全完好	□
2	电吹风	1	（1）检查检验合格证在有效期内。 （2）检查电吹风电源线、电源插头完好无破损	□
3	梅花扳手 （6～10mm）	1	扳手不应有裂缝、毛刺及明显的夹缝、切痕、氧化皮等缺陷，柄部应平直	□
4	套筒扳手 （8～12mm）	1	扳手不应有裂缝、毛刺及明显的夹缝、切痕、氧化皮等缺陷，柄部应平直	□
5	开口扳手 （6～10mm）	1	扳手不应有裂缝、毛刺及明显的夹缝、切痕、氧化皮等缺陷，柄部应平直	□
6	十字螺丝刀 （5、6mm）	2	螺丝刀手柄应安装牢固，没有手柄的不准使用	□
7	平口螺丝刀 （6、8mm）	2	螺丝刀手柄应安装牢固，没有手柄的不准使用	□

序号	工具名称及型号	数量	完好标准	确认符合
8	万用表	1	（1）检查检验合格证在有效期内。 （2）塑料外壳具有足够的机械强度，不得有缺损和开裂、划伤和污迹，不允许有明显的变形，按键、按钮应灵活可靠，无卡死和接触不良的现象	□
9	绝缘表	1	（1）检查检验合格证在有效期内。 （2）外表应整洁美观，不应有变形、缩痕、裂纹、划痕、剥落、锈蚀、油污、变色等缺陷。文字、标志等应清晰无误。绝缘表的零件、部件、整件等应装配正确，牢固可靠。绝缘表的控制调节机构和指示装置应运行平稳，无阻滞和抖动现象	□

确认人签字：

备件材料准备

序号	材料名称	规格	单位	数量	检查结果
1	白布		kg	1	□
2	酒精	500mL	瓶	1	□
3	毛刷	25、50mm	把	2	□
4	砂纸	100 目	张	2	□
5	绝缘胶布		盘	1	□

检修工序

检修工序步骤及内容	安全、质量标准
□1 断路器及其框架清扫 危险源：框架开关 | 安全鉴证点 | 1-S1 | |	□A1（a） 手搬物件时应量力而行，不得搬运超过自己能力的物件。 □A1（b） 2 人以上抬运重物时，必须同一顺肩，换肩时重物必须放下；多人共同搬运、抬运或装卸较大的重物时，应有 1 人担任指挥，搬运的步调应一致，前后扛应同肩，必要时还应有专人在旁监护。 1 开关本体及其框架表面清洁，无灰尘、无油垢
2 断路器及其框架内传动机构检查 危险源：操动机构 | 安全鉴证点 | 2-S1 | | □2.1 断路器操作机构检查，传动机构涂抹润滑脂，分合三次检查传动机构是否良好 □2.2 断路器各部螺栓紧固 □2.3 分合闸线圈电阻测量 | 质检点 | 1-W2 | 一级 | 二级 |	□A2 检修前切断操动机构操作电源及储能电源；就地分合机构时，检修人员不得触及连扳和传动部件。 2.1 分合动作正常，传动部分无损坏卡涩，润滑良好。 2.2 螺栓紧固，无锈蚀
3 断路器灭弧室检查 □3.1 灭弧罩隔离片检查 □3.2 灭弧室检查	3.1 隔离片无腐蚀或损坏。 3.2 灭弧室内清洁，无电弧烧损痕迹
□4 断路器主触头及其框架内触头检查	4 触头表面应无拉弧、磨损、过热、变形现象
□5 断路器及其框架二次回路检查	5 接线端子连接紧固，二次触头无灰尘、氧化层

检修工序步骤及内容	安全、质量标准
□6　断路器及出线电缆绝缘电阻测试 危险源：试验电压 <table><tr><td>安全鉴证点</td><td>3-S1</td><td></td></tr></table>	□A6（a）　通知有关人员，并派人到现场看守，检查设备上确无人工作后，方可加压。 □A6（b）　测量人员和绝缘电阻表安放位置，应选择适当，保持安全距离，以免绝缘电阻表引线或引线支持物触碰带电部分；移动引线时，应注意监护，防止工作人员触电。 □A6（c）　试验结束将所试设备对地放电，释放残余电压。 6　绝缘电阻不小于 0.5MΩ
7　传动试验 □7.1　电动在额定操作电压下分、合闸 2 次 <table><tr><td>质检点</td><td>2-W2</td><td>一级</td><td>二级</td></tr><tr><td></td><td></td><td></td><td></td></tr></table>	7.1　分、合动作正常，状态指示与 DCS 画面显示一致
8　检修工作结束 危险源：施工废料 <table><tr><td>安全鉴证点</td><td>3-S1</td><td></td></tr></table> □8.1　清点检修使用的工器具、备件数量应符合使用前的数量要求，出现丢失等及时进行查找 □8.2　清理工作现场 □8.3　同运行人员按照规定程序办理结束工作票手续	□A8　废料及时清理，做到工完、料尽、场地清。 8.1　回收的工器具应齐全、完整

检 修 技 术 记 录

数据记录：

遗留问题及处理措施：

记录人		年　　月　　日	工作负责人		年　　月　　日

检 修 工 序 卡

单位：＿＿＿＿＿＿＿ 班组：＿＿＿＿＿＿＿＿ 编号：＿＿＿＿＿＿＿

检修任务：**400V 抽屉开关检修** 风险等级：＿＿＿＿＿

编 号		工单号	
计划检修时间		计划工日	
安全鉴证点（S1）	3	安全鉴证点（S2、S3）	0
见证点（W）	3	停工待检点（H）	0

办 理 工 作 票			
工作票编号：			
检修单位		工作负责人	
工作组成员			

施 工 现 场 准 备		
序号	安 全 措 施 检 查	确认符合
1	与带电设备保持 0.7m 安全距离	□
2	电气设备的金属外壳应实行单独接地	□
3	（1）与运行人员共同确认现场安全措施、隔离措施正确完备。 （2）确认开关拉开，手车开关拉至"检修"位置，控制方式在"就地"位置，操作电源断开，验明检修设备确无电压。 （3）确认"禁止合闸、有人工作""在此工作"等警告标示牌按措施要求悬挂。 （4）明确相邻带电设备及带电部位	□
4	工作前核对设备名称及编号；工作前验电	□
5	清理检修现场；设置检修现场定制图；地面使用胶皮铺设，并设置围栏及警告标识牌；检修工器具、材料备件定置摆放	□
6	检修管理文件、原始记录本已准备齐全	□
确认人签字：		

工 器 具 准 备 与 检 查				
序号	工具名称及型号	数量	完 好 标 准	确认符合
1	移动式电源盘	1	（1）检查检验合格证在有效期内。 （2）检查电源盘电源线、电源插头、插座完好无破损；漏电保护器动作正确。 （3）检查电源盘线盘架、拉杆、线盘架轮子及线盘摇动手柄齐全完好	□
2	电吹风	1	（1）检查检验合格证在有效期内。 （2）检查电吹风电源线、电源插头完好无破损	□
3	梅花扳手 （6～10mm）	1	扳手不应有裂缝、毛刺及明显的夹缝、切痕、氧化皮等缺陷，柄部应平直	□
4	套筒扳手 （8～24mm）	1	扳手不应有裂缝、毛刺及明显的夹缝、切痕、氧化皮等缺陷，柄部应平直	□
5	开口扳手 （6～10mm）	1	扳手不应有裂缝、毛刺及明显的夹缝、切痕、氧化皮等缺陷，柄部应平直	□
6	十字螺丝刀 （5、6mm）	2	螺丝刀手柄应安装牢固，没有手柄的不准使用	□
7	平口螺丝刀 （6、8mm）	2	螺丝刀手柄应安装牢固，没有手柄的不准使用	□

序号	工具名称及型号	数量	完 好 标 准	确认符合
8	万用表	1	（1）检查检验合格证在有效期内。 （2）塑料外壳具有足够的机械强度，不得有缺损和开裂、划伤和污迹，不允许有明显的变形，按键、按钮应灵活可靠，无卡死和接触不良的现象	□
9	绝缘表	1	（1）检查检验合格证在有效期内。 （2）外表应整洁美观，不应有变形、缩痕、裂纹、划痕、剥落、锈蚀、油污、变色等缺陷。文字、标志等应清晰无误。绝缘表的零件、部件、整件等应装配正确，牢固可靠。绝缘表的控制调节机构和指示装置应运行平稳，无阻滞和抖动现象	□

确认人签字：

备 件 材 料 准 备

序号	材料名称	规 格	单位	数量	检查结果
1	白布		kg	1	□
2	酒精	500mL	瓶	1	□
3	毛刷	25、50mm	把	2	□
4	砂纸	400 目	张	2	□
5	绝缘胶布		盘	1	□

检 修 工 序

检修工序步骤及内容	安全、质量标准
□1　抽屉开关清扫、检查 危险源：抽屉开关 安全鉴证点　1-S1	□A1（a）　手搬物件时应量力而行，不得搬运超过自己能力的物件。 □A1（b）　2 人以上抬运重物时，必须同一顺肩，换肩时重物必须放下；多人共同搬运、抬运或装卸较大的重物时，应有 1 人担任指挥，搬运的步调应一致，前后扛应同肩，必要时还应有专人在旁监护。 1　开关本体表面清洁，无灰尘
2　开关一次回路、元器件及机构检查 □2.1　开关一次回路检查 □2.2　开关内部元器件 □2.3　开关分、合闸机构检查 质检点　1-W2　一级　二级	2.1　一次回路连接良好无松动、过热现象，开关主触头完好无松动。 2.2　元器件完好无损坏。 2.3　无卡涩、变形现象，闭锁机构正常
3　开关二次控制回路及保险机构检查 □3.1　二次接线插头检查 □3.2　控制回路接线检查 □3.3　转换开关、按钮接点检查 质检点　2-W2　一级　二级	3.1　无弯曲变形，接触良好。 3.2　连线无破损，连接紧固，无绝缘皮压接端子内。 3.3　接触电阻小于 2Ω
□4　电缆检查	4　电缆头无松动和过热，接线距离满足要求、导体裸露不过长

续表

检修工序步骤及内容	安全、质量标准
□5　断路器及出线电缆绝缘电阻测试 危险源：试验电压 	安全鉴证点	2-S1			□A5（a）　通知有关人员，并派人到现场看守，检查设备上确无人工作后，方可加压。 □A5（b）　测量人员和绝缘电阻表安放位置，应选择适当，保持安全距离，以免绝缘电阻表引线或引线支持物触碰带电部分；移动引线时，应注意监护，防止工作人员触电。 □A5（c）　试验结束将所试设备对地放电，释放残余电压。 5　绝缘电阻不小于 0.5MΩ
6　传动试验 □6.1　电动在额定操作电压下分、合闸 2 次 | 质检点	3-W2	一级	二级		6.1　分、合动作正常，状态指示与 DCS 画面显示一致
7　检修工作结束 危险源：施工废料 | 安全鉴证点	3-S1		| □7.1　清点检修使用的工器具、备件数量应符合使用前的数量要求，出现丢失等及时进行查找 □7.2　清理工作现场 □7.3　同运行人员按照规定程序办理结束工作票手续	□A7　废料及时清理，做到工完、料尽、场地清。 7.1　回收的工器具应齐全、完整

检 修 技 术 记 录

数据记录：

遗留问题及处理措施：

记录人		年　月　日	工作负责人		年　月　日

检 修 工 序 卡

单位：_____ 班组：_____ 　　　　　　编号：_____

检修任务：离相封母、强迫风循环装置检修　　　　风险等级：_____

编　号		工单号	
计划检修时间		计划工日	
安全鉴证点（S1）	2	安全鉴证点（S2、S3）	1（S2）
见证点（W）	1	停工待检点（H）	1
办 理 工 作 票			

工作票编号：

检修单位		工作负责人	
工作组成员			

施 工 现 场 准 备

序号	安 全 措 施 检 查	确认符合
1	与带电设备保持安全距离；使用警戒遮拦对检修与运行区域进行隔离，悬挂"止步、高压危险"警告标示牌，防止人员误入带电运行设备区域	□
2	电气设备的金属外壳应实行单独接地；电气设备金属外壳的接地与电源中性点的接地分开	□
3	与运行人员共同确认现场安全措施、隔离措施正确完备；确认隔离开关拉开，手车开关拉至"试验"或"检修"位置，控制方式在"就地"位置，操作电源、动力电源断开，验明检修设备确无电压；确认"禁止合闸、有人工作""在此工作"等警告标示牌按措施要求悬挂；明确相邻带电设备及带电部位；确认三相短路接地刀闸或三相短路接地线是否按措施要求合闸或悬挂，三相短路接地刀闸机械状态指示应正确，三相短路接地线悬挂位置正确且牢固可靠	□
4	工作前核对设备名称及编号	□
5	现场工器具、设备备品备件应定置摆放	□

确认人签字：

工 器 具 检 查

序号	工具名称及型号	数量	完 好 标 准	确认符合
1	移动式电源盘	2	（1）检查检验合格证在有效期内。 （2）检查电源盘电源线、电源插头、插座完好无破损；漏电保护器动作正确。 （3）检查电源盘线盘架、拉杆、线盘架轮子及线盘摇动手柄齐全完好	□
2	安全带	4	（1）检查检验合格证应在有效期内，标识（产品标识和定期检验合格标识）应清晰齐全。 （2）各部件应完整无缺失、无伤残破损，腰带、胸带、围杆带、围杆绳、安全绳应无灼伤、脆裂、断股、霉变。 （3）金属卡环（钩）必须有保险装置，且操作要灵活。钩体和钩舌的咬口必须完整，两者不得偏斜	□
3	活扳手	3	（1）活动扳口应在扳体导轨的全行程上灵活移动。 （2）活扳手不应有裂缝、毛刺及明显的夹缝、氧化皮等缺陷，柄部平直且不应有影响使用性能的缺陷	□
4	梯子	1	（1）检查梯子检验合格证在有效期内。 （2）使用梯子前应先检查梯子坚实、无缺损，止滑脚完好，不得使用有故障的梯子。 （3）人字梯应具有坚固的铰链和限制开度的拉链。 （4）各个连接件应无目测可见的变形，活动部件开合或升降应灵活	□
5	电吹风	1	（1）检查检验合格证在有效期内。 （2）检查电吹风电源线、电源插头完好无破损	□

续表

序号	工具名称及型号	数量	完 好 标 准	确认符合
6	手电筒	2	进行外观及亮度检测	□
7	螺丝刀	3	螺丝刀手柄应安装牢固，没有手柄的不准使用	□
8	梅花扳手	2套	梅花扳手不应有裂缝、毛刺及明显的夹缝、切痕、氧化皮等缺陷，柄部应平直	□
9	绝缘电阻表	1	（1）检查检验合格证在有效期内。 （2）表计的外表应整洁美观，不应有变形、缩痕、裂纹、划痕、剥落、锈蚀、油污、变色等缺陷。文字、标志等应清晰无误。绝缘表的零件、部件、整件等应装配正确，牢固可靠；控制调节机构和指示装置应运行平稳，无阻滞和抖动现象	□
10	万用表	1	（1）检查检验合格证在有效期内。 （2）塑料外壳具有足够的机械强度，不得有缺损和开裂、划伤和污迹，不允许有明显的变形，按键、按钮应灵活可靠，无卡死和接触不良的现象	□
11	交流耐压测试仪	1	（1）检查检验合格证在有效期内。 （2）装置应有可靠的接地螺栓，接地处应有明显的接地符号或接地字样；各种操控按钮、手柄、指示灯、指示仪表应有对应的明显标识，铭牌字迹清晰，控制回路的连接标志应醒目、清晰	□

确认人签字：

备 件 材 料 准 备

序号	材料名称	规　格	单位	数量	检查结果
1	抹布		kg	10	□
2	塑料带		盘	5	□
3	凡士林油	中性	kg	5	□
4	绝缘胶布		盘	2	□
5	酒精		瓶	10	□
6	砂纸	0号	张	5	□
7	塑料布		m	10	□
8	螺丝	各种	各	20	□
9	橡胶伸缩套		只	3	□

检 修 工 序

检修工序步骤及内容	安全、质量标准
1　离相封母外观检查清扫 危险源：电吹风、灰尘、安全带、梯子、手动扳手、移动式电源盘 　安全鉴证点　|　1-S1	□A1（a）　不准手提电吹风的导线或转动部分；电吹风不要连续使用时间太久，应间隙断续使用，以免电热元件和电机过热而烧坏。 □A1（b）　作业时正确佩戴合格防尘口罩。 □A1（c）　使用时安全带的挂钩或绳子应挂在结实牢固的构件上；安全带要挂在上方，高度不低于腰部（即高挂低用）；利用安全带进行悬挂作业时，不能将挂钩直接勾在安全绳上，应勾在安全带的挂环上；安全带严禁打结使用，使用中要避开尖锐的构件。 □A1（d）　升降梯升降高度不准超过产品铭牌的规定；不准梯子垫高或接长使用；不准在悬吊式的脚手架上搭放梯子作业；靠在管子上使用的梯子，其上端应有挂钩或用绳索缚住；梯子在水泥或光滑坚硬的地面上使用梯子时，其下端应安置橡胶套或橡胶布，同时应用绳索将梯子下端与固定物缚住；在梯子上工作时，梯与地面的斜角度60°～70°为宜，折梯使用时上部夹角以35°～45°为宜。上下梯子时，不准手持物件攀登；作业人员必须面向梯子上下；梯子上作业人员应

续表

检修工序步骤及内容	安全、质量标准
	将安全带挂在牢固的构件上，不准将安全带挂在梯子上；不准两人同登一梯；人在梯子上作业时，不准移动梯子；作业人员必须登在距梯顶不少于 1m 的梯蹬上工作。 □A1（e） 在使用梅花扳手时，左手推住梅花扳手与螺栓连接处，保持梅花扳手与螺栓完全配合，防止滑脱，右手握住梅花扳手另一端并加力；禁止使用带有裂纹和内孔已严重磨损的梅花扳手。 □A1（f） 移动式电源盘工作中，离开工作场所、暂停作业以及遇临时停电时，须立即切断电源盘电源。
□1.1 用电吹风及抹布清扫灰尘 □1.2 检查封闭母线外壳接地点、紧固件 □1.3 检查母线固定支架等支撑部位紧固、受力情况 □1.4 导体接头部位连接、焊接情况检查	1.1 清洁无灰尘。 1.2 接地点连接牢固，接地标识完整；各紧固件连接牢固。 1.3 支撑部位不得有受力不均的地方。 1.4 焊接处无裂纹、损伤
2 离相封母绝缘子检修 □2.1 打开绝缘子固定盖板 □2.2 用吸尘器及抹布清扫灰尘、检查 □2.3 紧固绝缘子固定各部螺栓	 2.2 绝缘子清洁无灰尘、无裂纹、无油污，裂纹损伤者应及时进行更换。 2.3 螺丝紧固无松动
3 离相母线密封检查 □3.1 主母线外壳清扫查 □3.2 各绝缘子卫生清理 □3.3 各盘式绝缘子密封垫、支持绝缘子底座密封垫；盖板密封垫、窥视窗密封垫检查 □3.4 室内外排水管排水检查	3.1 清洁无灰尘，沙眼必须进行补焊。 3.2 清洁无灰尘。 3.3 密封不良的进行更换。 3.4 母线内有无积水

4 强迫空气循环干燥控制柜检查
危险源：控制柜电源

□A4 确认控制柜电源已停电。

安全鉴证点	2-S1

□4.1 控制柜清扫检查、管道螺栓紧固 | 4.1 无积污，螺栓紧固。
□4.2 二次元件线圈直阻测量、接线紧固、接点导通检查 | 4.2 螺丝紧固、动作灵活、导通良好。
□4.3 湿度测量、压力测量元件校验检查 | 4.3 元件测量准确。
□4.4 罗茨风机油位检查 | 4.4 油位在观察窗 2/3 以上，无渗漏。
□4.5 电机接线盒电缆检查、电机绝缘电阻、直流电阻测试 | 4.5 电缆无破损，绝缘大于 0.5Ω

质检点	1-W2	一级	二级

5 离相母线试验
危险源：试验电压

安全鉴证点	1-S2	第 5 页

□A5（a） 高压试验工作不得少于两人。试验负责人应由有经验的人员担任，开始试验前，试验负责人应向全体试验人员详细布置试验中的安全注意事项，交代邻近间隔的带电部位，以及其他安全注意事项；试验现场应设遮栏或围栏，遮栏或围栏与试验设备高压部分应有足够的安全距离，向外悬挂"止步，高压危险"的标示牌，并派人看守；变更接线或试验结束时，应首先断开试验电源，并将升压设备的高压部分放电、短路接地。

□A5（b） 试验时，通知所有人员离开被试设备，并取得试验负责人许可，方可加压。加压过程中应有人监护并呼唱；试验结束时，试验人员应拆除自装的接地短路线，并对被试设备进行检查，恢复试验前的状态，经试验负责人复查后，进行现场清理；
测量人员和绝缘电阻表安放位置，应选择适当，保持安全距离，以免绝缘电阻表引线或引线支持物触碰带电部分；移动引线时，应注意监护，防止工作人员触电。

□A5（c） 试验前确认试验电压标准；加压前必须认真检查试验结线，表计倍率、量程，调压器零位及仪表的开始状态，均正确无误。

续表

检修工序步骤及内容	安全、质量标准
□5.1 绝缘电阻、交流耐压试验 	质检点	1-H3	一级	二级	三级
---	---	---	---	---
						□A5（d）试验结束将所试设备对地放电，释放残余电压；确认短接线已拆除。 5.1 绝缘电阻不小于1000MΩ，交流耐压51kV/1min，无闪络放电
6 封闭母线回装及淋水试验 □6.1 检查母线内无遗留物品 □6.2 盖板密封条黏接牢固 □6.3 盖板安装紧固 □6.4 封闭母线淋水试验 □6.5 封闭母线外圈打密封胶	6.1 无遗留物。 6.2 密封胶条黏接牢固。 6.3 盖板螺丝紧固。 6.4 抽查A列墙外母线内无积水。 6.5 密封胶涂覆均匀

安 全 鉴 证 卡

风险点鉴证点：1-S2 工序 5 离相封母试验

一级验收			年	月	日
二级验收			年	月	日
一级验收			年	月	日
二级验收			年	月	日
一级验收			年	月	日
二级验收			年	月	日
一级验收			年	月	日
二级验收			年	月	日
一级验收			年	月	日
二级验收			年	月	日
一级验收			年	月	日
二级验收			年	月	日
一级验收			年	月	日
二级验收			年	月	日
一级验收			年	月	日
二级验收			年	月	日
一级验收			年	月	日
二级验收			年	月	日
一级验收			年	月	日
二级验收			年	月	日
一级验收			年	月	日
二级验收			年	月	日
一级验收			年	月	日
二级验收			年	月	日

检 修 技 术 记 录

数据记录：

遗留问题及处理措施:				
记录人		年　月　日	工作负责人	年　月　日

检 修 工 序 卡

单位：＿＿＿＿＿＿＿　　班组：＿＿＿＿＿＿＿　　　　　　　　　　编号：＿＿＿＿＿＿

检修任务：**6kV 共箱封闭母线检修**　　　　　　　　　　　　　　风险等级：＿＿＿＿＿

编　号		工单号	
计划检修时间		计划工日	
安全鉴证点（S1）	3	安全鉴证点（S2、S3）	1（S2）
见证点（W）	1	停工待检点（H）	1
办 理 工 作 票			
工作票编号：			
检修单位		工作负责人	
工作组成员			

施 工 现 场 准 备

序号	安 全 措 施 检 查	确认符合
1	与带电设备保持 0.7m 安全距离；使用警戒遮拦对检修与运行区域进行隔离，悬挂"止步、高压危险"警告标示牌，防止人员误入带电运行设备区域	□
2	电气设备的金属外壳应实行单独接地；电气设备金属外壳的接地与电源中性点的接地分开	□
3	与运行人员共同确认现场安全措施、隔离措施正确完备；确认隔离开关拉开，手车开关拉至"试验"或"检修"位置，控制方式在"就地"位置，操作电源、动力电源断开，验明检修设备确无电压；确认"禁止合闸、有人工作""在此工作"等警告标示牌按措施要求悬挂；明确相邻带电设备及带电部位；确认三相短路接地刀闸或三相短路接地线是否按措施要求合闸或悬挂，三相短路接地刀闸机械状态指示应正确，三相短路接地线悬挂位置正确且牢固可靠	□
4	工作前核对设备名称及编号	□
5	工作前验电	□
6	现场工器具、设备备品备件应定置摆放	□

确认人签字：

工 器 具 检 查

序号	工具名称及型号	数量	完 好 标 准	确认符合
1	移动式电源盘	2	（1）检查检验合格证在有效期内。 （2）检查电源盘电源线、电源插头、插座完好无破损；漏电保护器动作正确。 （3）检查电源盘线盘架、拉杆、线盘架轮子及线盘摇动手柄齐全完好	□
2	安全带	4	（1）检查检验合格证应在有效期内，标识（产品标识和定期检验合格标识）应清晰齐全。 （2）各部件应完整，无缺失、伤残破损，腰带、胸带、围杆带、围杆绳、安全绳应无灼伤、脆裂、断股、霉变。 （3）金属卡环（钩）必须有保险装置，且操作要灵活。钩体和钩舌的咬口必须完整，两者不得偏斜	□
3	脚手架	1	（1）搭设结束后，必须履行脚手架验收手续，填写脚手架验收单，并在"脚手架验收单"上分级签字。 （2）验收合格后应在脚手架上悬挂合格证，方可使用。 （3）工作负责人每天上脚手架前，必须进行脚手架整体检查	□
4	电吹风	1	（1）检查检验合格证在有效期内。 （2）检查电吹风电源线、电源插头完好，无破损	□
5	绝缘手套	1	（1）检查绝缘手套在使用有效期及检测合格周期内，产品标识及定期检验合格标识应清晰齐全，出厂年限满 5 年的绝缘手套应报废。 （2）严格执行《电业安全工作规程》，使用电压等级 6kV 或 10kV 的绝缘手套。	□

序号	工具名称及型号	数量	完 好 标 准	确认符合
5	绝缘手套	1	（3）使用前检查绝缘手套有无漏气（裂口）等，手套表面必须平滑，无明显的波纹和铸模痕迹。 （4）手套内外面应无针孔、无疵点、无裂痕、无砂眼、无杂质、无霉变、无划痕损伤、无夹紧痕迹、无粘连、无发脆、无染料污染痕迹等各种明显缺陷	□
6	验电器	1	（1）检查验电器在使用有效期及检测合格周期内，产品标识及定期检验合格标识应清晰齐全。 （2）严格执行《电业安全工作规程》，根据检修设备的额定电压选用相同电压等级的验电器。 （3）工作触头的金属部分连接应牢固，无放电痕迹。 （4）验电器的绝缘杆表面应清洁光滑、干燥，无裂纹、无破损、无绝缘层脱落、无变形及放电痕迹等明显缺陷。 （5）握柄应无裂纹、无破损、无有碍手握的缺陷。 （6）验电器（触头、绝缘杆、握柄）各处连接应牢固可靠。 （7）验电前应将验电器在带电的设备上验电，证实验电器声光报警等是否良好	□
7	手电筒	2	进行外观及亮度检测	□
8	螺丝刀	3	螺丝刀手柄应安装牢固，没有手柄的不准使用	□
9	活扳手	3	（1）活动扳口应在扳体导轨的全行程上灵活移动。 （2）活扳手不应有裂缝、毛刺及明显的夹缝、氧化皮等缺陷，柄部平直且不应有影响使用性能的缺陷	□
10	梅花扳手	2	梅花扳手不应有裂缝、毛刺及明显的夹缝、切痕、氧化皮等缺陷，柄部应平直	□
11	绝缘电阻表	1	（1）检查检验合格证在有效期内。 （2）绝缘电阻表的外表应整洁美观，不应有变形、缩痕、裂纹、划痕、剥落、锈蚀、油污、变色等缺陷。文字、标志等应清晰无误。绝缘表的零件、部件、整件等应装配正确，牢固可靠；控制调节机构和指示装置应运行平稳，无阻滞和抖动现象	□
12	万用表	1	（1）检查检验合格证在有效期内。 （2）塑料外壳具有足够的机械强度，不得有缺损和开裂、划伤和污迹，不允许有明显的变形，按键、按钮应灵活可靠，无卡死和接触不良的现象	□
13	交流耐压测试仪	1	（1）检查检验合格证在有效期内。 （2）装置应有可靠的接地螺栓，接地处应有明显的接地符号或接地字样；各种操控按钮、手柄、指示灯、指示仪表应有对应的明显标识，铭牌字迹清晰，控制回路的连接标志应醒目、清晰	□

确认人签字：

备 件 材 料 准 备

序号	材料名称	规 格	单位	数量	检查结果
1	抹布		kg	10	□
2	塑料带		盘	5	□
3	凡士林油	中性	kg	5	□
4	绝缘胶布		盘	2	□
5	酒精		瓶	10	□
6	砂纸	0 号	张	5	□
7	塑料布		m	10	□
8	螺丝	各种	各	20	□
9	密封胶条		m	30	□
10	绝缘子	DMC	只	10	□

检 修 工 序	
检修工序步骤及内容	安全、质量标准
1 共箱封闭母线清扫检修 危险源：6kV 电源、脚手架、安全带、手动工具、移动式电源盘 安全鉴证点　　1-S1 □1.1 确认相邻带电共箱封闭母线盖板上已覆盖尼龙网格警戒隔离网，且固定绑扎牢固 □1.2 拆除母线室盖板 □1.3 用高压验电器验电，确认无电压 危险源：6kV 电源 安全鉴证点　　2-S1 □1.4 清扫母线及共箱封闭母线内灰尘 □1.5 母线连接螺丝紧固 □1.6 母线绝缘子清扫检查	□A1（a） 将与检修母线相邻带电封闭母线盖板上覆盖尼龙网格警戒隔离网，并固定绑扎牢固。 □A1（b） 母线沿线脚手架搭设，木板满铺，悬挂安全绳；拆除的盖板统一放置，并固定牢固，防止高空落物造成人身伤害及设备损坏。 □A1（c） 使用时安全带的挂钩或绳子应挂在结实牢固的构件上；安全带要挂在上方，高度不低于腰部；利用安全带进行悬挂作业时，不能将挂钩直接勾在安全绳上，应勾在安全带的挂环上；严禁用安全带来传递重物；安全带严禁打结使用，使用中要避开尖锐的构件。 □A1（d） 在使用梅花扳手时，左手推住梅花扳手与螺栓连接处，保持梅花扳手与螺栓完全配合，防止滑脱，右手握住梅花扳手另一端并加力；禁止使用带有裂纹和内孔已严重磨损的梅花扳手。 □A1（e） 工作中，离开工作场所、暂停作业以及遇临时停电时，须立即切断移动电源盘电源。 □A1.3 共箱封闭母线盖板打开后工作前应用高压验电器验电，确认无电压；高压验电必须戴绝缘手套。 1.4 清洁无遗留物。 1.6 绝缘子无闪络放电、无裂纹
2 共箱封闭母线盖板回装及淋水试验 □ 2.1 检查母线内无遗留物品 □ 2.2 盖板密封条黏接牢固 □ 2.3 盖板安装紧固 □ 2.4 共箱封闭母线淋水试验 □ 2.5 盖板外圈打密封胶 质检点　1-W2　　一级　　二级	2.1 无遗留物。 2.2 密封胶条完整、安装位置不歪斜，黏接牢固。 2.3 盖板螺丝紧固。 2.4 抽查 A 列墙外母线内无积水。 2.5 密封胶涂覆均匀
3 共箱封闭母线试验 危险源：试验电压 安全鉴证点　　1-S2	□A3（a） 高压试验工作不得少于两人。试验负责人应由有经验的人员担任，开始试验前，试验负责人应向全体试验人员详细布置试验中的安全注意事项，交代邻近间隔的带电部位，以及其他安全注意事项；试验现场应装设遮栏或围栏，遮栏或围栏与试验设备高压部分应有足够的安全距离，向外悬挂"止步，高压危险"的标示牌，并派人看守；变更接线或试验结束时，应首先断开试验电源，将升压设备的高压部分放电、短路接地。 □A3（b） 试验时，通知所有人员离开被试设备，并取得试验负责人许可，方可加压。加压过程中应有人监护并呼唱；试验结束时，试验人员应拆除自装的接地短路线，并对被试设备进行检查，恢复试验前的状态，经试验负责人复查后，进行现场清理； 测量人员和绝缘电阻表安放位置，应选择适当，保持安全距离，以免绝缘电阻表引线或引线支持物触碰带电部分；移动引线时，应注意监护，防止工作人员触电。 □A3（c） 试验前确认试验电压标准；加压前必须认真检查试验结线，表计倍率、量程，调压器零位及仪表的开始状态，均正确无误。

检 修 工 序	
□3.1 绝缘电阻、交流耐压试验 | 质检点	1-H3	一级	二级	三级
---|---|---|---|---|	□A3（d） 试验结束将所试设备对地放电，释放残余电压；确认短接线已拆除。 3 绝缘电阻不小于1000MΩ，交流耐压32kV/1min 无闪络放电
□4 工作结束，达到设备"四保持"标准 | 安全鉴证点	3-S1
---|---|	□A4 废料及时清理，做到工完、料净、场地清

<table>
<tr><td colspan="3" align="center">安 全 鉴 证 卡</td></tr>
</table>

风险点鉴证点：1-S2 工序 3 共箱封闭母线试验

一级验收		年 月 日
二级验收		年 月 日
一级验收		年 月 日
二级验收		年 月 日
一级验收		年 月 日
二级验收		年 月 日
一级验收		年 月 日
二级验收		年 月 日
一级验收		年 月 日
二级验收		年 月 日
一级验收		年 月 日
二级验收		年 月 日
一级验收		年 月 日
二级验收		年 月 日
一级验收		年 月 日
二级验收		年 月 日
一级验收		年 月 日
二级验收		年 月 日
一级验收		年 月 日
二级验收		年 月 日
一级验收		年 月 日
二级验收		年 月 日
一级验收		年 月 日
二级验收		年 月 日
一级验收		年 月 日
二级验收		年 月 日

检 修 技 术 记 录				
数据记录：				
遗留问题及处理措施：				
记录人		年　月　日	工作负责人		年　月　日

检 修 工 序 卡

单位：_____　　班组：_____　　　　　　编号：_____

检修任务：6kV 高压变频器检修　　　　　　　　　　风险等级：_____

编 号		工单号	
计划检修时间		计划工日	
安全鉴证点（S1）	4	安全鉴证点（S2、S3）	0
见证点（W）	3	停工待检点（H）	0
办 理 工 作 票			
工作票编号：			
检修单位		工作负责人	
工作组成员			

施 工 现 场 准 备

序号	安 全 措 施 检 查	确认符合
1	与带电设备保持 0.7m 安全距离	☐
2	电气设备的金属外壳应实行单独接地	☐
3	电气设备金属外壳的接地与电源中性点的接地分开	☐
4	与运行人员共同确认现场安全措施、隔离措施正确完备；确认隔离开关拉开，手车开关拉至"试验"或"检修"位置，控制方式在"就地"位置，操作电源、动力电源断开，验明检修设备确无电压；确认"禁止合闸、有人工作""在此工作"等警告标示牌按措施要求悬挂；明确相邻带电设备及带电部位；确认三相短路接地刀闸是否按措施要求合闸，三相短路接地刀闸机械状态指示应正确	☐
5	工作前核对设备名称及编号	☐
6	工作前验电	☐
7	检修工器具、材料备件定置摆放	☐
8	检修设备图纸、定值单、检修记录本	☐

确认人签字：

工 器 具 检 查

序号	工具名称及型号	数量	完 好 标 准	确认符合
1	移动式电源盘	1	（1）检查检验合格证在有效期内。 （2）检查电源盘电源线、电源插头、插座完好无破损；漏电保护器动作正确。 （3）检查电源盘线盘架、拉杆、线盘架轮子及线盘摇动手柄齐全完好	☐
2	螺丝刀	1	螺丝刀手柄应安装牢固，没有手柄的不准使用	☐
3	电吹风	1	（1）检查检验合格证在有效期内。 （2）检查电吹风电源线、电源插头完好无破损	☐
4	手电筒	1	进行外观及亮度检测	☐
5	绝缘电阻表	1	（1）检查检验合格证在有效期内。 （2）表计的外表应整洁美观，不应有变形、缩痕、裂纹、划痕、剥落、锈蚀、油污、变色等缺陷。文字、标志等应清晰无误。绝缘表的零件、部件、整件等应配装正确，牢固可靠。绝缘表的控制调节机构和指示装置应运行平稳，无阻滞和抖动现象	☐
6	万用表	1	（1）检查检验合格证在有效期内。 （2）塑料外壳具有足够的机械强度，不得有缺损和开裂、划伤和污迹，不允许有明显的变形，按键、按钮应灵活可靠，无卡死和接触不良的现象	☐

确认人签字：

备 件 材 料 准 备					
序号	材料名称	规　格	单位	数量	检查结果
1	绝缘导线	1.5mm²	米	10	□
2	测试线		包	1	□
3	绝缘胶布		卷	1	□
4	毛刷	25mm	把	2	□
5	酒精	500mL	瓶	1	□
6	抹布		kg	1	□
7	尼龙扎带	100mm	根	10	□
8	变频器功率模块		块	1	□
9	变频器主控板		块	1	□
10	直流电源模块		块	1	□

检 修 工 序	
检修工序步骤及内容	安全、质量标准
□1　做二次措施 危险源：直流电 安全鉴证点　1-S1 质检点　1-W2　　一级　　二级	□A1（a）　CT二次回路永久接地点不得失去；CT极性不得接反。 □A1（b）　低压不停电工作，应站在干燥的绝缘物上，使用有绝缘柄的工具，穿绝缘鞋和全棉长袖工作服，戴手套和护目眼镜；工作时，应采取措施防止相间或接地短路。 　　做二次措施前应先填写或检查《继电保护安全措施票》和实际接线及图纸是否一致，确认正确并经审核、签发后执行。
□2　变频器上位机、控制柜、功率柜、变压器柜、旁路柜内设备清扫 危险源：电吹风、灰尘、移动式电源盘、直流电 安全鉴证点　2-S1	□A2（a）　不准手提电吹风的导线或转动部分；电吹风不要连续使用时间太久，应间隙断续使用，以免电热元件和电机过热而烧坏；每次使用后，应立即拔断电源，待冷却后存放于通风良好、干燥、远离阳光照射的地方。 □A2（b）　作业时正确佩戴合格防尘口罩；工作人员佩戴手套。 □A2（c）　工作中，离开工作场所、暂停作业以及遇临时停电时，须立即切断电源盘电源。 □A2（d）　低压不停电工作，应站在干燥的绝缘物上，使用有绝缘柄的工具，穿绝缘鞋和全棉长袖工作服，戴手套和护目眼镜。工作时，应采取措施防止相间或接地短路。 　　关键工序提示： 　　用吹风机、毛刷清扫间隔内元器件、二次线及端子排，然后用抹布、酒精擦拭，清理间隔内杂物，确保柜内清洁无灰尘，清扫用的毛刷需包裹绝缘，防止诱发接地或短路故障
□3　二次线及元器件检查 质检点　2-W2　　一级　　二级	3.1　二次线号头标识清晰，电缆牌完整、清晰；接线端子无破损，端子排没有在一个端子上压接三个线头情况，压两根线时必须线径相同。软导线需烫锡或使用专用接头压接牢靠；控制电缆端头选用欧姆形固定管夹或塑封铁绑线固定牢靠。 3.2　电源开关检查：开关或断路器固定牢固，切换正常，接触电阻用万用表测量不应大于3Ω。 3.3　元器件和电缆接头外观检查，对接线情况进行检查和紧固：外观无损伤，性能良好；焊点无氧化，板子清洁干燥。电缆接头牢固，无压绝缘皮现象。 3.4　对控制柜内继电器线圈、接点通断状况进行检测：继电器底座接合紧密牢固，并安装端正，端子接线应牢固可靠。继电器线圈直阻偏差小于10%，接点小于1Ω继电器底座接合紧密牢固，并安装端正，端子接线应牢固可靠。继电器线圈直阻偏差小于10%，接点小于1Ω

检修工序步骤及内容	安全、质量标准
□4　功率柜内进行检查	4.1　风机风扇清洁无灰尘，冷却风机出力正常，风机转动无异声。 4.2　对各柜的滤网进行清洗，滤网清洁干净无灰尘，清洗后晾干无水迹和潮气。 4.3　对功率柜内各功率模块进行检查和测试。功率柜侧板上铜螺柱紧固无松动；功率模块导轨之间的绝缘不小于50MΩ；变频器输入、输出端子与柜体的接地部件之间绝缘测试不小于100MΩ；模块输出波形检测无畸变
□5　隔离变压器一、二次绕组进行绝缘检测和分压电阻检测 危险源：试验电压 安全鉴证点　　3-S1	□A5（a）　测量人员和绝缘电阻表安放位置，应选择适当，保持安全距离，以免绝缘电阻表引线或引线支持物触碰带电部分；移动引线时，应注意监护，防止工作人员触电。 □A5（b）　试验前确认试验电压标准；加压前必须认真检查试验结线，表计倍率、量程，调压器零位及仪表的开始状态，均正确无误；通知所有人员离开被试设备，并取得试验负责人许可，方可加压。加压过程中应有人监护并呼唱；高压试验工作不得少于两人。 □A5（c）　试验后确认短接线已拆除。 5　回路测量值满足厂家技术要求，一、二次绝缘不小于100MΩ
□6　参数核对，功率单元输出波形测试，通信回路检查以及光功率测试	6.1　进入定值菜单按最新整定通知单核对参数，并经第二人确认。装置参数应与通知单一致。 6.2　功率单元输出波形完整，通信回路畅通无延迟，光功率满足现场使用要求
□7　继电器检验	7　对继电器进行检验，验证动作可靠性
□8　备件更换	8.1　型号、技术规范与元器件一致。 8.2　外壳完好，接线端子无锈蚀、机构灵活。 8.3　性能试验满足要求
□9　变频控制系统传动和试运 质检点　3-W2　　一级　　二级	9　变频控制器时钟和上位机时钟保持一致且准确；变频器启动、停止正常，上位机及就地控制面板显示正确一致；所带电机和泵转动正常，变频调节正常
□10　检查试验记录的完整性	10　试验项目无丢项漏项，数据齐全合格
□11　恢复全部二次措施	11　关键工序提示：按照《继电保护安全措施票》恢复措施，恢复时有专人监护核实确认，措施全部恢复，无遗漏
□12　检查工作票措施	12　对照工作票核实运行人员所做隔离措施在原状
□13　工作结束，达到设备"四保持"标准 危险源：施工废料 安全鉴证点　　4-S1	□A13　废料及时清理，做到工完、料净、场地清。 13.1　设备外观无积灰、无杂物、无毛絮，设备见本色。 13.2　设备结构完整，设备标牌字迹清晰、设备标识牌齐全、无脱落；油漆无损坏；接地线紧固良好牢固，无虚接；各部螺丝、螺母无松动，垫片、弹垫齐全；电缆管固定良好无松动
检 修 技 术 记 录	
数据记录：	

续表

遗留问题及处理措施：				
记录人		年　月　日	工作负责人	年　月　日

检 修 工 序 卡

单位：＿＿＿＿＿＿＿＿　班组：＿＿＿＿＿＿＿＿　　　　　　　　　编号：＿＿＿＿＿＿＿

检修任务：**UPS 电源系统检修**　　　　　　　　　　　　　　　风险等级：＿＿＿＿＿＿

编　号			工单号	
计划检修时间			计划工日	
安全鉴证点（S1）	3		安全鉴证点（S2、S3）	0
见证点（W）	2		停工待检点（H）	0
办 理 工 作 票				
工作票编号：				
检修单位			工作负责人	
工作组成员				

施 工 现 场 准 备		
序号	安 全 措 施 检 查	确认符合
1	与带电设备保持安全距离	□
2	与运行人员共同确认现场安全措施、隔离措施正确完备；确认隔离开关拉开，手车开关拉至"试验"或"检修"位置，控制方式在"就地"位置，操作电源、动力电源断开，验明检修设备确无电压；确认"禁止合闸、有人工作""在此工作"等警告标示牌按措施要求悬挂；明确相邻带电设备及带电部位；确认三相短路接地刀闸是否按措施要求合闸，三相短路接地刀闸机械状态指示应正确	□
3	工作前核对设备名称及编号	□
4	工作前验电	□
5	检修工器具、材料备件定置摆放	□
6	检修设备图纸、定值单、检修记录本	□
确认人签字：		

工 器 具 检 查				
序号	工具名称及型号	数量	完 好 标 准	确认符合
1	移动式电源盘	1	（1）检查检验合格证在有效期内。 （2）检查电源盘电源线、电源插头、插座完好无破损；漏电保护器动作正确。 （3）检查电源盘线盘架、拉杆、线盘架轮子及线盘摇动手柄齐全完好	□
2	螺丝刀	1	螺丝刀手柄应安装牢固，没有手柄的不准使用	□
3	电吹风	1	（1）检查检验合格证在有效期内。 （2）检查电吹风电源线、电源插头完好无破损	□
4	手电筒	1	进行外观及亮度检测	□
5	绝缘电阻表	1	（1）检查检验合格证在有效期内。 （2）表计的外表应整洁美观，不应有变形、缩痕、裂纹、划痕、剥落、锈蚀、油污、变色等缺陷。文字、标志等应清晰无误。绝缘电阻表的零件、部件、整件等应装配正确，牢固可靠。绝缘表的控制调节机构和指示装置应运行平稳，无阻滞和抖动现象	□
6	万用表	1	（1）检查检验合格证在有效期内。 （2）塑料外壳具有足够的机械强度，不得有缺损和开裂、划伤和污迹，不允许有明显的变形，按键、按钮应灵活可靠，无卡死和接触不良的现象	□
确认人签字：				

续表

<table>
<tr><td colspan="6" align="center">备 件 材 料 准 备</td></tr>
<tr><td>序号</td><td>材料名称</td><td>规 格</td><td>单位</td><td>数量</td><td>检查结果</td></tr>
<tr><td>1</td><td>测试线</td><td></td><td>包</td><td>1</td><td>□</td></tr>
<tr><td>2</td><td>尼龙扎带</td><td>≥100mm²</td><td>根</td><td>10</td><td>□</td></tr>
<tr><td>3</td><td>绝缘胶布</td><td></td><td>卷</td><td>1</td><td>□</td></tr>
<tr><td>4</td><td>毛刷</td><td></td><td>把</td><td>1</td><td>□</td></tr>
<tr><td>5</td><td>酒精</td><td>500mL</td><td>瓶</td><td>2</td><td>□</td></tr>
<tr><td>6</td><td>抹布</td><td></td><td>kg</td><td>1</td><td>□</td></tr>
<tr><td>7</td><td>信号灯</td><td></td><td>只</td><td>1</td><td>□</td></tr>
<tr><td>8</td><td>风扇</td><td></td><td>只</td><td>1</td><td>□</td></tr>
<tr><td>9</td><td>测试线</td><td></td><td>包</td><td>1</td><td>□</td></tr>
<tr><td colspan="6" align="center">检 修 工 序</td></tr>
<tr><td colspan="3" align="center">检修工序步骤及内容</td><td colspan="3" align="center">安全、质量标准</td></tr>
<tr>
<td colspan="3">

□1 做二次措施
危险源：直流电

安全鉴证点	1-S1	

质检点	1-W2	一级	二级

</td>
<td colspan="3">

□A1 低压不停电工作，应站在干燥的绝缘物上，使用有绝缘柄的工具，穿绝缘鞋和全棉长袖工作服，戴手套和护目眼镜；工作时，应采取措施防止相间或接地短路。

1 做二次措施前应先填写或检查《继电保护安全措施票》和实际接线及图纸是否一致，确认正确后并经审核、签发后严格执行。做二次措施时必须一人监护一人操作，并执行唱票制，对已执行的项在相应栏内打"√"

</td>
</tr>
<tr>
<td colspan="3">

□2 逆变器、旁路电源柜、负荷分配柜清扫

危险源：电吹风、灰尘、移动式电源盘、直流电

安全鉴证点	2-S1	

</td>
<td colspan="3">

□A2（a） 不准手提电吹风的导线或转动部分；电吹风不要连续使用时间太久，应间隙断续使用，以免电热元件和电机过热而烧坏；每次使用后，应立即拔断电源，待冷却后，存放于通风良好、干燥，远离阳光照射的地方。
□A2（b） 作业时正确佩戴合格防尘口罩；工作人员应戴手套。
□A2（c） 工作中，离开工作场所、暂停作业以及遇临时停电时，须立即切断电源盘电源。
□A2（d） 低压不停电工作应站在干燥的绝缘物上，使用有绝缘柄的工具，穿绝缘鞋和全棉长袖工作服，戴手套和护目眼镜。工作时，应采取措施防止相间或接地短路。

关键工序提示：
2.1 柜门拆除：作业人员应一人扶好柜门，一人拆卸柜门螺丝，两人同时进行，避免磕碰，拆柜门前做好标记，拆下的柜门在现场摆放整齐，执行"三不落地"标准。
2.2 柜内设备清扫：使用吹风机时与设备保持适当距离，用毛刷清扫时用力要轻，防止风力过大或用力过大造成器件变形损坏，柜内设备清洁无灰尘

</td>
</tr>
<tr>
<td colspan="3">

□3 元器件检查、固定

</td>
<td colspan="3">

3.1 柜内元器件外观检查：柜内元器件外观应无磨损、开焊、松动、变形、过热现象，电路板内无杂物，保险导通和接触良好，电容不漏液，各器件固定牢靠，设备标识完好。
3.2 风扇转动灵活性检查：用手或其他合适物体分别按逆时针和顺时针方向轻轻拨动风扇扇叶，风扇应转动灵活，无异声，无卡涩现象。
3.3 器件连接、端子压接规范、紧固，无压住线皮现象

</td>
</tr>
<tr>
<td colspan="3">

□4 电容测试（大修或必要时）

</td>
<td colspan="3">

4 关键工序提示：
测试直流电容、交流电容的实际电容量并与电容铭牌对比，若超出标称值范围应及时更换

</td>
</tr>
</table>

检修工序步骤及内容	安全、质量标准
□5　备件更换	5.1　型号、技术规范与元器件一致。 5.2　外壳完好，接线端子无锈蚀，机构灵活。 5.3　性能试验满足要求
□6　切换试验 质检点　2-W2　一级　二级	6　装置上电后风机运转正常；查看逆变柜显示屏各参数正常，逆变器时钟准确；三路电源开关都在合闸状态，UPS 运行时在单元室 DCS 画面应无 UPS 异常告警。主路切直流，直流切旁路等切换正常，所录波形应完整，无中断
□7　柜门回装	7　按照所做标记安装柜门，螺丝齐全并紧固；打开和关闭柜门应灵活
□8　工作结束，达到设备"四保持"标准 危险源：施工废料 安全鉴证点　3-S1	□A8　废料及时清理，做到工完、料净、场地清。 8.1　设备外观无积灰、无杂物、无毛絮，设备见本色。 8.2　设备结构完整，设备标牌字迹清晰，设备标识牌齐全，无脱落；油漆无损坏；接地线紧固良好牢固，无虚接；各部螺丝、螺母无松动，垫片、弹垫齐全；电缆管固定良好无松动

检 修 技 术 记 录

数据记录：

遗留问题及处理措施：

记录人		年　　月　　日	工作负责人	年　　月　　日

检 修 工 序 卡

单位: _____ 班组: _____ 编号: _____

检修任务: **低压动力控制柜（油站）检修** 风险等级: _____

编 号		工单号	
计划检修时间		计划工日	
安全鉴证点（S1）	3	安全鉴证点（S2、S3）	0
见证点（W）	1	停工待检点（H）	0
办 理 工 作 票			

工作票编号:

检修单位		工作负责人	
工作组成员			

施 工 现 场 准 备		
序号	安 全 措 施 检 查	确认符合
1	进入噪声区域、使用高噪声工具时正确佩戴合格的耳塞	□
2	增加临时照明	□
3	发现盖板缺损及平台防护栏杆不完整时，应采取临时防护措施，设坚固的临时围栏	□
4	进入粉尘较大的场所作业，作业人员必须戴防尘口罩	□
5	电气设备的金属外壳应实行单独接地；电气设备金属外壳的接地与电源中性点的接地分开	□
6	与带电设备保持 0.7m 安全距离	□
7	与运行人员共同确认现场安全措施、隔离措施正确完备；确认开关拉开，开关拉至"试验"或"检修"位置，控制方式在"就地"位置，操作电源、动力电源断开，验明检修设备确无电压；确认"禁止合闸、有人工作""在此工作"等警告标示牌按措施要求悬挂；明确相邻带电设备及带电部位；确认三相短路接地刀闸是否按措施要求合闸，三相短路接地刀闸机械状态指示应正确	□
8	工作前核对设备名称及编号，工作前验电	□
9	清理检修现场；设置检修现场定制图；地面使用胶皮铺设，并设置围栏及警告标识牌；检修工器具、材料备件定置摆放	□
10	检修管理文件、原始记录本已准备齐全	□

确认人签字:

工 器 具 准 备 与 检 查				
序号	工具名称及型号	数量	完 好 标 准	确认符合
1	一字改锥	1	手柄应安装牢固，没有手柄的不准使用	□
2	十字改锥	1	手柄应安装牢固，没有手柄的不准使用	□
3	尖嘴钳	1	手柄应安装牢固，没有手柄的不准使用	□
4	活扳手	2	（1）活动扳口应与扳体导轨的全行程上灵活移动。 （2）活扳手不应有裂缝、毛刺及明显的夹缝、氧化皮等缺陷，柄部平直不应有影响使用性能的缺陷	□
5	吹尘器	1	（1）检查检验合格证在有效期内。 （2）检查电源线、电源插头完好无破损；有漏电保护器。 （3）检查手柄、外壳部分、驱动套筒完好无损伤；进出风口清洁干净无遮挡。 （4）检查开关完好且操作灵活可靠	□
6	绝缘电阻表	1	绝缘电阻表的外表应整洁美观，不应有变形、缩痕、裂纹、划痕、剥落、锈蚀、油污、变色等缺陷；文字、标志等应清晰无误；绝缘电阻表零件、部件、整件等应装配正确，牢固可靠；绝缘电阻表的控制调节机构和指示装置应运行平稳，无阻滞和抖动现象	□

序号	工具名称及型号	数量	完 好 标 准	确认符合
7	万用表	1	塑料外壳具有足够的机械强度，不得有缺损和开裂、划伤和污迹，不允许有明显的变形，按键、按钮应灵活可靠，无卡死和接触不良的现象	□
8	移动式电源盘	1	（1）检查检验合格证在有效期内。 （2）检查电源盘电源线、电源插头、插座完好无破损；漏电保护器动作正确。 （3）检查电源盘线盘架、拉杆、线盘架轮子及线盘摇动手柄齐全完好	□

确认人签字：

备 件 材 料 准 备					
序号	材料名称	规　格	单位	数量	检查结果
1	胶皮	2mm	块	1	□
2	酒精		kg	0.5	□
3	擦机布		kg	0.5	□
4	砂纸	800 目	张	2	□
5	毛刷	50mm	把	1	□

检 修 工 序	
检修工序步骤及内容	安全、质量标准
□1　修前绝缘检查及本体清扫 危险源：交流电 安全鉴证点　1-S1	□A1　工作前验电，拆下的电缆三相短路并接地。 1.1　将电压表、绝缘仪表及相关二次仪表线拆除。 1.2　母线修前绝缘测量相间、相对地绝缘大于 20MΩ
□2　油泵、加热器交流接触器检修	2.1　紧固各接触器一、二次线。 2.2　检查动、静触头接触情况，烧伤深度大于触点厚度的 50%时应更换接触器。 2.3　检查接触器线圈，测试直流电阻。 2.4　线圈通电试验，接触器无噪声，主、辅接点通断正常，接点接触电阻不大于 0.5Ω
□3　自动空气开关检修	3.1　紧固各负荷开关端子，无松动现象。 3.2　开关分合闸不卡涩；螺丝、轴销齐全，脱扣装置动作灵活、可靠
□4　时间继电器检修	4.1　时间继电器线圈检查，测试直流电阻。 4.2　检验时间继电器延时动作时间，并做好记录
□5　电加热器检查	5.1　紧固各加热器端子，无松动现象。 5.2　测试加热器直流电阻，使用 500V 绝缘电阻表摇测绝缘电阻值
□6　电机保护器检查 质检点　1-W2　一级　二级	6.1　检查继电器辅助接点，接线端子接线紧固不松动，无过热氧化及锈蚀现象。 6.2　检验保护定值，按电机额定电流的 1.05～1.25 倍整定
□7　一次线、二次线、指示灯具检查、校线 危险源：试验电压 安全鉴证点　2-S1	□A7（a）　通知有关人员，并派人到现场看守，检查设备上确无人工作后，方可加压。 □A7（b）　测量人员和绝缘电阻表安放位置，应选择适当，保持安全距离，以免绝缘电阻表引线或引线支持物触碰带电部分。 □A7（c）　移动引线时，应注意监护，防止工作人员触电。 □A7（d）　试验结束将所试设备对地放电，释放残余电压。

续表

检修工序步骤及内容	安全、质量标准
	7.1 一次、二次线紧固,一次多股软铜线压接铜接线端子或挂锡处理,检查同一端子的二次线线径应相同并紧固良好,不同线径要通过接线鼻子压接在一起。 7.2 检查电缆进入盘、柜的孔洞密封是否良好,对可能造成电缆与其他硬物碰磨绝缘受损的区域进行处理。 7.3 盘柜进、出电缆绑扎应牢固,电缆接线端子不应受力。 7.4 电气回路、动力电缆绝缘电阻不小于 5MΩ。 7.5 通电测试指示灯具工作状况,烧损的进行更换。 7.6 按照电气原理图校对回路正确
□8 油站过渡端子箱检查	8 紧固动力端子箱内各部螺丝
□9 传动试验	9.1 模拟 1 号电源进线失电、保护器过载,瞬时联动备用泵正常。 9.2 模拟 2 号电源进线失电、保护器过载,瞬时联动备用泵正常。 9.3 配合热控完成系统保护连锁试验
10 检修工作结束 危险源:施工废料 安全鉴证点 | 3-S1 | □10.1 清点检修使用的工器具、备件数量应符合使用前的数量要求,出现丢失等及时进行查找 □10.2 清理工作现场 □10.3 同运行人员按照规定程序办理结束工作票手续	□A10 废料及时清理,做到工完、料尽、场地清。 10.1 回收的工器具应齐全、完整

检 修 技 术 记 录

数据记录:

遗留问题及处理措施:

记录人		年　月　日	工作负责人		年　月　日

检 修 工 序 卡

单位：＿＿＿＿＿＿　　班组：＿＿＿＿＿＿＿＿　　　　　　　编号：＿＿＿＿＿＿

检修任务：**6kV 电机引线检修**　　　　　　　　　　　　　风险等级：＿＿＿＿＿

编　号			工单号		1
计划检修时间			计划工日		
安全鉴证点（S1）	2		安全鉴证点（S2、S3）		0
见证点（W）	1		停工待检点（H）		0

办 理 工 作 票

工作票编号：

检修单位		工作负责人	
工作组成员			

施 工 现 场 准 备	

序号	安 全 措 施 检 查	确认符合
1	进入噪声区域、使用高噪声工具时正确佩戴合格的耳塞	□
2	增加临时照明	□
3	发现盖板缺损及平台防护栏杆不完整时，应采取临时防护措施，设坚固的临时围栏	□
4	进入粉尘较大的场所作业，作业人员必须戴防尘口罩	□
5	电气设备的金属外壳应实行单独接地；电气设备金属外壳的接地与电源中性点的接地分开	□
6	与带电设备保持 0.7m 安全距离	□
7	与运行人员共同确认现场安全措施、隔离措施正确完备；确认开关拉开，手车开关拉至"试验"或"检修"位置，控制方式在"就地"位置，操作电源、动力电源断开，验明检修设备确无电压；确认"禁止合闸、有人工作""在此工作"等警告标示牌按措施要求悬挂；明确相邻带电设备及带电部位；确认三相短路接地刀闸是否按措施要求合闸，三相短路接地刀闸机械状态指示应正确	□
8	工作前核对设备名称及编号；工作前验电	□
9	清理检修现场；设置检修现场定制图；地面使用胶皮铺设，并设置围栏及警告标识牌；检修工器具、材料备件定置摆放	□
10	检修管理文件、原始记录本已准备齐全	□

确认人签字：

工 器 具 准 备 与 检 查				

序号	工具名称及型号	数量	完 好 标 准	确认符合
1	大锤/手锤	1	（1）大锤的锤头须完整，其表面须光滑微凸，不得有歪斜、缺口、凹入及裂纹等情形。 （2）大锤的柄须用整根的硬木制成，并将头部用楔栓固定。 （3）楔栓宜采用金属楔，楔子长度不应大于安装孔的 2/3	□
2	移动式电源盘	1	（1）检查检验合格证在有效期内。 （2）检查电源盘电源线、电源插头、插座完好无破损；漏电保护器动作正确。 （3）检查电源盘线盘架、拉杆、线盘架轮子及线盘摇动手柄齐全完好	□
3	活扳手	2	（1）活动扳口应与扳体导轨的全行程上灵活移动。 （2）活扳手不应有裂纹、毛刺及明显的夹缝、氧化皮等缺陷，柄部平直且不应有影响使用性能的缺陷	□
4	吹尘器	1	（1）检查检验合格证在有效期内。 （2）检查电源线、电源插头完好无破损；有漏电保护器。 （3）检查手柄、外壳部分、驱动套筒完好无损伤；进出风口清洁干净无遮挡。 （4）检查开关完好且操作灵活可靠	□

序号	工具名称及型号	数量	完 好 标 准	确认符合
5	绝缘电阻表	1	绝缘电阻表的外表应整洁美观，不应有变形、缩痕、裂纹、划痕、剥落、锈蚀、油污、变色等缺陷；文字、标志等应清晰无误；绝缘电阻表的零件、部件、整件等应装配正确，牢固可靠；绝缘电阻表的控制调节机构和指示装置应运行平稳，无阻滞和抖动现象	□
6	万用表	1	塑料外壳具有足够的机械强度，不得有缺损和开裂、划伤和污迹，不允许有明显的变形，按键、按钮应灵活可靠，无卡死和接触不良的现象	□

确认人签字：

备 件 材 料 准 备

序号	材料名称	规 格	单位	数量	检查结果
1	白布		kg	5	□
2	除锈剂		筒	2	□
3	记号笔		支	1	□
4	密封胶	GY-340	筒	2	□
5	自粘带	J-20	卷	1	□
6	黄蜡布		张	1	□

检 修 工 序

检修工序步骤及内容	安全、质量标准
1 电机接线盒检查电机断引，三相电源电缆接地并短路 危险源：交流电 安全鉴证点　1-S1 □1.1 使用活扳手将 3 个瓷瓶电缆引线拆除；（拆线前留照片） 质检点　1-W2　一级　二级 □1.2 检查电机电缆引线 □1.3 恢复接线	□A1.1 工作前必须进行验电；拆除电缆引线头三相应短路接地。 1.1 仔细检查电机支撑瓶、接线柱；引出线绝缘良好，无损伤；支撑瓶无裂纹和爬电、闪络现象；接线柱无脱扣烧伤现象。 1.2 检查电机电缆引线；电缆接线鼻子无裂纹，无过热现象；电缆绝缘层良好无破损；电缆紧固良好。 1.3 严格执行《电气设备接线工艺质量管控措施》
2 工作结束，达到设备"四保持"标准，电动机试运 危险源：施工废料、孔洞 安全鉴证点　2-S1 □2.1 设备外观及泄漏：文明卫生情况；冷却器水室密封、法兰；冷却器溢流孔 □2.2 设备结构：设备铭牌；设备标识牌；防护罩壳；油漆；接地线；各部螺栓、螺母；电缆 □2.3 应详细记录电动机的各项试验运行数据、参数，并与检修前数据相比较，从而及早查找原因并消除	□A2.1 废料及时清理，做到工完、料尽、场地清；临时打的孔、洞，施工结束后，必须恢复原状，检查现场安全设施已恢复齐全。 2.1 无积灰、无油污、无杂物、设备见本色，各部法兰、密封面无渗漏；溢流孔通畅、无堵塞、无水流出。 2.2 字迹清晰、齐全，牢固；无变形、完整；无脱落、变色、油漆无损坏；紧固良好，无虚接；无松动；防护管无破损。 2.3 转向正确，各部温升正常，声音良好；振动值不超过0.10mm；三相电流平衡；转动部分无摩擦，带负载试运时间不少于 2h

检 修 技 术 记 录			
数据记录：			
遗留问题及处理措施：			
记录人	年 月 日	工作负责人	年 月 日

检 修 工 序 卡

单位：_____ 班组：_____ 编号：_____

检修任务：**励磁机滑环、电刷检修** 风险等级：_____

编　号		工单号	
计划检修时间		计划工日	
安全鉴证点（S1）	2	安全鉴证点（S2、S3）	0
见证点（W）	1	停工待检点（H）	0
办 理 工 作 票			

工作票编号：

检修单位		工作负责人	
工作组成员			

施 工 现 场 准 备		
序号	安 全 措 施 检 查	确认符合
1	增加临时照明；进入噪声区域、使用高噪声工具时正确佩戴合格的耳塞；发现盖板缺损及平台防护栏杆不完整时，应采取临时防护措施，设坚固的临时围栏	□
2	与运行人员共同确认现场安全措施、隔离措施正确完备；确认灭磁开关拉开，开关拉至"试验"或"检修"位置，控制方式在"就地"位置，操作电源、动力电源断开，验明检修设备确无电压；确认"禁止合闸、有人工作""在此工作"等警告标示牌按措施要求悬挂	□
3	明确相邻间隔带电设备及带电部位；确认三相短路接地刀闸或三相短路接地线是否按措施要求合闸或悬挂，三相短路接地刀闸机械状态指示应正确，三相短路接地线悬挂位置正确且牢固可靠	□
4	工作前核对设备名称及编号，工作前验电	□
5	清理检修现场；设置检修现场定制图；地面使用胶皮铺设，并设置围栏及警告标识牌；检修工器具、材料备件定置摆放	□
6	检修管理文件、原始记录本已准备齐全	□

确认人签字：

工 器 具 准 备 与 检 查				
序号	工具名称及型号	数量	完 好 标 准	确认符合
1	移动式电源盘	1	（1）检查检验合格证在有效期内。 （2）检查电源盘电源线、电源插头、插座完好无破损；漏电保护器动作正确。 （3）检查电源盘线盘架、拉杆、线盘架轮子及线盘摇动手柄齐全完好	□
2	螺丝刀	1	螺丝刀手柄应安装牢固，没有手柄的不准使用	□
3	活扳手	2	（1）活动扳口应与扳体导轨的全行程上灵活移动。 （2）活扳手不应有裂缝、毛刺及明显的夹缝、氧化皮等缺陷，柄部平直且不应有影响使用性能的缺陷	□
4	吹尘器	1	（1）检查检验合格证在有效期内。 （2）检查电源线、电源插头完好无破损；有漏电保护器。 （3）检查手柄、外壳部分、驱动套筒完好无损伤；进出风口清洁干净无遮挡。 （4）检查开关完好且操作灵活可靠	□
5	绝缘电阻表	1	绝缘电阻表的外表应整洁美观，不应有变形、缩痕、裂纹、划痕、剥落、锈蚀、油污、变色等缺陷；文字、标志等应清晰无误；绝缘电阻表的零件、部件、整件等应装配正确，牢固可靠；绝缘电阻表的控制调节机构和指示装置应运行平稳，无阻滞和抖动现象	□
6	万用表	1	塑料外壳具有足够的机械强度，不得有缺损和开裂、划伤和污迹，不允许有明显的变形，按键、按钮应灵活可靠，无卡死和接触不良的现象	□

确认人签字：

	备 件 材 料 准 备				
序号	材料名称	规 格	单位	数量	检查结果
1	抹布		kg	5	☐
2	石棉布		kg	10	☐
3	塑料布		kg	3	☐
4	毛刷	50mm	把	1	☐
5	记号笔	粗白	支	1	☐
6	砂纸	400 号	张	10	☐
7	酒精	500mL	瓶	1	☐
8	高效清洗剂	JF-55	瓶	5	☐
9	螺栓松动剂	JF-51	瓶	2	☐
10	硅橡胶密封剂	JF587	瓶	2	☐

检 修 工 序

检修工序步骤及内容	安全、质量标准
☐1 励磁机滑环表面吹扫（停机后）	1 使用 2～4kg/cm² 干燥压缩空气分别对滑环表面、螺旋沟槽进行吹扫，吹扫时先从内侧向外侧吹扫 2～3 遍，再由外侧向内侧进行吹扫 2～3 遍，反复吹扫多次，直至吹出的压缩空气无尘土为止
☐2 励磁机滑环擦拭检查（停机后） 危险源：清洁剂、电吹风、移动式电源盘、粉尘 安全鉴证点　1-S1	☐A2（a） 使用含有抗菌成分的清洁剂时，戴上手套，避免灼伤皮肤；使用时打开窗户或打开风扇通风，避免过多吸入化学微粒，戴防护口罩；高压灌装清洁剂远离明火、高温热源。 ☐A2（b） 不准手提电吹风的导线或转动部分；电吹风不要连续使用时间太久，应间隙断续使用，以免电热元件和电机过热而烧坏；每次使用后，应立即拔断电源，待冷却后，存放于通风良好、干燥，远离阳光照射的地方。 ☐A2（c） 作业人员必须戴防尘口罩。 2.1 用干净的棉布将滑环上的尘土擦拭干净；再用干净棉布沾酒精将滑环表面油污擦拭多遍，直至无油迹，滑环表面无严重过热痕迹。 2.2 滑环抛光，用抛光机使用细羊毛轮对发电机滑环进行抛光
☐3 电刷与刷握检查 质检点　1-W2　一级　二级	3.1 测量电刷与刷握间隙，（刷握与电刷之间 0.1～0.2mm 间隙）对于超标的刷握进行更换；刷握应无松动和裂纹，各部件应紧固良好。 3.2 用毛刷清扫刷盒，及时倒出刷盒上的颗粒，并用毛刷清扫电刷架及其外壳的灰尘，粉末；检查电刷刷辫，铆钉和铜顶盖表面上应无发暗和氧化变色现象
☐4 检查刷握弹簧	4.1 压簧应无变形和磨损，对压力失效的弹簧进行更换。 4.2 励磁机压紧弹簧压力不应小于 120～140g/cm²； 4.3 发电机并网后电刷装置运行良好，测量每块电刷电流和温度，并做好记录
5 工作结束，达到设备"四保持"标准 危险源：施工废料 安全鉴证点　2-S1	☐A5.1 废料及时清理，做到工完、料尽、场地清；临时打的孔、洞，施工结束后，必须恢复原状，检查现场安全设施已恢复齐全。
☐5.1 设备外观无积灰、无油污、无杂物、无泄漏，设备见本色，冷却器管路、阀门、各部法兰、截止门无渗漏、无裂纹	5.1 无积灰、无油污、无杂物、设备见本色；各部法兰，密封面无渗漏，溢流孔通畅，无堵塞，无水流出。
☐5.2 设备结构完整，设备铭牌字迹清晰，设备标识牌齐全，无脱落；油漆无损坏；接地线紧固良好牢固，无虚接；各部螺栓、螺母无松动，垫片、弹垫齐全	5.2 字迹清晰、齐全，牢固；无变形、完整；无脱落、变色、油漆无损坏；紧固良好，无虚接；无松动；防护管无破损

续表

检 修 技 术 记 录				
数据记录：				
遗留问题及处理措施：				
记录人		年　月　日	工作负责人		年　月　日

3 汽 轮 机 检 修

检 修 工 序 卡

单位：_____　班组：_____　　　　　编号：_____

检修任务：**除氧器内部检修**　　　　　　　　　　　　　　　风险等级：_____

编　号			工单号		
计划检修时间			计划工日		
安全鉴证点（S1）	4		安全鉴证点（S2、S3）		1
见证点（W）	1		停工待检点（H）		1
办 理 工 作 票					

工作票编号：

检修单位		工作负责人	
工作组成员			

施 工 现 场 准 备

序号	安 全 措 施 检 查	确认符合
1	进入噪声区域正确佩戴合格的耳塞	□
2	增加临时照明	□
3	发现盖板缺损及平台防护栏杆不完整时，应采取临时防护措施，设坚固的临时围栏	□
4	在高温场所工作时，应为工作人员提供足够的饮水、清凉饮料及防暑药品。对温度较高的作业场所必须增加通风设备；保证人员轮换工作	□
5	开工前与运行人员共同确认检修的设备已可靠与运行中的系统隔断，检查辅汽联箱至除氧器供汽气动隔离阀气源已断开，挂"禁止操作，有人工作"标示牌	□
6	待管道内介质放尽，压力为零，温度适可后方可开始工作	□

确认人签字：

工 器 具 准 备 与 检 查

序号	工具名称及型号	数量	完 好 标 准	确认符合
1	大锤 （8p）	1	大锤的锤头须完整，其表面须光滑微凸，不得有歪斜、缺口、凹入及裂纹等情形；大锤的柄须用整根的硬木制成，并将头部用楔栓固定；楔栓宜采用金属楔，楔子长度不应大于安装孔的2/3	□
2	螺丝刀 （150mm）	1	手柄应安装牢固，没有手柄的不准使用	□
3	活扳手 （300mm）	1	活动扳口应在扳体导轨的全行程上灵活移动；活扳手不应有裂缝、毛刺及明显的夹缝、氧化皮等缺陷，柄部平直且不应有影响使用性能的缺陷	□
4	通风机	1	检查通风机检验合格证在有效期内；通风机（易燃易爆区域）应为防爆型风机；风机转动部分必须装设防护装置，并标明旋转方向	□
5	行灯（24V）	1	检查行灯电源线、电源插头完好无破损；行灯电源线应采用橡胶套软电缆；行灯的手柄应绝缘良好且耐热、防潮；在周围均是金属导体的场所和容器内工作时，不应超过24V；行灯应有保护罩	□
6	临时电源及电源线		临时电源线架设高度室内不低于2.5m；检查电源线外绝缘良好，无破损；检查检验合格证在有效期内。检查电源插头插座，确保完好；不准将电源线缠绕在护栏、管道和脚手架上；检查检验合格证在有效期内。分级配置漏电保安器，工作前试漏电保护器，确保正确动作；检查检验合格证在有效期内。检查电源箱外壳接地良好	□

确认人签字：

	备 件 材 料 准 备				
序号	材料名称	规 格	单位	数量	检查结果
1	金属缠绕垫		个	1	□
2	擦机布		kg	0.2	□
3	螺栓松动液	350mL	瓶	1	□

检 修 工 序	
检修工序步骤及内容	安全、质量标准
□1 松开人孔紧固螺栓 危险源：孔、洞、大锤 安全鉴证点　1-S1	□A1（a）　在检修工作中人孔打开后，必须设有牢固的临时围栏，并设有明显的警告标志。 □A1（b）　锤把上不可有油污；抡大锤时，周围不得有人，不得单手抡大锤；严禁戴手套抡大锤
□2 架设轴流风机通风 危险源：通风机 安全鉴证点　2-S1	□A2　衣服和袖口应扣好，不得戴围巾领带，长发必须盘在安全帽内；不准将用具、工器具接触设备的转动部位
3 除氧器内部检查 危险源：空气、高温、行灯 安全鉴证点　1-S2 □3.1 人孔门密封面检查 □3.2 除氧器筒体检查 □3.3 除氧器筒体清理 质检点　1-H3　一级　二级　三级	□A3（a）　检测氧气浓度保持在 19.5%～21% 范围内；设专人不间断地监护，设置逃生通道，并保持通道畅通；工作间断时应将人孔临时进行封闭；人员进出登记。 □A3（b）　不准在容器内部温度超过 50℃ 进行作业；在容器内工作时，应为工作人员提供足够的饮水、清凉饮料及防暑药品；在作业场所必须设置通风设备；保证人员轮换工作。 □A3（c）　禁止将行灯变压器带入金属容器或管道内；在金属容器和金属管道内使用的行灯，其电压不得超过 12V。 3.1　人孔密封面无腐蚀及贯通性沟痕。 3.2　焊缝无裂纹及重大机械损伤。 3.3　内部无积水杂物等
□4 除氧喷头检查清理 质检点　1-W2　一级　二级	4　除氧喷头无裂纹，固定螺栓无松动，无变形、夹渣等缺陷
□5 封闭人孔 危险源：遗留人员、物 安全鉴证点　3-S1	□A5　封闭人孔前工作负责人应认真清点工作人员；核对容器进出入登记，确认无人员和工器具遗落，并喊话确认无人。 5　密封垫片加装，确保不发生偏斜，螺栓紧固均匀
□6 工作结束 危险源：孔、洞、废料 安全鉴证点　4-S1	□A6　临时打的孔、洞和栏杆，施工结束后，必须恢复原状，检查现场安全设施已恢复齐全；废料及时清理，做到工完、料尽、场地清

安 全 鉴 证 卡				
风险点鉴证点：1-S2　工序 3　除氧器内部检查，氧气含量测量				
一级验收			年　月　日	
二级验收			年　月　日	
一级验收			年　月　日	
二级验收			年　月　日	

续表

风险点鉴证点：1-S2　工序 3　除氧器内部检查，氧气含量测量		
一级验收		年　月　日
二级验收		年　月　日
一级验收		年　月　日
二级验收		年　月　日
一级验收		年　月　日
二级验收		年　月　日
一级验收		年　月　日
二级验收		年　月　日
一级验收		年　月　日
二级验收		年　月　日
一级验收		年　月　日
二级验收		年　月　日
一级验收		年　月　日
二级验收		年　月　日
一级验收		年　月　日
二级验收		年　月　日
一级验收		年　月　日
二级验收		年　月　日
一级验收		年　月　日
二级验收		年　月　日

检 修 技 术 记 录

数据记录：

遗留问题及处理措施：

记录人		年　月　日	工作负责人		年　月　日

检 修 工 序 卡

单位: _____ 班组: _____ 编号: _____

检修任务: **内部检修** 风险等级: _____

编 号		工单号	
计划检修时间		计划工日	
安全鉴证点（S1）	3	安全鉴证点（S2、S3）	1
见证点（W）	1	停工待检点（H）	0

办 理 工 作 票	
工作票编号:	
检修单位	工作负责人
工作组成员	

施 工 现 场 准 备

序号	安 全 措 施 检 查	确认符合
1	进入噪声区域正确佩戴合格的耳塞	□
2	增加临时照明	□
3	发现盖板缺损及平台防护栏杆不完整时，应采取临时防护措施，设坚固的临时围栏	□
4	在高温场所工作时，应为工作人员提供足够的饮水、清凉饮料及防暑药品。对温度较高的作业场所必须增加通风设备；保证人员轮换工作	□
5	开工前与运行人员共同确认检修的设备已可靠与运行中的系统隔断，检查低压加热器抽气电动门已断电，低压加热器进、出口电动门已断电，挂"禁止操作，有人工作"标示牌	□
6	待管道内介质放尽，压力为零，温度适可后方可开始工作	□

确认人签字:

工 器 具 检 查

序号	工具名称及型号	数量	完 好 标 准	确认符合
1	大锤（8p）	1	大锤的锤头须完整，其表面须光滑微凸，不得有歪斜、缺口、凹入及裂纹等情形；大锤的柄须用整根的硬木制成，并将头部用楔栓固定；楔栓宜采用金属楔，楔子长度不应大于安装孔的2/3	□
2	螺丝刀（150mm）	1	手柄应安装牢固，没有手柄的不准使用	□
3	活扳手（300mm）	1	活扳手不应有裂缝、毛刺及明显的夹缝、氧化皮等缺陷，柄部平直且不应有影响使用性能的缺陷	□
4	通风机	1	检查通风机检验合格证在有效期内；通风机（易燃易爆区域）应为防爆型风机；风机转动部分必须装设防护装置，并标明旋转方向	□
5	行灯（24V）	1	检查行灯电源线、电源插头完好无破损；行灯电源线应采用橡胶套软电缆；行灯的手柄应绝缘良好且耐热、防潮；在周围均是金属导体的场所和容器内工作时，不应超过24V；行灯应有保护罩	□
6	临时电源及电源线	1	临时电源线架设高度室内不低于2.5m；检查电源线外绝缘良好，无破损；检查检验合格证在有效期内；检查电源插头插座，确保完好；不准将电源线缠绕在护栏、管道和脚手架上；检查检验合格证在有效期内；分级配置漏电保安器，工作前试漏电保护器，确保正确动作；检查检验合格证在有效期内；检查电源箱外壳接地良好	□

确认人签字:

备 件 材 料 准 备

序号	材料名称	规 格	单位	数量	检查结果
1	金属缠绕垫		个	1	□

序号	材料名称	规　　格	单位	数量	检查结果
2	擦机布		kg	0.2	□
3	螺栓松动液	350mL	瓶	1	□

检 修 工 序	
检修工序步骤及内容	安全、质量标准

检修工序步骤及内容	安全、质量标准
□1　松开人孔紧固螺栓 危险源：孔、洞、大锤 　安全鉴证点　　1-S1	□A1（a）　在检修工作中人孔打开后，必须设有牢固的临时围栏，并设有明显的警告标志。 □A1（b）　锤把上不可有油污；抡大锤时，周围不得有人，不得单手抡大锤；严禁戴手套抡大锤
□2　架设轴流风机通风 危险源：通风机 　安全鉴证点　　2-S1	□A2　衣服和袖口应扣好，不得戴围巾领带、长发必须盘在安全帽内；不准将用具、工器具接触设备的转动部位
3　低压加热器内部检查 危险源：空气、高温、行灯 　安全鉴证点　　1-S2 □3.1　人孔门密封面检查 □3.2　筒体检查。 □3.3　上下水室检查 □3.4　支撑螺栓检查 □3.5　检查加热器换热管管板结合处 质检点　1-W2　一级　二级	□A3（a）　检测氧气浓度保持在 19.5%～21% 范围内；设专人不间断地监护，设置逃生通道，并保持通道畅通；工作间断时应将人孔临时进行封闭；人员进出登记。 □A3（b）　不准在容器内部温度超过 50℃ 进行作业；在容器内工作时，应为工作人员提供足够的饮水、清凉饮料及防暑药品；在作业场所必须设置通风设备；保证人员轮换工作。 □A3（c）　禁止将行灯变压器带入金属容器或管道内；在金属容器和金属管道内使用的行灯，其电压不得超过 12V。 3.1　人孔密封面无腐蚀及贯通性沟痕。 3.2　焊缝无裂纹及重大机械损伤。 3.3　上水室内部无变形，无裂纹。 3.4　支撑螺栓无松动、裂纹。 3.5　打压检查无渗漏点
□4　封闭人孔 危险源：空气 　安全鉴证点　　3-S1	□A4　封闭人孔前工作负责人应认真清点工作人员；核对容器进出入登记，确认无人员和工器具遗落，并喊话确认无人。 4.1　安装前应仔细检查内部无任何遗留物。 4.2　密封垫片加装，确保不发生偏斜，螺栓紧固均匀
□5　工作结束	清理现场工作完毕做到工完料尽场地清

安 全 鉴 证 卡				
风险点鉴证点：1-S2　工序 3　低压加热器内部检查，氧气含量测量				
一级验收		年	月	日
二级验收		年	月	日
一级验收		年	月	日
二级验收		年	月	日
一级验收		年	月	日
二级验收		年	月	日
一级验收		年	月	日
二级验收		年	月	日
一级验收		年	月	日

风险点鉴证点：1-S2　工序 3　低压加热器内部检查，氧气含量测量				
二级验收		年	月	日
一级验收		年	月	日
二级验收		年	月	日
一级验收		年	月	日
二级验收		年	月	日
一级验收		年	月	日
二级验收		年	月	日
一级验收		年	月	日
二级验收		年	月	日
一级验收		年	月	日
二级验收		年	月	日
一级验收		年	月	日
二级验收		年	月	日
一级验收		年	月	日
二级验收		年	月	日
检 修 技 术 记 录				
数据记录：				
遗留问题及处理措施：				
记录人		年　月　日	工作负责人	年　月　日

检 修 工 序 卡

单位：＿＿＿＿＿＿＿＿＿　　班组：＿＿＿＿＿＿＿＿＿　　　　　　　编号：＿＿＿＿＿＿＿＿

检修任务：EH油回油滤芯更换检修　　　　　　　　　　　风险等级：＿＿＿＿＿＿

编　号		工单号	
计划检修时间		计划工日	
安全鉴证点（S1）	1	安全鉴证点（S2、S3）	0
见证点（W）	1	停工待检点（H）	0

办 理 工 作 票			
工作票编号：			
检修单位		工作负责人	
工作组成员			

施 工 现 场 准 备

序号	安 全 措 施 检 查	确认符合
1	进入噪声区域正确佩戴合格的耳塞	□
2	发生的跑、冒、滴、漏及溢油，要及时清除处理	□
3	开工前确认检修的设备已可靠与运行中的系统隔断，检查进出口阀门已关闭，旁路阀已开启，挂"禁止操作，有人工作"标示牌	□

确认人签字：

工 器 具 检 查

序号	工具名称及型号	数量	完 好 标 准	确认符合
1	螺丝刀（150mm）	1	手柄应安装牢固，没有手柄的不准使用	□
2	活扳手（300mm）	1	活扳手不应有裂缝、毛刺及明显的夹缝、氧化皮等缺陷，柄部平直且不应有影响使用性能的缺陷	□
3	接油桶	1		□
4	油盒	1		□

确认人签字：

备 件 材 料 准 备

序号	材料名称	规　格	单位	数量	检查结果
1	白布		kg	0.2	□
2	擦机布		kg	0.2	□
3	清洗剂		瓶	2	□
4	滤芯		个	1	□

检 修 工 序

检修工序步骤及内容	安全、质量标准
□1　打开EH油回油滤芯	
□2　拿出滤芯，更换新滤芯，确认签字 危险源：EH油 （安全鉴证点　1-S1） （质检点　1-W2　一级　二级）	□A2　漏油彻底清理，避免工作面光滑造成人员滑倒。 2　检查新滤芯和密封圈型号正确无破损

检修工序步骤及内容	安全、质量标准
□3 回装 EH 油回油滤芯	
□4 工作结束	4 清理现场工作完毕做到工完料尽场地清
检 修 技 术 记 录	

数据记录：

遗留问题及处理措施：

记录人		年 月 日	工作负责人	年 月 日

检 修 工 序 卡

单位：_____　班组：_____　　　　　　　　编号：_____

检修任务：**顶轴油泵入口滤芯清理检修**　　　　　　　　　　　风险等级：_____

编　号		工单号	
计划检修时间		计划工日	
安全鉴证点（S1）	1	安全鉴证点（S2、S3）	0
见证点（W）	1	停工待检点（H）	0

办 理 工 作 票	
工作票编号：	
检修单位	工作负责人
工作组成员	

施 工 现 场 准 备

序号	安 全 措 施 检 查	确认符合
1	进入噪声区域，正确佩戴合格的耳塞	□
2	设备的转动部分必须装设防护罩，并标明旋转方向，露出的轴端必须装设护盖	□
3	对转动设备缺损的防护罩应及时装复或修复，装复或修复前在转动设备区域内设置"禁止靠近"安全警示标识	□
4	不准擅自拆除设备上的安全防护设施	□
5	开工前确认检修的设备已可靠与运行中的系统隔断，检查进出口阀门已关闭，电机电源已断开，挂"禁止操作，有人工作"标示牌	□
6	工作前核对设备名称及编号，转动设备检修时应采取防转动措施	□

确认人签字：

工 器 具 检 查

序号	工具名称及型号	数量	完 好 标 准	确认符合
1	手锤（2.5p）	1	手锤的锤头须完整，其表面须光滑微凸，不得有歪斜、缺口、凹入及裂纹等情形；手锤的柄须用整根的硬木制成，并将头部用楔栓固定；楔栓宜采用金属楔，楔子长度不应大于安装孔的2/3	□
2	螺丝刀（150mm）	1	手柄应安装牢固，没有手柄的不准使用	□
3	活扳手（300mm）	1	活动扳口应在扳体导轨的全行程上灵活移动；活扳手不应有裂缝、毛刺及明显的夹缝、氧化皮等缺陷，柄部平直且不应有影响使用性能的缺陷	□
4	接油桶	1		□
5	油盒	1		□

确认人签字：

备 件 材 料 准 备

序号	材料名称	规　格	单位	数量	检查结果
1	白布		kg	0.2	□
2	擦机布		kg	0.2	□
3	清洗剂		瓶	2	□

检 修 工 序

检修工序步骤及内容	安全、质量标准
□1　打开顶轴油泵入口滤芯	

检修工序步骤及内容	安全、质量标准
□2　拿出滤芯,检查滤芯是否损坏,若滤芯完好清理干净,清理完毕确认签字 危险源:润滑油	□A2　漏油彻底清理,避免工作面光滑造成人员滑倒。 2　滤芯完好清理干净
□3　回装顶轴油泵入口滤芯	
□4　工作结束	4　清理现场工作完毕做到工完料尽场地清

安全鉴证点	1-S1	

质检点	1-W2	一级	二级

检 修 技 术 记 录

数据记录:

遗留问题及处理措施:

记录人		年　　月　　日	工作负责人		年　　月　　日

检 修 工 序 卡

单位：_____　班组：_____　　　　编号：_____

检修任务：给水泵液力耦合器至前置泵润滑油法兰检修	风险等级：_____

编　号		工单号	
计划检修时间		计划工日	
安全鉴证点（S1）	0	安全鉴证点（S2、S3）	0
见证点（W）	0	停工待检点（H）	0

办 理 工 作 票

工作票编号：

检修单位		工作负责人	
工作组成员			

施 工 现 场 准 备

序号	安 全 措 施 检 查	确认符合
1	进入噪声区域，正确佩戴合格的耳塞	□
2	发生的跑、冒、滴、漏及溢油，要及时清除处理	□
3	发现盖板缺损及平台防护栏杆不完整时，应采取临时防护措施，设坚固的临时围栏	□
4	开工前确认检修的设备已可靠与运行中的系统隔断，辅助油泵电机电源已断开，挂"禁止操作，有人工作"标示牌	□

确认人签字：

工 器 具 检 查

序号	工具名称及型号	数量	完 好 标 准	确认符合
1	梅花扳手	1	扳手不应有裂缝、毛刺及明显的夹缝、切痕、氧化皮等缺陷，柄部应平直	□
2	螺丝刀（150mm）	1	手柄应安装牢固，没有手柄的不准使用	□
3	活扳手（300m）	1	活扳手不应有裂缝、毛刺及明显的夹缝、氧化皮等缺陷，柄部平直且不应有影响使用性能的缺陷	□
4	接油桶	1		□
5	平面刮刀	1	手柄应安装牢固，没有手柄的不准使用	□

确认人签字：

备 件 材 料 准 备

序号	材料名称	规　格	单位	数量	检查结果
1	耐油石棉垫		kg	0.2	□
2	擦机布		kg	0.2	□
3	螺栓松动液		瓶	2	□

检 修 工 序

检修工序步骤及内容	安全、质量标准
□1　拆除法兰螺栓	
□2　法兰结合面清理检查，更换耐油石棉垫	2.1　法兰清理干净。 2.2　法兰应无裂纹、砂眼等缺陷。 2.3　法兰分水槽清理后应无冲刷痕迹

质检点	1-W2	一级	二级

检修工序步骤及内容	安全、质量标准
□3　回装法兰	3.1　安装法兰使用的耐油石棉垫应符合要求，破损、尺寸不符的垫片禁止使用。 3.2　垫片安装时应确认内径与法兰内径相符，不能因内径不符引起法兰节流
□4　工作结束	4　清理现场工作完毕做到工完料尽场地清
检 修 技 术 记 录	

数据记录：

遗留问题及处理措施：

记录人		年　　月　　日	工作负责人		年　　月　　日

检 修 工 序 卡

单位：＿＿＿＿＿＿＿＿＿　班组：＿＿＿＿＿＿＿＿＿　　　　　　　　编号：＿＿＿＿＿＿＿

检修任务：**截止阀解体检修**　　　　　　　　　　　　　　风险等级：＿＿＿＿＿＿

编　号		工单号	
计划检修时间		计划工日	
安全鉴证点（S1）	4	安全鉴证点（S2、S3）	0
见证点（W）	1	停工待检点（H）	0

办 理 工 作 票		
工作票编号：		
检修单位		工作负责人	
工作组成员			

施 工 现 场 准 备

序号	安 全 措 施 检 查	确认符合
1	进入噪声区域正确佩戴合格的耳塞	□
2	进入粉尘较大的场所作业，作业人员必须戴防尘口罩	□
3	设置安全隔离围栏并设置警告标志，无关人员不得入内	□
4	发现盖板缺损及平台防护栏杆不完整时，应采取临时防护措施，设坚固的临时围栏	□
5	检修工作开始前检查设备或系统内高压介质确已排放干净，检修中应保证设备或系统与大气可靠连通，以防止介质积存突出	□

确认人签字：

工 器 具 检 查

序号	工具名称及型号	数量	完 好 标 准	确认符合
1	手锤（8p）	1	手锤的锤头须完整，其表面须光滑微凸，不得有歪斜、缺口、凹入及裂纹等情形；手锤的柄须用整根的硬木制成，并将头部用楔栓固定；楔栓宜采用金属楔，楔子长度不应大于安装孔的2/3	□
2	螺丝刀（150mm）	1	手柄应安装牢固，没有手柄的不准使用	□
3	活扳手（300mm）	1	扳手不应有裂缝、毛刺及明显的夹缝、切痕、氧化皮等缺陷，柄部应平直	□
4	游标卡尺	1	检查卡尺的表面应无锈蚀、碰伤或其他缺陷，刻度和数字应清晰、均匀，不应有脱色现象，游标刻线应刻至斜面下缘。卡尺上应有刻度值、制造厂商、工厂标志和出厂编号	□
5	角磨机	1	检查电源线、电源插头完好无破损、防护罩完好无破损；检查检验合格证在有效期内	□
6	阀门研磨机	1	检查电源线、电源插头完好无破损、防护罩完好无破损；检查检验合格证在有效期内	□

确认人签字：

备 件 材 料 准 备

序号	材料名称	规　格	单位	数量	检查结果
1	金属缠绕垫		个	1	□
2	擦机布		kg	0.2	□
3	石墨填料		套	1	□
4	螺栓松动液	350mL	瓶	1	□
5	砂纸		片	10	□

检 修 工 序	
检修工序步骤及内容	安全、质量标准
□1 联系热工拆除热工信号和电源线，拆除阀杆连接传动装置	
2 阀门解体 危险源：阀门 安全鉴证点 ┃ 1-S1 ┃ □2.1 松开压兰紧固螺栓，取下压兰 □2.2 用梅花扳手松开阀盖螺母，取下阀盖及阀芯组件，放置于地面胶皮上 □2.3 将阀芯抽出，保存完好防止划伤	□A2 手搬物件时应量力而行，不得搬运超过自己能力的物件
3 各部件清理检查 危险源：清洁剂、角磨机 安全鉴证点 ┃ 2-S1 ┃ □3.1 阀体应无裂纹、砂眼、冲刷严重等缺陷 □3.2 阀体出入口管道畅通，无杂物，阀芯与阀杆配合无松动 □3.3 清理填料室、填料压盖并检查填料室与填料压盖间隙 □3.4 阀芯应无裂纹、腐蚀等缺陷 □3.5 检查阀杆是否有弯曲、变形、腐蚀；检查阀杆顶端圆弧的磨损情况及阀杆螺纹是否完好 □3.6 检查阀杆与连接杆连接部位无较大间隙	□A3（a） 禁止在工作场所存储易燃物品，例如汽油、酒精等；领用、暂存时量不能过大，一般不超过 500mL；工作人员佩戴乳胶手套。 □A3（b） 使用前检查角磨机钢丝轮完好无缺损；禁止手提电动工具的导线或转动部分；操作人员必须正确佩戴防护面罩、防护眼镜；更换钢丝轮前必须切断电源
4 阀门密封面研磨 危险源：阀门研磨机 安全鉴证点 ┃ 3-S1 ┃ 质检点 ┃ 1-W2 ┃ 一级 ┃ 二级 ┃	□A4 阀门研磨机架设稳固，旋转部分禁止靠近，全程专人操作及监护。 4 阀芯、阀座结合面无划伤、麻点等缺陷；结合面线形完整，无断线现象，且密封面周圈接触均匀
5 阀门各部件回装 危险源：阀门 安全鉴证点 ┃ 4-S1 ┃ □5.1 将阀杆与阀芯连接 □5.2 将阀杆连同阀芯穿入阀体内，做好全开、全关位置记号 □5.3 安装阀盖，均匀紧固螺栓，在阀盖上做好全开、全关位置记号 □5.4 添加盘根，相邻两圈盘根应相互错开 120°～180°。 □5.5 紧固压栏螺栓 □5.6 安装阀门传动连杆 □5.7 阀门传动根据事先做好的全开、全关位置定好开关位	□A5 手搬物件时应量力而行，不得搬运超过自己能力的物件
□6 工作结束	6 清理现场工作完毕做到工完料尽场地清

检 修 技 术 记 录			
数据记录:			
遗留问题及处理措施:			
记录人	年　月　日	工作负责人	年　月　日

检 修 工 序 卡

单位：_____ 班组：_____ 编号：_____

检修任务：**闸阀解体检修** 风险等级：_____

编 号		工单号	
计划检修时间		计划工日	
安全鉴证点（S1）	4	安全鉴证点（S2、S3）	0
见证点（W）	1	停工待检点（H）	0

办 理 工 作 票			
工作票编号：			
检修单位		工作负责人	
工作组成员			

施 工 现 场 准 备

序号	安 全 措 施 检 查	确认符合
1	进入噪声区域正确佩戴合格的耳塞	□
2	进入粉尘较大的场所作业，作业人员必须戴防尘口罩	□
3	设置安全隔离围栏并设置警告标志，无关人员不得入内	□
4	发现盖板缺损及平台防护栏杆不完整时，应采取临时防护措施，设坚固的临时围栏	□
5	检修工作开始前检查设备或系统内高压介质确已排放干净，检修中应保证设备或系统与大气可靠连通，以防止介质积存突出	□

确认人签字：

工 器 具 检 查

序号	工具名称及型号	数量	完 好 标 准	确认符合
1	手锤（2.5p）	1	手锤的锤头须完整，其表面须光滑微凸，不得有歪斜、缺口、凹入及裂纹等情形；手锤的柄须用整根的硬木制成，并将头部用楔栓固定；楔栓宜采用金属楔，楔子长度不应大于安装孔的2/3	□
2	螺丝刀（150mm）	1	手柄应安装牢固，没有手柄的不准使用	□
3	活扳手（300mm）	1	扳手不应有裂缝、毛刺及明显的夹缝、切痕、氧化皮等缺陷，柄部应平直	□
4	阀门研磨机	1	检查检验合格证在有效期内；检查电源线、电源插头完好无缺损；有漏电保护器；检查防护罩完好；检查电源开关动作正常、灵活；检查转动部分转动灵活、轻快，无阻滞	□
5	游标卡尺	1	检查卡尺的表面应无锈蚀、碰伤或其他缺陷，刻度和数字应清晰、均匀，不应有脱色现象，游标刻线应刻至斜面下缘。卡尺上应有刻度值、制造厂商、工厂标志和出厂编号	□
6	角磨机	1	检查电源线、电源插头完好无破损、防护罩完好无破损；检查检验合格证在有效期内	□

确认人签字：

备 件 材 料 准 备

序号	材料名称	规 格	单位	数量	检查结果
1	金属缠绕垫		个	1	□
2	擦机布		kg	0.2	□
3	石墨填料		套	1	□
4	螺栓松动液	350mL	瓶	1	□

检 修 工 序	
检修工序步骤及内容	安全、质量标准
□1 联系热工拆除热工信号和电源线，拆除阀杆连接传动装置	
2 阀门解体 危险源：重物 安全鉴证点　1-S1 □2.1 松开压栏紧固螺栓，取下压兰 □2.2 用梅花扳手松开阀盖螺母，取下阀盖、及阀芯组件，放置于地面胶皮上 □2.3 将阀芯抽出，保存完好防止划伤	□A2 手搬物件时应量力而行，不得搬运超过自己能力的物件
3 各部件清理检查 危险源：清洁剂、角磨机 安全鉴证点　2-S1 □3.1 阀体应无裂纹、砂眼、冲刷严重等缺陷 □3.2 阀体出入口管道畅通，无杂物，阀芯与阀杆配合无松动 □3.3 清理填料室、填料压盖并检查填料室与填料压盖间隙 □3.4 阀芯应无裂纹、腐蚀等缺陷 □3.5 检查阀杆是否有弯曲、变形、腐蚀；检查阀杆顶端圆弧的磨损情况及阀杆螺纹是否完好 □3.6 检查阀杆与连接杆连接部位无较大间隙	□A3（a） 禁止在工作场所存储易燃物品，例如汽油、酒精等；领用、暂存时量不能过大，一般不超过 500mL；工作人员佩戴乳胶手套。 □A3（b） 使用前检查角磨机钢丝轮完好无缺损；禁止手提电动工具的导线或转动部分；操作人员必须正确佩戴防护面罩、防护眼镜；更换钢丝轮前必须切断电源
□4 阀门密封面研磨 危险源：阀门研磨机 安全鉴证点　3-S1 | 质检点	1-W2	一级	二级 | |---|---|---|---| | | | | |	□A4 研磨机架设稳固，旋转部分禁止靠近，全程专人操作及监护 4 密封面应平直，阀芯、阀座结合面无毛刺、划伤、麻点等缺陷；结合面线形完整，无断线现象，且密封面周圈接触均匀
5 阀门各部件回装 危险源：重物 安全鉴证点　4-S1 □5.1 将阀杆与阀芯连接 □5.2 将阀杆连同阀芯穿入阀体内，做好全开、全关位置记号 □5.3 安装阀盖，均匀紧固螺栓，在阀盖上做好全开、全关位置记号 □5.4 添加盘根，相邻两圈盘根应相互错开 120°～180° □5.5 紧固压栏螺栓 □5.6 安装阀门传动连杆 □5.7 阀门传动根据事先做好的全开、全关位置定好开关位	□A5 手搬物件时应量力而行，不得搬运超过自己能力的物件
□6 工作结束	6 清理现场工作完毕做到工完料尽场地清

检 修 技 术 记 录				
数据记录:				
遗留问题及处理措施:				
记录人		年　月　日	工作负责人	年　月　日

检 修 工 序 卡

单位：_____　　班组：_____　　　　　　　　　编号：_____

检修任务：主油箱 Y 形滤网清理检修　　　　　　　　　　风险等级：_____

编　号		工单号	
计划检修时间		计划工日	
安全鉴证点（S1）	1	安全鉴证点（S2、S3）	0
见证点（W）	1	停工待检点（H）	0

办 理 工 作 票			
工作票编号：			
检修单位		工作负责人	
工作组成员			

施 工 现 场 准 备		

序号	安 全 措 施 检 查	确认符合
1	进入噪声区域正确佩戴合格的耳塞	□
2	发生的跑、冒、滴、漏及溢油，要及时清除处理	□
3	发现盖板缺损及平台防护栏杆不完整时，应采取临时防护措施，设坚固的临时围栏	□
4	开工前确认检修的设备已可靠与运行中的系统隔断，检查进出口阀门已关闭，挂"禁止操作，有人工作"标示牌	□
5	工作前核对设备名称及编号	□
6	放油时排空，打开放油门确认油已排完	□

确认人签字：

工 器 具 检 查				

序号	工具名称及型号	数量	完 好 标 准	确认符合
1	手锤（2.5p）	1	手锤的锤头须完整，其表面须光滑微凸，不得有歪斜、缺口、凹入及裂纹等情形；手锤的柄须用整根的硬木制成，并将头部用楔栓固定；楔栓宜采用金属楔，楔子长度不应大于安装孔的2/3	□
2	螺丝刀（150mm）	1	手柄应安装牢固，没有手柄的不准使用	□
3	活扳手（300mm）	1	扳手不应有裂缝、毛刺及明显的夹缝、切痕、氧化皮等缺陷，柄部应平直	□
4	接油桶	1		□
5	油盘	1		□

确认人签字：

备 件 材 料 准 备				

序号	材料名称	规　　格	单位	数量	检查结果
1	塑料布		kg	0.2	□
2	擦机布		kg	0.2	□
3	清洗剂		瓶	2	□
4	密封 O 形圈		个	1	□

检 修 工 序	
检修工序步骤及内容	安全、质量标准
□1　拆下滤网紧固螺栓，取下端盖	

续表

检修工序步骤及内容	安全、质量标准
□2 取出滤网放在塑料布上 危险源：润滑油 安全鉴证点　　1-S1	□A2 各检修区域润滑油彻底清理，避免工作面光滑造成人员滑到
□3 滤网清理 质检点　1-W2　一级　二级	3 用压缩空气对滤网吹扫干净，滤网无杂物堵塞、清洁无破损
4 滤网回装 □4.1 清理干净的油滤网放入筒体内 □4.2 紧固油滤网上盖固定螺栓	4 装复前所有配合部件已清理干净并紧固，安装时注意对准滑道
□5 清理现场工作完毕做到工完料尽场地清	

检 修 技 术 记 录	

数据记录：

遗留问题及处理措施：

记录人		年　月　日	工作负责人	年　月　日

检 修 工 序 卡

单位：＿＿＿＿＿＿＿＿＿ 班组：＿＿＿＿＿＿＿＿＿＿＿＿＿ 编号：＿＿＿＿＿＿＿＿

检修任务：**主油箱焊口检查处理** 风险等级：＿＿＿＿＿＿

编　号		工单号		
计划检修时间		计划工日		
安全鉴证点（S1）	5	安全鉴证点（S2、S3）		1
见证点（W）	0	停工待检点（H）		3
办 理 工 作 票				
工作票编号：				
检修单位		工作负责人		
工作组成员				

	施 工 现 场 准 备	
序号	安 全 措 施 检 查	确认符合
1	发现盖板缺损及平台防护栏杆不完整时，应采取临时防护措施，设坚固的临时围栏	□
2	增加临时照明	□
3	发生的跑、冒、滴、漏及溢油，要及时清除处理	□
4	转动设备检修时应采取防转动措施，确认电机电源线停电	□
5	工作前核对设备名称及编号，转动设备检修时应采取防转动措施	□
6	开工前与运行人员共同确认检修的设备已可靠与运行中的系统隔断，检查交、直流油泵电源已断开，（送油泵电源已断开）挂"禁止操作，有人工作"标示牌，待油箱内介质放尽，压力为零，油箱内温度适可后方可开始工作	□
7	放油时排空，放油不出需静置2h后再次打开放油门确认油已排完	□
8	储存中避免靠近火源和高温，油桶上要用防火石棉毯覆盖严密	□
确认人签字：		

	工 器 具 准 备 与 检 查			
序号	工具名称及型号	数量	完　好　标　准	确认符合
1	临时电源及电源线	1	临时电源线架设高度室内不低于2.5m；检查电源线外绝缘良好，无破损；检查检验合格证在有效期内；检查电源插头插座，确保完好；不准将电源线缠绕在护栏、管道和脚手架上；检查检验合格证在有效期内；分级配置漏电保安器，工作前试漏电保护器，确保正确动作；检查检验合格证在有效期内；检查电源箱外壳接地良好	□
2	行灯（12V）	1	检查行灯电源线、电源插头完好无破损；行灯电源线应采用橡胶套软电缆；行灯的手柄应绝缘良好且耐热、防潮；行灯变压器必须采用双绕组型，变压器一、二次侧均应装熔断器；行灯变压器外壳必须有良好的接地线，高压侧应使用三相插头；行灯应有保护罩；行灯电压不应超过12V	□
3	角磨机（φ100）	1	检查检验合格证在有效期内；检查电源线、电源插头完好无缺损；有漏电保护器；检查防护罩完好；检查电源开关动作正常、灵活；检查转动部分转动灵活、轻快，无阻滞	□
4	通风机	2	检查检验合格证在有效期内，检查电吹风电源线、电源插头完好无破损	□
5	电焊机	1	检查电焊机检验合格证在有效期内，检查电焊机电源线、电源插头、电焊钳等完好无损，电焊工作所用的导线必须使用绝缘良好的皮线，电焊机的裸露导电部分和转动部分以及冷却用的风扇，均应装有保护罩，电焊机金属外壳应有明显的可靠接地，且一机一接地，电焊机应放置在通风、干燥处，露天放置应加防雨罩，电焊机、焊钳与电缆线连接牢固，接地端头不外露，连接到电焊钳上的一端，	□

序号	工具名称及型号	数量	完 好 标 准	确认符合
5	电焊机	1	至少有 5m 为绝缘软导线；每台焊机应该设有独立的接地，接零线，其接点应用螺丝压紧；电焊机必须装有独立的专用电源开关，其容量应符合要求，电焊机超负荷时，应能自动切断电源，禁止多台焊机共用一个电源开关；不准利用厂房的金属结构、管道、轨道或其他金属搭接起来作为导线使用；电焊机装设、检查和修理工作，必须在切断电源后进行	□
6	氧气、乙炔	1	禁止使用没有防震胶圈和保险帽的气瓶，经过检验合格的氧气表、乙炔表才允许使用；氧气表、乙炔表的连接螺纹及接头必须保证氧气表、乙炔表安在气瓶阀或软管上之后连接良好、无任何泄漏；乙炔气瓶上应有阻火器	□
7	手锤 （8p）	2	手锤的锤头须完整，其表面须光滑微凸，不得有歪斜、缺口、凹入及裂纹等情形。手锤的柄须用整根的硬木制成，并将头部用楔栓固定。楔栓宜采用金属楔，楔子长度不应大于安装孔的 2/3	□

确认人签字：

备 件 材 料 准 备

序号	材料名称	规 格	单位	数量	检查结果
1	白布	1.5m	kg	5	□
2	除锈剂	500mL	筒	5	□
3	酒精	500mL	瓶	3	□
4	记号笔	黑色	支	1	□
5	密封胶	J-1587	筒	3	□
6	白面	25kg	袋	2	□
7	电焊条	J507（ϕ3.2）	包	2	□

检 修 工 序

检修工序步骤及内容	安全、质量标准
1 拆卸前的准备工作 □1.1 打开油箱放油门，将主油箱内剩油放尽 □1.2 周围并设置围栏，以免外人误入 □1.3 将油箱顶部清扫干净	
2 打开油箱人孔门 危险源：手锤、孔、洞 安全鉴证点　1-S1 □2.1 揭开滤网上部盖板及人孔盖，将滤网吊出检查 □2.2 打开主油箱人孔门进行通风 30min	□A2（a）手锤锤把上不可有油污。 □A2（b）在检修工作中人孔打开后，必须设有牢固的临时围栏，并设有明显的警告标志，工作间断时应将人孔临时进行封闭，人员进出登记
3 油箱清理检查 □3.1 清理油箱内壁及积油 危险源：空气含氧量、行灯、通风机、润滑油、酒精 安全鉴证点　2-S1	□A3.1（a）打开所有通风口进行通风，保证容器内部通风畅通；必要时使用防爆轴流风机强制通风；严禁向容器内部输送氧气，测量氧气浓度保持在 19.5%～21% 范围内，设置逃生通道，并保持通道畅通；设专人不间断地监护，特殊情况时要增加监护人数量。 □A3.1（b）不准将行灯变压器带入金属容器或管道内；行灯暂时或长时间不用时，应断开行灯变压器电源。 □A3.1（c）衣服和袖口应扣好，不得戴围巾领带；长发必须盘在安全帽内；不准将用具、工器具接触设备的转动部位。 □A3.1（d）各检修区域及油箱内积存润滑油彻底清理，避免工作面光滑造成人员滑倒。 □A3.1（e）使用含有抗菌成分的清洁剂时，戴上手套，避免灼伤皮肤

检修工序步骤及内容	安全、质量标准
4　不合格管道焊缝检查、挖补或焊接 □4.1　对焊口有裂纹、咬边等不合格的进行挖补或重新焊接（挖补或重新焊接由金属检验专工根据 X 射线结果决定，并制定焊接工艺卡） 危险源：角磨机、电焊机、氧气、乙炔、焊接烟尘、高温焊渣 安全鉴证点　1-S3　第 5 页	□A4.1（a）操作人员必须正确佩戴防护面罩、防护眼镜；不准手提角磨机的导线或转动部分；更换砂轮片前必须切断电源；使用角磨机时，应采取防火措施，防止火花引发火灾。 □A4.1（b）工作人员工作服保持干燥，必须站在干燥的木板上，或穿橡胶绝缘鞋；停止、间断焊接时必须及时切断焊机电源。 □A4.1（c）焊接工作结束或中断焊接工作时，应关闭氧气和乙炔气瓶、供气管路的阀门，确保气体不外漏；重新开始工作时，应再次确认没有可燃气体外漏时方可点火工作。 □A4.1（d）所有焊接、切割、钎焊及有关的操作必须要在足够的通风条件下（包括自然通风或机械通风）进行；氩弧焊时，焊工应戴静电口罩或专用面罩，以防臭氧、氮氧化合物及金属烟尘吸入人体。 □A4.1（e）动火作业现场应配备足够、适用、有效的灭火设施、器材；进行焊接工作时，必须设有防止金属熔渣飞溅、掉落引起火灾的措施以及防止烫伤、触电、爆炸等措施；焊接人员离开现场前，必须进行检查，现场应无火种留下
□5　处理完毕通知金属检验，合格后进行三级验收 危险源：X 射线 安全鉴证点　3-S1 质检点　1-H3　一级　二级　三级	□A5　工作前做好安全区隔离、悬挂"当心辐射"警示牌；提出风险预警通知告知全员，并指定专人现场监护，防止非工作人员误入
6　各止回阀解体检查 □6.1　检查油箱内各止回阀是否完好、密封线完好、各门柄焊接是否牢靠 质检点　2-H3　一级　二级　三级 □6.2　各止回阀装复及管道法兰紧固，更换新密封垫片，使用密封垫片为硬质聚四氟乙烯板	6.1　焊缝饱满、无脱焊、无裂纹，密封线完好、开关灵活
7　主油箱回油 □7.1　检修完毕进行封闭人孔、具备回油条件 危险源：危险源：遗留人员、物 安全鉴证点　4-S1 □7.2　回油前三级联合检查主油箱清洁度验收，合格后方可回油 质检点　3-H3　一级　二级　三级	□A7.1　封闭人孔前工作负责人应认真清点工作人员，核对容器进出入登记，确认无人员和工器具遗落，并喊话确认无人
8　工作结束 危险源：孔、洞、废料 安全鉴证点　5-S1	□A8　临时打的孔、洞和栏杆，施工结束后，必须恢复原状，检查现场安全设施已恢复齐全；废料及时清理，做到工完、料尽、场地清

安 全 鉴 证 卡

风险点鉴证点：1-S3　工序 3　2 对焊口有裂纹、咬边等不合格的进行挖补或重新焊接

一级验收		年　　月　　日
二级验收		年　　月　　日

风险点鉴证点：1-S3　工序 3　2 对焊口有裂纹、咬边等不合格的进行挖补或重新焊接		
三级验收		年　　月　　日
一级验收		年　　月　　日
二级验收		年　　月　　日
三级验收		年　　月　　日
一级验收		年　　月　　日
二级验收		年　　月　　日
三级验收		年　　月　　日
一级验收		年　　月　　日
二级验收		年　　月　　日
三级验收		年　　月　　日
一级验收		年　　月　　日
二级验收		年　　月　　日
三级验收		年　　月　　日
一级验收		年　　月　　日
二级验收		年　　月　　日
三级验收		年　　月　　日
一级验收		年　　月　　日
二级验收		年　　月　　日
三级验收		年　　月　　日
一级验收		年　　月　　日
二级验收		年　　月　　日
三级验收		年　　月　　日
检 修 技 术 记 录		

数据记录：

遗留问题及处理措施：

记录人	年　　月　　日	工作负责人	年　　月　　日

检 修 工 序 卡

单位：_____ 班组：_____ 　　　　　编号：_____

检修任务：**密封油泵解体检修** 　　　　　　　　　　　　　　　风险等级：_____

编　号			工单号	
计划检修时间			计划工日	
安全鉴证点（S1）	5		安全鉴证点（S2、S3）	0
见证点（W）	2		停工待检点（H）	0

办 理 工 作 票				
工作票编号：				
检修单位			工作负责人	
工作组成员				

施 工 现 场 准 备

序号	安 全 措 施 检 查	确认符合
1	进入噪声区域，使用高噪声工具时正确佩戴合格的耳塞	□
2	设备的转动部分必须装设防护罩，并标明旋转方向，露出的轴端必须装设护盖，对转动设备缺损的防护罩应及时装复或修复，装复或修复前在转动设备区域内设置"禁止靠近"安全警示标识，不准擅自拆除设备上的安全防护设施	□
3	发生的跑、冒、滴、漏及溢油，要及时清除处理	□
4	开工前确认检修的设备已可靠与运行中的系统隔断，检查临机相关阀门已关闭，电源已断开，挂"禁止操作，有人工作"标示牌，确认油泵入、出口阀门隔离严密可开始工作	□
5	放油时排空，放油不出需静置 2h 后再次打开放油门确认油已排完	□
确认人签字：		

工 器 具 检 查

序号	工具名称及型号	数量	完 好 标 准	确认符合
1	手锤（8p）	1	手锤的锤头须完整，其表面须光滑微凸，不得有歪斜、缺口、凹入及裂纹等情形。手锤的柄须用整根的硬木制成，并将头部用楔栓固定。楔栓宜采用金属楔，楔子长度不应大于安装孔的 2/3	□
2	轴承加热器	1	加热器各部件完好齐全，数显装置无损伤且显示清晰，轭铁表面无可见损伤，放在主机的顶端面上，应与其吻合紧密平整，电源线及磁性探头连线无破损、无灼伤，控制箱上各个按钮完好且操作灵活	□
3	撬棍（500mm）	1	必须保证撬杠强度满足要求。在使用加力杆时，必须保证其强度和嵌套深度满足要求，以防折断或滑脱	□
4	锉刀（150mm）	1	锉刀手柄应安装牢固，没有手柄的不准使用	□
5	螺丝刀	2	螺丝刀手柄应安装牢固，没有手柄的不准使用	□
6	钢丝钳	1	钢丝钳手柄应安装牢固，没有手柄的不准使用	□
7	临时电源及电源线	1	临时电源线架设高度室内不低于 2.5m；检查电源线外绝缘良好，无破损；检查检验合格证在有效期内；检查电源插头插座，确保完好；不准将电源线缠绕在护栏、管道和脚手架上；检查检验合格证在有效期内；分级配置漏电保安器，工作前试漏电保护器，确保正确动作；检查检验合格证在有效期内；检查电源箱外壳接地良好	□
8	游标卡尺（150mm）	1	检查测定面是否有毛头，检查卡尺的表面应无锈蚀、碰伤或其他缺陷，刻度和数字应清晰、均匀，不应有脱色现象，游标刻线应刻至斜面下缘，卡尺上应有刻度值、制造厂商和定期检验合格证	□
确认人签字：				

备 件 材 料 准 备					
序号	材料名称	规 格	单位	数量	检查结果
1	白布		kg	5	□
2	除锈剂	500mL	筒	5	□
3	酒精	500mL	瓶	3	□
4	记号笔	黑色	支	1	□
5	密封胶	J-1587	筒	3	□
6	白面	25kg	袋	2	□

检 修 工 序	
检修工序步骤及内容	安全、质量标准
1 解体前准备工作 □1.1 工作票、备件材料、工器具准备 □1.2 人员及安全防护用品准备 □1.3 按要求布置好检修现场 □1.4 做好安全措施，确保油泵已从系统中可靠隔离 □1.5 将油泵余油放净，无压下工作	
2 油泵解体 危险源：手锤、油泵各部件 安全鉴证点　1-S1 □2.1 联系电气工作人员拆线并移开电机 □2.2 拆下油泵联轴器，拆除油泵机封 □2.3 拆除油泵轴承并检查轴承是否良好可用，不可用需更换新轴承 □2.4 密封油泵从外到内进行拆除，拆除前测量修前轴窜，做好记录	□A2（a） 手锤锤把上不可有油污。 □A2（b） 手搬物件时应量力而行，不得搬运超过自己能力的物件。 2.4 轴窜小于 1.5mm
3 零部件清理、检查测量、检修 □3.1 清理设备零部件 危险源：润滑油、酒精 安全鉴证点　2-S1	□A3.1（a） 各检修区域润滑油彻底清理，避免工作面光滑造成人员滑倒。 □A3.1（b） 使用含有抗菌成分的清洁剂时，戴上手套，避免灼伤皮肤
4 油泵回装 □4.1 按解体顺序依次反向回装各部件 危险源：撬杠、油泵各部件、大锤、手锤 安全鉴证点　3-S1 □4.2 各密封面密封材料需更换新垫料 □4.3 回装完成后检测泵轴蹿动 质检点　1-W2　一级　二级 □4.4 轴承加热回装、外端盖，机械密封回装 危险源：轴承加热器 安全鉴证点　4-S1 □4.5 联轴器中心调整 质检点　2-W2　一级　二级	□A4.1（a） 应保证支撑物可靠，撬动过程中应采取防止被撬物倾斜或滚落的措施。 □A4.1（b） 手搬物件时应量力而行，不得搬运超过自己能力的物件。 □A4.1（c） 手锤锤把上不可有油污，打锤人不得戴手套。 4.3 泵轴蹿量小于 1.5mm □A4.4 操作人员必须使用隔热手套，操作人与员必须穿绝缘鞋、戴绝缘手套，检查加热设备绝缘良好，工作人员离开现场应切断电源。 4.5 面：≤0.05mm；圆：≤0.05mm

检修工序步骤及内容	安全、质量标准
□5 密封油泵试运 危险源：转动的油泵 安全鉴证点　5-S1	□A5 转动机械试运行操作应由运行值班人员根据检修工作负责人的要求进行，检修人员不准自己进行试运行的操作，转动设备试运行时所有人员应先远离，站在转动机械的轴向位置，并有一人站在事故按钮位置
6 现场清理 □6.1 修后设备见本色，周围设备无污染 □6.2 工完料尽场地清	6.2 废料及时清理，做到工完、料尽、场地清

<table>
<tr><td colspan="2" align="center">检 修 技 术 记 录</td></tr>
<tr><td colspan="2">数据记录：

</td></tr>
<tr><td colspan="2">遗留问题及处理措施：

</td></tr>
</table>

记录人		年　月　日	工作负责人	年　月　日

检 修 工 序 卡

单位：_____ 班组：_____ 编号：_____

检修任务：**润滑油冷油器清理** 风险等级：_____

编 号			工单号	
计划检修时间			计划工日	
安全鉴证点（S1）	4		安全鉴证点（S2、S3）	0
见证点（W）	1		停工待检点（H）	

办 理 工 作 票

工作票编号：

检修单位		工作负责人	
工作组成员			

施 工 现 场 准 备

序号	安 全 措 施 检 查	确认符合
1	进入噪声区域、使用高噪声工具时正确佩戴合格的耳塞	☐
2	设备的转动部分必须装设防护罩，并标明旋转方向，露出的轴端必须装设护盖，对转动设备缺损的防护罩应及时装复或修复，装复或修复前在转动设备区域内设置"禁止靠近"安全警示标识，不准擅自拆除设备上的安全防护设施	☐
3	发现盖板缺损及平台防护栏杆不完整时，应采取临时防护措施，设坚固的临时围栏	☐
4	发生的跑、冒、滴、漏及溢油，要及时清除处理	☐
5	开工前确认检修的设备已可靠与运行中的系统隔断，检查临机相关阀门已关闭，电源已断开，挂"禁止操作，有人工作"标示牌，待管道内介质放尽，压力为零在开始工作	☐
6	放油时排空，放油不出需静置2h后再次打开放油门确认油已排完	☐
7	作业前检查高压冲洗设备应完好，试运行工作正常、各密封点无泄漏、开关、阀门动作正常	☐

确认人签字：

工 器 具 检 查

序号	工具名称及型号	数量	完 好 标 准	确认符合
1	临时电源及电源线	1	临时电源线架设高度室内不低于2.5m；检查电源线外绝缘良好，无破损；检查检验合格证在有效期内；检查电源插头插座，确保完好；不准将电源线缠绕在护栏、管道和脚手架上；检查检验合格证在有效期内；分级配置漏电保安器，工作前试漏电保护器，确保正确动作；检查检验合格证在有效期内；检查电源箱外壳接地良好	☐
2	手锤（8p）	1	手锤的锤头须完整，其表面须光滑微凸，不得有歪斜、缺口、凹入及裂纹等情形。手锤的柄须用整根的硬木制成，并将头部用楔栓固定。楔栓宜采用金属楔，楔子长度不应大于安装孔的2/3	☐
3	锉刀	1	锉刀手柄应安装牢固，没有手柄的不准使用	☐
4	螺丝刀	2	螺丝刀手柄应安装牢固，没有手柄的不准使用	☐
5	钢丝钳	1	钢丝钳手柄应安装牢固，没有手柄的不准使用	☐
6	撬棍（500mm）	1	必须保证撬杠强度满足要求。在使用加力杆时，必须保证其强度和嵌套深度满足要求，以防折断或滑脱	☐

确认人签字：

备 件 材 料 准 备

序号	材料名称	规 格	单位	数量	检查结果
1	白布	1.5m	kg	5	☐
2	除锈剂	500mL	筒	5	☐
3	酒精	500mL	瓶	3	☐

序号	材料名称	规　　格	单位	数量	检查结果
4	记号笔	黑色	支	1	□
5	密封胶	J-1587	筒	3	□
6	白面	25kg	袋	2	□

<table>
<tr><th colspan="2">检　修　工　序</th></tr>
<tr><td>检修工序步骤及内容</td><td>安全、质量标准</td></tr>
<tr>
<td>

1 拆卸前的准备工作，并办理工作票
□1.1 接临时管道把冷油器将主油箱内剩油排至备用油箱
□1.2 周围并设置围栏，以免无关人员误入
□1.3 工作负责人确认油排干净方可进行下一步工作

</td>
<td></td>
</tr>
<tr>
<td>

2 解体开始
□2.1 拆除上下端盖螺丝，吊出端盖
危险源：大锤、手锤、手拉葫芦

安全鉴证点	1-S1	

</td>
<td>

□A2.1（a） 大锤、手锤锤把上不可有油污，抢大锤时，周围不得有人，不得单手抢大锤，大锤使用中，打锤人不得戴手套。
□A2.1（b） 禁止用链式起重机长时间悬吊重物，工作负荷不准超过铭牌规定

</td>
</tr>
<tr>
<td>

3 清理
□3.1 将冷油器内壁及积油清理干净，并用干蒸汽清扫管壁外侧
□3.2 用高压水清理冷油器管子内壁
危险源：高压水

安全鉴证点	1-S2	

□3.3 清理干净进行验收签字

质检点	1-W2	一级	二级

</td>
<td>

□A3.2 高压冲洗工作应由有熟练操作经验的人员实施，并设专人监护；作业过程中发现高压冲洗设备有泄漏、部件松动、开关动作不正常等异常现象，应立即停止工作，消除设备故障；不准两套及以上高压冲洗设备在同一作业面上同时工作；作业时高压冲洗操作人员与控制开关操作人员配合协调，按冲洗操作人员指令操作；不准用消防水枪代替高压水冲洗设备进行冲洗工作；不准带压紧固接头，避免管道接头爆开后高压介质伤人。

3.3 管壁内部无污垢、无杂物，内壁检本色，无损伤管壁金属的现象

</td>
</tr>
<tr>
<td>

4 冷油器管束查漏
□4.1 确认所有零部件全部回装完毕，接临时水源向冷油器管束水侧注水，注水高度淹没管束上部5mm即可
□4.2 观察管束是否有冒泡现象，若有冒泡现象说明有泄漏现象，用铜堵进行堵漏，没有冒泡继续观察30min，确保无泄漏

</td>
<td></td>
</tr>
<tr>
<td>

5 回装外端盖
□5.1 按照原记号进行回装上下端盖

危险源：手拉葫芦、大锤、手锤

安全鉴证点	2-S1	

□5.2 回装其他附件

</td>
<td>

□A5（a） 禁止用链式起重机长时间悬吊重物，工作负荷不准超过铭牌规定。
□A5（b） 大锤、手锤锤把上不可有油污，抢大锤时，周围不得有人，不得单手抢大锤，大锤使用中，打锤人不得戴手套

</td>
</tr>
<tr>
<td>

6 检修工作结束，清理现场
□6.1 修后设备见本色，周围设备无污染
□6.2 工完料尽场地清

</td>
<td>

6.2 废料及时清理，做到工完、料尽、场地清

</td>
</tr>
</table>

检 修 技 术 记 录				
数据记录：				
遗留问题及处理措施：				
记录人		年　月　日	工作负责人	年　月　日

检 查 工 序 卡

单位：＿＿＿＿＿＿＿＿　　班组：＿＿＿＿＿＿＿＿　　　　　　　　　编号：＿＿＿＿＿＿＿

检修任务：**蓄能器氮气压力检查**　　　　　　　　　　　　　　　风险等级：＿＿＿＿＿

编　号		工单号	
计划检修时间		计划工日	
安全鉴证点（S1）	1	安全鉴证点（S2、S3）	0
见证点（W）	1	停工待检点（H）	0
办 理 工 作 票			
工作票编号：			
检修单位		工作负责人	
工作组成员			

施 工 现 场 准 备

序号	安 全 措 施 检 查	确认符合
1	进入噪声区域、使用高噪声工具时正确佩戴合格的耳塞	□
2	设备的转动部分必须装设防护罩，并标明旋转方向，露出的轴端必须装设护盖，对转动设备缺损的防护罩应及时装复或修复，装复或修复前在转动设备区域内设置"禁止靠近"安全警示标识，不准擅自拆除设备上的安全防护设施	□
3	发生的跑、冒、滴、漏及溢油，要及时清除处理	□
4	开工前确认检修的设备已可靠与运行中的系统隔断，检查临机相关阀门已关闭，电源已断开，挂"禁止操作，有人工作"标示牌，确认油泵入、出口阀门隔离严密可开始工作	□

确认人签字：

工 器 具 检 查

序号	工具名称及型号	数量	完 好 标 准	确认符合
1	氮气测压表	1	必须使用经验合格的测氮气测压表	□
2	活扳手（150mm）	1	活动扳口应在扳体导轨的全行程上灵活移动；活扳手不应有裂缝、毛刺及明显的夹缝、氧化皮等缺陷，柄部平直且不应有影响使用性能的缺陷	□
3	临时电源及电源线	1	检查检验合格证在有效期内，检查电源盘电源线、电源插头、插座完好无破损；漏电保护器动作正确，检查电源盘线盘架、拉杆、线盘架轮子及线盘摇动手柄齐全完好	□

确认人签字：

备 件 材 料 准 备

序号	材料名称	规　格	单位	数量	检查结果
1	氮气		瓶	3	□

检 修 工 序

检修工序步骤及内容	安全、质量标准
1　准备工作 □1.1　工作票、备件材料、工器具准备 □1.2　人员及安全防护用品准备 □1.3　做好安全措施，确保检修设备已从系统中可靠隔离 □1.4　按要求布置好检修现场	
2　氮气压力检查 □2.1　使用专用压力检查工具检查高压蓄能器压力，压力不足的充氮。做好充氮前后压力值记 □2.2　使用专用压力检查工具检查低压蓄能器压力，压力不足的充氮。做好充氮前后压力值记录	2.1　高压蓄能器：充氮气压力为9.3MPa±0.2MPa；泵出口蓄能器氮气压力为9.8 MPa±0.2MPa。 2.2　低压蓄能器：充氮气压力为0.21 MPa±0.05 MPa

续表

检修工序步骤及内容	安全、质量标准
3 蓄能器补氮气、整定 □3.1 根据充氮汽压力值记录对比标准，对低于标准的进行充氮 □3.2 高压、低压蓄能器均充到合格范围后进行验收 危险源：EH 油 	□A3.2 操作中发生的跑、冒、滴、漏及溢油，要及时清除处理，使用防护用品；废油不能随意丢弃。 　3.2 高压蓄能器：充氮气压力为 9.3MPa±0.2MPa； 泵出口蓄能器氮气压力为 9.8MPa±0.2MPa。 低压蓄能器：充氮气压力为 0.21MPa±0.05MPa

安全鉴证点	1-S1	

质检点	1-W2	一级	二级

4 现场清理 □4.1 修后设备见本色，周围设备无污染 □4.2 工完料尽场地清	4.2 废料及时清理，做到工完、料尽、场地清

检 修 技 术 记 录

数据记录：

遗留问题及处理措施：

记录人		年　　月　　日	工作负责人	年　　月　　日

检 修 工 序 卡

单位：＿＿＿＿＿＿＿＿　　班组：＿＿＿＿＿＿＿＿　　　　　　　　　　编号：＿＿＿＿＿＿＿

检修任务：**润滑油净化装置滤芯更换**　　　　　　　　　　　风险等级：＿＿＿＿＿＿

编　号		工单号	
计划检修时间		计划工日	
安全鉴证点（S1）	2	安全鉴证点（S2、S3）	0
见证点（W）	1	停工待检点（H）	0

办 理 工 作 票

工作票编号：

检修单位		工作负责人	
工作组成员			

施 工 现 场 准 备

序号	安 全 措 施 检 查	确认符合
1	进入噪声区域、使用高噪声工具时正确佩戴合格的耳塞	□
2	发生的跑、冒、滴、漏及溢油，要及时清除处理	□
3	设备的转动部分必须装设防护罩，并标明旋转方向，露出的轴端必须装设护盖，对转动设备缺损的防护罩应及时装复或修复，装复或修复前在转动设备区域内设置"禁止靠近"安全警示标识，不准擅自拆除设备上的安全防护设施	□
4	开工前确认检修的设备已可靠与运行中的系统隔断，检查临机相关阀门已关闭，电源已断开，挂"禁止操作，有人工作"标示牌，待管道内介质放尽，压力为零后方可开始工作	□
5	放油时排空，放油不出需静置2h后再次打开放油门确认油已排完	□

确认人签字：

工 器 具 检 查

序号	工具名称及型号	数量	完 好 标 准	确认符合
1	手锤（8p）	1	手锤的锤头须完整，其表面须光滑微凸，不得有歪斜、缺口、凹入及裂纹等情形。手锤的柄须用整根的硬木制成，并将头部用楔栓固定。楔栓宜采用金属楔，楔子长度不应大于安装孔的2/3	□
2	锉刀（150mm）	1	锉刀手柄应安装牢固，没有手柄的不准使用	□
3	螺丝刀	2	螺丝刀手柄应安装牢固，没有手柄的不准使用	□
4	撬棍（1000mm）	1	必须保证撬杠强度满足要求。在使用加力杆时，必须保证其强度和嵌套深度满足要求，以防折断或滑脱	□

确认人签字：

备 件 材 料 准 备

序号	材料名称	规　格	单位	数量	检查结果
1	白布		kg	5	□
2	酒精	500mL	瓶	3	□
3	白面	25kg	袋	2	□

检 修 工 序

检修工序步骤及内容	安全、质量标准
1 开工准备工作 □1.1 工作票、备件材料、工器具准备 □1.2 人员及安全防护用品准备 □1.3 做好安全措施，确保需清理的系统已从系统中可靠隔离。打开滤油器下部放油门，将滤油器内部积油放净 □1.4 按要求布置好检修现场	

续表

检修工序步骤及内容	安全、质量标准
2 拆除旧滤芯 □2.1 拆除滤油器外盖 □2.2 取出旧滤芯，用塑料布包好旧滤芯放在油盆里防止地面污染	
3 滤筒检查、清理 危险源：润滑油、清洗剂 安全鉴证点　1-S1 □3.1 清理滤筒，清理干净进行验收签字 质检点　1-W2　一级　二级	□A3（a）各区域润滑油彻底清理，避免工作面光滑造成人员滑倒。 □A3（b）使用含有抗菌成分的清洁剂时，戴上手套，避免灼伤皮肤
4 回装 □4.1 确认清理干净后把新滤芯安装在滤筒内部 □4.2 回装滤芯外盖	
5 滤油机试运 危险源：转动的油泵 安全鉴证点　1-S1	□A5 转动机械试运行操作应由运行值班人员根据检修工作负责人的要求进行，检修人员不准自己进行试运行的操作；转动设备试运行时所有人员应先远离，站在转动机械的轴向位置，并有一人站在事故按钮位置
6 检修工作结束，清理现场 □6.1 修后设备见本色，周围设备无污染 □6.2 工完料尽场地清	6.2 废料及时清理，做到工完、料尽、场地清

检 修 技 术 记 录

数据记录：

遗留问题及处理措施：

记录人		年　月　日	工作负责人		年　月　日

检 修 工 序 卡

单位：_____　　班组：_____　　　　　　　编号：_____

检修任务：凝汽器内部检修　　　　　　　　　　　　　　风险等级：_____

编　号		工单号	
计划检修时间		计划工日	
安全鉴证点（S1）	4	安全鉴证点（S2、S3）	1
见证点（W）	1	停工待检点（H）	3

办 理 工 作 票			
工作票编号：			
检修单位		工作负责人	
工作组成员			

施 工 现 场 准 备		

序号	安 全 措 施 检 查	确认符合
1	发现盖板缺损及平台防护栏杆不完整时，应采取临时防护措施，设坚固的临时围栏	□
2	增加临时照明	□
3	进入噪声区域、使用高噪声工具时正确佩戴合格的耳塞	□
4	与运行人员共同确认凝汽器内部无介质，内部压力为零；与运行人员共同确认凝汽器可靠地与运行中的系统隔离，检查辅汽与检修机组已隔离彻底，并在就地手轮上上锁，挂"禁止操作，有人工作"标示牌	□

确认人签字：

工 器 具 检 查				

序号	工具名称及型号	数量	完 好 标 准	确认符合
1	临时电源及电源线	2	临时电源线架设高度室内不低于2.5m；检查电源线外绝缘良好，无破损；检查检验合格证在有效期内；检查电源插头插座，确保完好；不准将电源线缠绕在护栏、管道和脚手架上；检查检验合格证在有效期内；分级配置漏电保安器，工作前试漏电保护器，确保正确动作；检查检验合格证在有效期内；检查电源箱外壳接地良好	□
2	行灯（12V）	2	检查行灯电源线、电源插头完好无破损；行灯电源线应采用橡胶套软电缆；行灯的手柄应绝缘良好且耐热、防潮；行灯变压器必须采用双绕组型，变压器一、二次侧均应装熔断器；行灯变压器外壳必须有良好的接地线，高压侧应使用三相插头；行灯应有保护罩；行灯电压不应超过12V	□
3	大锤（12p）	1	大锤的锤头须完整，其表面须光滑微凸，不得有歪斜、缺口、凹入及裂纹等情形；大锤的柄须用整根的硬木制成，并将头部用楔栓固定；楔栓宜采用金属楔，楔子长度不应大于安装孔的2/3	□
4	手锤（8p）	2	手锤的锤头须完整，其表面须光滑微凸，不得有歪斜、缺口、凹入及裂纹等情形。手锤的柄须用整根的硬木制成，并将头部用楔栓固定。楔栓宜采用金属楔，楔子长度不应大于安装孔的2/3	□
5	角磨机（ϕ100）	1	检查检验合格证在有效期内；检查电源线、电源插头完好无缺损；有漏电保护器；检查防护罩完好；检查电源开关动作正常、灵活；检查转动部分转动灵活、轻快，无阻滞	□
6	切割机	1	检查检验合格证在有效期内；检查电源线、电源插头完好无缺损；有漏电保护器；检查防护罩完好；检查电源开关动作正常、灵活；检查转动部分转动灵活、轻快，无阻滞	□
7	电焊机	1	检查电焊机检验合格证在有效期内；检查电焊机电源线、电源插头、电焊钳等完好无损，电焊工作所用的导线必须使用绝缘良好的皮线；电焊机的裸露导电部分和转动部分以及冷却用的风扇，均应装有保护罩；电焊机金属外壳应有明显的可靠接地，且一机一接地电焊机应放置在通风、干燥处，露天放置应加防雨罩；电焊机、焊	□

续表

序号	工具名称及型号	数量	完 好 标 准	确认符合
7	电焊机	1	钳与电缆线连接牢固，接地端头不外露；连接到电焊钳上的一端，至少有 5m 为绝缘软导线；每台焊机应该有独立的接地，接零线，其接点应用螺丝压紧；电焊机必须装有独立的专用电源开关，其容量应符合要求，电焊机超负荷时，应能自动切断电源，禁止多台焊机共用一个电源开关；不准利用厂房的金属结构、管道、轨道或其他金属搭接起来作为导线使用；电焊机装设、检查和修理工作，必须在切断电源后进行	☐
8	氧气、乙炔	1	禁止使用没有防震胶圈和保险帽的气瓶。经过检验合格的氧气表、乙炔表才允许使用；氧气表、乙炔表的连接螺纹及接头必须保证氧气表、乙炔表安在气瓶阀或软管上之后连接良好、无任何泄漏；乙炔气瓶上应有阻火器	☐
9	通风机	2	检查通风机检验合格证在有效期内；通风机（易燃易爆区域）应为防爆型风机；风机转动部分必须装设防护装置，并标明旋转方向	☐
10	撬棍（1000mm）	1	必须保证撬杠强度满足要求。在使用加力杆时，必须保证其强度和嵌套深度满足要求，以防折断或滑脱	☐
11	螺丝刀	2	螺丝刀手柄应安装牢固、没有手柄的不准使用	☐

确认人签字：

备 件 材 料 准 备

序号	材料名称	规 格	单位	数量	检查结果
1	高压石棉垫	3mm	kg	5	☐
2	除锈剂	500mL	筒	5	☐
3	电焊条	500mL	瓶	3	☐
4	记号笔	黑色	支	1	☐
5	密封胶	J-1596	筒	3	☐
6	白面	25kg	袋	2	☐
7	氧气，乙炔		瓶	2	☐

检 修 工 序

检修工序步骤及内容	安全、质量标准
1 准备工作 ☐1.1 工作票、备件材料、工器具准备 ☐1.2 人员及安全防护用品准备 ☐1.3 做好安全措施，确保检修设备已从系统中可靠隔离 ☐1.4 按要求布置好检修现场	
2 打开低压缸人孔 ☐2.1 打开两个低压缸 4 个人孔，接轴流风机进行通风 危险源：高空的工器具、零部件、孔、洞 | 安全鉴证点	1-S1	| ☐2.2 接轴流风机进行通风 30min 以上 ☐2.3 在人孔外部用测温仪检修测量内部温度，并确认内部是否有蒸汽存在，若有蒸汽通知运行人员一体检查原因并处理 ☐2.4 打开人孔门后先用专用带通风孔的堵板封闭人孔门 ☐2.5 确认温度降到 40℃以下并无蒸汽方可进入凝汽器内部工作	☐A2（a） 工器具必须使用防坠绳；工器具和零部件应用绳拴在牢固的构件上，不准随便乱放；工器具和零部件不准上下抛掷。 ☐A2（b） 打开人孔后，在人孔周围加装隔离栏杆，并加装警告标志；工作间断时应将人孔临时进行封闭

检修工序步骤及内容	安全、质量标准
3 搭设脚手架检查内部设备 □3.1 脚手架搭设完毕必须验收合格方可使用,并悬挂验收牌 危险源:脚手架 安全鉴证点 | 2-S1	□A3.1(a) 搭设结束后,必须履行脚手架验收手续,填写脚手架验收单,并在"脚手架验收单"上分级签字;验收合格后应在脚手架上悬挂合格证,方可使用。 □A3.1(b) 工作过程中,不准随意改变脚手架的结构,必要时,必须经过搭设脚手架的技术负责人同意,并再次验收合格后方可使用。 □A3.1(c) 脚手架上不准乱拉电线;必须安装临时照明线路时,金属脚手架应另设木横担。 □A3.1(d) 不准在脚手架和脚手板上聚集人员或放置超过计算荷重的材料;脚手架上的堆置物应摆放整齐和牢固,不准超高摆放;脚手架上的大物件应分散堆放,不得集中堆放;脚手架上的废弃物应及时清理,并用绳子系牢后溜放到地面。
□3.2 检查五、六、七抽气膨胀节是否变形,若有变形做好标记,在进过三级讨论后决定更换结果签字 质检点 | 1-H3 | 一级 | 二级 | 三级	3.2 膨胀节无变形,无裂纹
4 抽汽膨胀节及管道变形、支吊架、拉筋开裂检查 □4.1 检查 5、6、7、段抽汽膨胀节是否有变形或磨损现象,若需要更换立即更换,若不需要更换时进行三级签字确认 □4.2 检查凝汽器内部是否有支架脱落,筋板开裂的现象,若需要处理的做好记号,并进行三级签字确认 质检点 | 2-H3 | 一级 | 二级 | 三级	4.2 支架的位置合理,无开裂现象
5 变形的膨胀节更换、拉筋开裂的重新焊接 □5.1 拆除旧膨胀节 □5.2 打磨、坡口 □5.3 出焊接工艺卡 □5.4 对焊口按照焊接工艺卡工艺进行焊接 危险源:空气含氧量不合格、安全带、大锤、手锤、角磨机、切割机、电焊机、行灯 安全鉴证点 | 1-S3	□A5.4(a) 打开所有通风口进行通风置换有毒、有害物质;打开所有通风口进行通风置换;保证容器内部通风畅通,必要时使用防爆轴流风机强制通风;氧气浓度保持在19.5%～21%范围内;人员出入登记;设专人不间断地监护。 □A5.4(b) 使用时安全带的挂钩或绳子应挂在结实牢固的构件上;安全带要挂在上方,高度不低于腰部(即高挂低用)。 □A5.4(c) 锤把上不可有油污;抡大锤时,周围不得有人;不得单手抡大锤;严禁戴手套抡大锤。 □A5.4(d) 禁止手提电动工具的导线或转动部分;使用前检查角磨机砂轮片完好无缺损;更换砂轮片前必须切断电源。 □A5.4(e) 电焊人员应持有有效的焊工证;正确使用面罩,穿电焊服,戴电焊手套,电焊工更换焊条时,必须戴电焊手套,穿橡胶绝缘鞋;电焊工更换焊条时,必须戴电焊手套;在金属容器内焊接作业穿绝缘鞋,铺绝缘垫。 □A5.4(f) 行灯电压不应超过12V;禁止将行灯变压器带入金属容器或管道内打开所有通风口进行通风置换。
□5.5 焊接完毕进行焊口金属检查,不合格的返工,若合格进行三级验收 质检点 | 3-H3 | 一级 | 二级 | 三级	5.5 金属检验在合格范围之内,焊口检验合格

检修工序步骤及内容	安全、质量标准
6 拆除脚手架 □6.1 验收完毕通知拆除内部所有的脚手架	
7 清理 □7.1 清理凝汽器内部（包括底部杂物；淤泥，用白面清理干净） 质检点 1-W2 / 一级 / 二级	
□8 封闭低压缸人孔 危险源：遗留人员、物 安全鉴证点 3-S1	□A8 封闭人孔前工作负责人应认真清点工作人员；核对容器进出入登记，确认无人员和工器具遗落，并喊话确认无人
□9 工作结束 危险源：孔、洞、废料 安全鉴证点 4-S1	□A9 临时打的孔、洞和栏杆，施工结束后，必须恢复原状，检查现场安全设施已恢复齐全；废料及时清理，做到工完、料尽、场地清

安 全 鉴 证 卡

风险点鉴证点：1-S3 工序 5.4 按照焊接工艺卡工艺进行焊接

一级验收		年 月 日
二级验收		年 月 日
三级验收		年 月 日
一级验收		年 月 日
二级验收		年 月 日
三级验收		年 月 日
一级验收		年 月 日
二级验收		年 月 日
三级验收		年 月 日
一级验收		年 月 日
二级验收		年 月 日
三级验收		年 月 日
一级验收		年 月 日
二级验收		年 月 日
三级验收		年 月 日
一级验收		年 月 日
二级验收		年 月 日
三级验收		年 月 日
一级验收		年 月 日
二级验收		年 月 日
三级验收		年 月 日
一级验收		年 月 日
二级验收		年 月 日
三级验收		年 月 日

检 修 技 术 记 录			
数据记录:			
遗留问题及处理措施:			
记录人	年　月　日	工作负责人	年　月　日

数据记录:

检 修 工 序 卡

单位：_____ 班组：_____ 编号：_____

检修任务：**润滑油泵解体检修** 风险等级：_____

编 号		工单号	
计划检修时间		计划工日	
安全鉴证点（S1）	3	安全鉴证点（S2、S3）	2
见证点（W）	3	停工待检点（H）	1

办 理 工 作 票			
工作票编号：			
检修单位		工作负责人	
工作组成员			

施 工 现 场 准 备

序号	安 全 措 施 检 查	确认符合
1	进入噪声区域、使用高噪声工具时正确佩戴合格的耳塞	□
2	设备的转动部分必须装设防护罩，并标明旋转方向，露出的轴端必须装设护盖；对转动设备缺损的防护罩应及时装复或修复，装复或修复前在转动设备区域内设置"禁止靠近"安全警示标识；不准擅自拆除设备上的安全防护设施	□
3	发生的跑、冒、滴、漏及溢油，要及时清除处理	□
4	开工前确认检修的设备已可靠与运行中的系统隔断，检查临机相关阀门已关闭，电源已断开，挂"禁止操作，有人工作"标示牌；待管道内介质放尽，压力为零方可开始工作	□
5	放油时排空，放油不出需静置2h后再次打开放油门确认油已排完	□

确认人签字：

工 器 具 检 查

序号	工具名称及型号	数量	完 好 标 准	确认符合
1	手锤 （8p）	1	手锤的锤头须完整，其表面须光滑微凸，不得有歪斜、缺口、凹入及裂纹等情形。手锤的柄须用整根的硬木制成，并将头部用楔栓固定。楔栓宜采用金属楔，楔子长度不应大于安装孔的2/3	□
2	轴承加热器	1	加热器各部件完好齐全，数显装置无损伤且显示清晰，轭铁表面无可见损伤，放在主机的顶端面上，应与其吻合紧密平整，电源线及磁性探头连线无破损、无灼伤，控制箱上各个按钮完好且操作灵活	□
3	撬棍 （1000mm）	1	必须保证撬杠强度满足要求。在使用加力杆时，必须保证其强度和嵌套深度满足要求，以防折断或滑脱	□
4	锉刀 （150mm）	1	锉刀手柄应安装牢固，没有手柄的不准使用	□
5	螺丝刀	2	螺丝刀手柄应安装牢固，没有手柄的不准使用	□
6	钢丝钳	1	钢丝钳手柄应安装牢固，没有手柄的不准使用	□
7	临时电源及电源线	1	临时电源线架设高度室内不低于2.5m；检查电源线外绝缘良好，无破损；检查检验合格证在有效期内；检查电源插头插座，确保完好；不准将电源线缠绕在护栏、管道和脚手架上；检查检验合格证在有效期内；分级配置漏电保安器，工作前试漏电保护器，确保正确动作；检查检验合格证在有效期内；检查电源箱外壳接地良好	□
8	手拉葫芦 （5t）	2	链节无严重锈蚀及裂纹，无打滑现象；齿轮完整，轮杆无磨损现象，开口销完整；吊钩无裂纹变形，链扣、蜗母轮及轮轴发生变形、生锈或链索磨损严重时，均应禁止使用；检查检验合格证在有效期内	□
9	铜棒 （300mm）	1	钢棒应无卷边、无裂纹、无弯曲	□

续表

序号	工具名称及型号	数量	完 好 标 准	确认符合
10	游标卡尺 （150mm）	1	检查测定面是否有毛头；检查卡尺的表面应无锈蚀、碰伤或其他缺陷，刻度和数字应清晰、均匀，不应有脱色现象，游标刻线应刻至斜面下缘；卡尺上应有刻度值、制造厂商和定期检验合格证	□
11	深度游标卡尺 （200mm）	1	检查测定面是否有毛头；检查卡尺的表面应无锈蚀、碰伤或其他缺陷，刻度和数字应清晰、均匀，不应有脱色现象，游标刻线应刻至斜面下缘。卡尺上应有刻度值、制造厂商和定期检验合格证	□

确认人签字：

备 件 材 料 准 备

序号	材料名称	规　　格	单位	数量	检查结果
1	白布		kg	5	□
2	聚乙烯板	2mm	kg	5	□
3	酒精	500mL	瓶	3	□
4	记号笔	黑色	支	1	□
5	密封胶	J-1587	筒	3	□
6	白面	10kg	袋	2	□

检 修 工 序

检修工序步骤及内容	安全、质量标准
1　解体前的准备工作 □1.1　通知电气，拆除电机的接线 □1.2　拆除电机与泵壳的连接螺栓和对轮螺栓，妥善保管，测量对轮初始中心值，做好法兰记号 □1.3　修前中心测量，并做好记录 □1.4　拆除油泵的连接油管道及出口法兰螺丝，并把拆卸螺栓清点、包好，拿出油箱	1.3　平面：≤0.05mm　圆周：≤0.05mm 实际测量值：____
2　解体 □2.1　用行车吊出电机及泵体，放在指定的检修场所 危险源：手拉葫芦、起吊物泵体、大锤、手锤 <table><tr><td>安全鉴证点</td><td>1-S2</td><td>第6页</td></tr></table> □2.2　测量轴的串轴量，做好记录 □2.3　拆除泵轴承的润滑油管，并封好管口 □2.4　拆除靠背轮、轴承盖、叶轮锁紧螺母及进油口处滤网 □2.5　拆除短节及叶轮 □2.6　用铜棒轻轻由电机侧向泵侧锤击泵轴，抽出泵轴	□A2.1（a）　禁止用链式起重机长时间悬吊重物；工作负荷不准超过铭牌规定。 □A2.1（b）　起重机在起吊大的或不规则的构件时，应在构件上系以牢固的拉绳，使其不摇摆不旋转；选择牢固可靠、满足载荷的吊点。起重物品必须绑牢，吊钩要挂在物品的重心上，吊钩钢丝绳应保持垂直；当重物无固定死点时，必须按规定选择吊点并捆绑牢固，使重物在吊运过程中保持平衡和吊点不发生移动；工件或吊物起吊时必须捆绑牢靠；吊拉时两根钢丝绳之间的夹角一般不得大于90°；使用单吊索起吊重物挂钩时应打"挂钩结"；使用吊环时螺栓必须拧到底；使用卸扣时，吊索与其连接的一个索扣必须扣在销轴上，一个索扣必须扣在扣顶上，不准两个索扣分别扣在卸扣的扣体两侧上；吊拉捆绑时，重物或设备构件的锐边快口处必须加装衬垫物。 □A2.1（c）　大锤、手锤锤把上不可有油污；抡大锤时，周围不得有人，不得单手抡大锤；大锤使用中，打锤人不得戴手套

续表

检修工序步骤及内容	安全、质量标准
3 全面清洗、检查各部件是否有损坏 危险源：润滑油、清洁剂 　安全鉴证点　1-S1 □3.1 泵轴的检查 □3.2 叶轮的检查 □3.3 各轴承的检查 □3.4 油泵静止部件的检查是否完好 　质检点　1-W2　一级　二级	□A3（a） 各检修区域润滑油彻底清理，避免工作面光滑造成人员滑倒。 □A3（b） 使用含有抗菌成分的清洁剂时，戴上手套，避免灼伤皮肤。 3.1 泵轴应光滑、无弯曲、毛刺 3.2 叶轮完好，无裂纹、磨损现象 3.3 各轴承应灵活，无卡涩、松旷现象，否则更换新件
4 各部件的测量、修复 □4.1 首级叶轮与密封环的直径径向间隙 □4.2 次级叶轮与密封环的直径径向间隙 □4.3 泵轴弯曲 　质检点　2-W2　一级　二级	4.1 首级叶轮与密封环的直径径向间隙为 0.3～0.4mm 4.2 次级叶轮与密封环的直径径向间隙为 0.3～0.4mm 4.3 泵轴弯曲不大于 0.05 mm
5 泵体回装 □5.1 按拆卸相反的顺序组装 危险源：撬杠、油泵各部件、大锤、手锤、轴承加热器 　安全鉴证点　2-S1 □5.2 泵组装后，手动应灵活，无卡涩 □5.3 测量修后轴的串量 　质检点　3-W2　一级　二级	□A5.1（a） 应保证支撑物可靠，撬动过程中应采取防止被撬物倾斜或滚落的措施。 □A5.2（b） 手搬物件时应量力而行，不得搬运超过自己能力的物件。 □A5.3（c） 手锤锤把上不可有油污，抡大锤时，周围不得有人；大锤使用中，打锤人不得戴手套。 □A5.4（d） 操作人员必须使用隔热手套，操作人与员必须穿绝缘鞋、戴绝缘手套，检查加热设备绝缘良好，工作人员离开现场应切断电源。 5.3 测量修后轴的串量为 3～5mm
6 将组装好的泵就位、电机就位（吊回主油箱顶部） □6.1 把检修好的润滑油泵用行车就位 □6.2 电机就位 危险源：撬杠、手拉葫芦、起吊物泵体 　安全鉴证点　2-S2　第 6 页	□A6（a） 应保证支撑物可靠，撬动过程中应采取防止被撬物倾斜或滚落的措施。 □A6（b） 禁止用链式起重机长时间悬吊重物；工作负荷不准超过铭牌规定。 □A6（c） 起重机在起吊大的或不规则的构件时，应在构件上系以牢固的拉绳，使其不摇摆不旋转；选择牢固可靠、满足载荷的吊点。起重物必须绑牢，吊钩要挂在物品的重心上，吊钩钢丝绳应保持垂直；当重物无固定死点时，必须按规定选择吊点并捆绑牢固，使重物在吊运过程中保持平衡和吊点不发生移动。工件或吊物起吊时必须捆绑牢靠；吊拉时两根钢丝绳之间的夹角一般不得大于 90°；使用单吊索起吊重物挂钩时应打"挂钩结"；使用吊环时螺栓必须拧到底；使用卸扣时，吊索与其连接的一个索扣必须扣在销轴上，一个索扣必须扣在扣顶上，不准两个索扣分别扣在卸扣的扣体两侧上；吊拉捆绑时，重物或设备构件的锐边快口处必须加装衬垫物
□7 联轴器找中 　质检点　1-H3　一级　二级	平面：≤0.05 mm 圆周：≤0.05 mm

续表

检修工序步骤及内容	安全、质量标准
□8 设备试运 危险源：转动的油泵 安全鉴证点　3-S1	□A8 转动机械试运行操作应由运行值班人员根据检修工作负责人的要求进行，检修人员不准自己进行试运行的操作；转动设备试运行时所有人员应先远离，站在转动机械的轴向位置，并有一人站在事故按钮位置
9 现场清理 □9.1 修后设备见本色，周围设备无污染 □9.2 工完料尽场地清	9.2 废料及时清理，做到工完、料尽、场地清

<table>
<tr><td colspan="3" align="center">安 全 鉴 证 卡</td></tr>
<tr><td colspan="3">风险点鉴证点：1-S2　工序 2.1　用行车吊出泵体放在指定的检修场所</td></tr>
<tr><td>一级验收</td><td></td><td>年　　月　　日</td></tr>
<tr><td>二级验收</td><td></td><td>年　　月　　日</td></tr>
<tr><td>一级验收</td><td></td><td>年　　月　　日</td></tr>
<tr><td>二级验收</td><td></td><td>年　　月　　日</td></tr>
<tr><td>一级验收</td><td></td><td>年　　月　　日</td></tr>
<tr><td>二级验收</td><td></td><td>年　　月　　日</td></tr>
<tr><td>一级验收</td><td></td><td>年　　月　　日</td></tr>
<tr><td>二级验收</td><td></td><td>年　　月　　日</td></tr>
<tr><td colspan="3">风险点鉴证点：1-S2　工序 6　将组装好的泵就位（吊回主油箱顶部）</td></tr>
<tr><td>一级验收</td><td></td><td>年　　月　　日</td></tr>
<tr><td>二级验收</td><td></td><td>年　　月　　日</td></tr>
<tr><td>一级验收</td><td></td><td>年　　月　　日</td></tr>
<tr><td>二级验收</td><td></td><td>年　　月　　日</td></tr>
<tr><td>一级验收</td><td></td><td>年　　月　　日</td></tr>
<tr><td>二级验收</td><td></td><td>年　　月　　日</td></tr>
<tr><td>一级验收</td><td></td><td>年　　月　　日</td></tr>
<tr><td>二级验收</td><td></td><td>年　　月　　日</td></tr>
<tr><td>一级验收</td><td></td><td>年　　月　　日</td></tr>
<tr><td>二级验收</td><td></td><td>年　　月　　日</td></tr>
<tr><td>一级验收</td><td></td><td>年　　月　　日</td></tr>
<tr><td>二级验收</td><td></td><td>年　　月　　日</td></tr>
<tr><td>一级验收</td><td></td><td>年　　月　　日</td></tr>
<tr><td>二级验收</td><td></td><td>年　　月　　日</td></tr>
<tr><td colspan="3" align="center">检 修 技 术 记 录</td></tr>
<tr><td colspan="3">数据记录：

</td></tr>
</table>

续表

遗留问题及处理措施：				
记录人		年　月　日	工作负责人	年　月　日

检 修 工 艺 卡

单位：_____ 班组：_____ 编号：_____

检修任务：**生水泵检修工艺卡** 风险等级：_____

编　号		工单号	
计划检修时间		计划工日	
安全鉴证点（S1）	3	安全鉴证点（S2、S3）	2（S2）
见证点（W）	2	停工待检点（H）	0

办 理 工 作 票			
工作票编号：			
检修单位		工作负责人	
工作组成员			

施 工 现 场 准 备

序号	安 全 措 施 检 查	确认符合
1	进入噪声区域时正确佩戴合格的耳塞	□
2	选择合适位置设置检修区域	□
3	周围有高压介质应设置安全隔离围栏并设置警告标志，确定逃生路线	□
4	工作前核对设备名称及编号	□
5	开工前与运行人员共同确认升水泵已可靠与运行中的系统隔断，检查进、出口相关阀门已关闭，电源已断开，挂"禁止操作，有人工作"标示牌	□
6	生水泵进出口管道内介质放尽，压力为零，温度适可后方可开始工作	□
7	生水泵转动部位检修时应采取防转动措施	□
8	检修工作开始前检查设备或系统内高压介质确已排放干净，检修中应保证设备或系统与大气可靠连通，以防止介质积存突出	

确认人签字：

工 器 具 检 查

序号	工具名称及型号	数量	完 好 标 准	确认符合
1	手锤	1	手锤的锤头须完整，其表面须光滑微凸，不得有歪斜、缺口、凹入及裂纹等情形，手锤的柄须用整根的硬木制成，并将头部用楔栓固定楔栓宜采用金属楔，楔子长度不应大于安装孔的2/3	□
2	铜棒（200mm）	1	钢棒端部无卷边、无裂纹，钢棒本体无弯曲	□
3	螺丝刀（150mm）	1	螺丝刀手柄应安装牢固，没有手柄的不准使用	□
4	内六角扳手	1	表面应光滑，不应有裂纹、毛刺等影响使用性能的缺陷	□
5	活扳手（250mm）	2	活动扳口应与扳体导轨的全行程上灵活移动；活扳手不应有裂缝、毛刺及明显的夹缝、氧化皮等缺陷，柄部平直且不应有影响使用性能的缺陷	□
6	手拉葫芦（2t）	1	手拉葫芦检查检验合格证在有效期内，链节无严重锈蚀及裂纹，无打滑现象；齿轮完整，轮杆无磨损现象，开口销完整，吊钩无裂纹变形；链扣、蜗母轮及轮轴发生变形、生锈或链索磨损严重时，均应禁止使用	□
7	吊带、吊环（2t）	1	吊带、吊环检查检验合格证在有效期内，外观检查完好、无破损；所选用的吊索具应与被吊工件的外形特点及具体要求相适应，在不具备使用条件的情况下，决不能使用	□
8	游标卡尺（350mm）	1	检查测定面是否有毛头；检查卡尺的表面应无锈蚀、碰伤或其他缺陷，刻度和数字应清晰、均匀，不应有脱色现象，游标刻线应刻至斜面下缘，卡尺上应有刻度值、制造厂商和定期检验合格证	□
9	百分表	1	保持百分表清洁，无油污、铁屑	□

确认人签字：

备 件 材 料 准 备					
序号	材料名称	规 格	单位	数量	检查结果
1	润滑油	N46 号润滑油	L	4	☐
2	生料带		卷	2	☐
3	记号笔		支	1	☐
4	轴承	配套	个	1	☐
5	机械密封	配套	套	1	☐
6	油盒	300mm×200mm×100mm	个	2	☐
7	金相砂纸	300mm×300mm	张	5	☐

检 修 工 序

检修工序步骤及内容	安全、质量标准
1 生水泵拆卸解体 危险源：手锤、手拉葫芦、吊具、绊脚物 安全鉴证点　1-S2 ☐1.1 拆卸联轴器防护罩，检查联轴器对中，做好联轴器定位标记后，拆除连接螺栓 ☐1.2 拆除电机与电机支架的连接螺栓，将电机吊至检修点定置摆放 ☐1.3 拆下联轴器 ☐1.4 拆下轴承压盖螺栓、轴承支架与泵连接螺栓，吊走轴承支架，拆除轴承 ☐1.5 拆除轴承连接体与泵体的连接螺栓，吊出泵轴及叶轮 ☐1.6 拆除叶轮螺母，卸掉叶轮和键 ☐1.7 松开锁紧螺母，拆掉副叶轮罩及副叶轮 ☐1.8 拆下的所有部件分类定置摆放，并做好物品记录清单	☐A1（a） 锤把上不可有油污。 ☐A1（b） 按照设备使用说明书要求操作，工作负荷不准超过铭牌规定。 ☐A1（c） 起重吊物之前，必须清楚物件的实际重量，必须按规定选择吊点并捆绑牢固，使重物在吊运过程中保持平衡和吊点不发生移动，工件或吊物起吊时必须捆绑牢靠。 ☐A1（d） 现场拆下的零件、设备、材料等应定置摆放，禁止乱堆乱放；现场禁止放置大量材料现场使用的材料做到随取随用；地板上临时放有容易使人绊跌的物件（如钢丝绳等）时，必须设置明显的警告标志。 1.1 标记清晰，牢固
2 生水泵零部件清洗、检测及检修 危险源：废油废物 安全鉴证点　1-S1 ☐2.1 将泵体、轴承支架、连接件等外表面油污清理干净，内壁的水垢清理干净，用手锤鉴定有无裂纹及磨损程度 ☐2.2 检查叶轮无污垢和铁锈，无裂纹、无磨损。 ☐2.3 检查检测叶轮与轴的配合情况 ☐2.4 叶轮键与键槽的检查 ☐2.5 叶轮密封环检查 ☐2.6 主轴、轴套检修 ☐2.6.1 主轴外表面打磨干净，且无裂纹 ☐2.6.2 在 V 形铁上测量轴弯曲情况，轴心必须进行轴向定位，防止窜动，然后用百分表分段测量，用 180°对称两方位的径向跳动差值的一半画出相应的轴弯曲图，便可得知最大弯曲部位方位 ☐2.6.3 检查轴的键槽磨损情况 ☐2.6.4 检查轴端部螺纹	☐A2 不准将清洗部件的废液，倒入下水道排放或随地倾倒，沾油棉纱、布、手套、纸等随地倾倒，应收集放于指定的地点，妥善处理，以防污染环境及发生火灾。 2.1 有裂纹应补焊或更换，止口间隙为：0.2～0.3mm，轴承压盖间隙：0.25～0.5mm。 2.2 叶轮腐蚀、磨损严重应更换。 2.3 叶轮与轴配合不应松动，叶轮对轴偏斜度小于 0.2mm，叶轮入口外圆的晃动度不大于 0.05mm，如果超过标准，应调整轴和叶轮孔的装配关系和采取车镟叶轮的方法处理。 2.4 键槽有轻微磨损，可以用锉刀修平，磨损严重则在叶轮转过 60°的位置处另开键槽，并将旧键槽堵塞。 2.5 若磨损不严重，可用砂纸打磨或酌情车削，并在外圆处配制新的密封环。 2.6.1 若有裂纹应更换。 2.6.2 轴最大弯曲度：中间段不大于 0.05mm，两端段不大于 0.02mm，否则应进行直轴。 2.6.3 用砂纸打磨或酌情车削，并在外圆处配制新的密封环。 2.6.4 用三角细锉刀修理，损伤严重应补焊后再重新车制螺纹。

检修工序步骤及内容	安全、质量标准
□2.6.5 检查测量安装轴承部位的轴颈的粗糙度、尺寸偏差及形状偏差是否在允许范围内 □2.7 密封环清理干净，用卡尺测量几何尺寸和椭圆度	2.6.5 用砂纸打磨光滑，轴颈磨损严重时修复，轴与轴承内圈过盈量为 0.003～0.008mm。 2.7 磨损严重应更换，新的密封环内径应根据实际叶轮入口处外圆大小配制，装上后，检查它与叶轮间无碰磨，用手盘动无沙沙声。
□2.8 滚动轴承的检修 □2.8.1 用洗油将轴承内外表面清洗干净及检查	2.8.1 滚珠滑道内无杂质，轴承内外圈、滚动体和保持架均不得有裂纹、麻坑、脱层、毛刺、锈蚀等缺陷，外圈盘动灵活、均匀，不允许有较大声响和晃动现象，不能有杂声、转动困难或突然卡住的现象，否则更换。
□2.8.2 压铅丝法测量检查轴承间隙 □2.9 电磁阀检修（检查电磁阀密封座磨损情况，检查严密性，检查阀杆动作灵活性） □2.10 出口单向阀检修 □2.11 机械密封检修	2.8.2 间隙为 0.01～0.02mm，极限值为 0.2mm。 2.9 密封座轻微磨损时研磨，严重时更换。 2.10 阀芯密封面不合格时研磨，阀杆与阀芯垂直，表面光洁。 2.11 密封面应无径向磨损，动静环密封圈无磨损痕迹，弹簧弹力合适
3 生水泵组装及标牌恢复 危险源：手锤、手拉葫芦、吊具 安全鉴证点 | 2-S2 | 第 6 页	□A3（a） 锤把上不可有油污。 □A3（b） 按照设备使用说明书要求操作，工作负荷不准超过铭牌规定。 □A3（c） 起重吊物之前，必须清楚物件的实际重量，必须按规定选择吊点并捆绑牢固，使重物在吊运过程中保持平衡和吊点不发生移动，工件或吊物起吊时必须捆绑牢靠。
□3.1 与拆卸相反的顺序组装 质检点 | 1-W2 | 一级 | 二级	3.1.1 组装时各部件配合面要加一些润滑油润滑，必须按拆卸时所打标记定位回装，上紧螺栓时要注意顺序，应对称并均匀把紧，一般分多次上紧，这样才能保证连接螺栓上得紧而且均匀。 3.1.2 联轴器径向偏差为 0.05mm，端面偏差为 0.04mm。 3.1.3 在轴颈上涂上润滑油，将清洗干净的轴承平稳、垂直地套在轴颈上，然后用铜棒在轴承内圈端面对称轻轻敲打，使轴承就位。 3.1.4 在转子与泵体的相对位置固定之后，确定机械密封的安装位置，根据密封的安装尺寸及静环在压盖中的位置，测算出密封在轴或轴套上的定位尺寸；安装机械动环，动环安装后须保证其能在轴上灵活移动；将组装好的静环部分和动环部分组装好，把密封端盖装在密封体内，并将螺丝拧紧。
□3.2 恢复安装生水泵设备标牌	3.2 安装位置正确、牢固
4 生水泵试运 危险源：转动的水泵 安全鉴证点 | 2-S1 |	□A4 生水泵的转动部分必须装设防护罩，并标明旋转方向，露出的轴端必须装设护盖；试运人员衣服和袖口应扣好，长发必须盘在安全帽内；试运人员不准将用具、工器具接触设备的转动部位；生水泵试运行时所有人员应先远离，站在转动机械的轴向位置，并有一人站在事故按钮位置。
□4.1 押回工作票，联系运行人员试运（试运前一定要先将泵内注满水） 质检点 | 2-W2 | 一级 | 二级	4.1.1 试运中轴承温升不能超过 40℃，最高温度不能超过 85℃。 4.1.2 压力和电流符合说明书要求。 4.1.3 转子和各转动部件不得有异常声响和摩擦现象。 4.1.4 泵体垂直、水平振动幅值均不大于 0.08mm。 4.1.5 泵体管道各密封面和机械密封应无渗漏
□5 清理现场 危险源：施工废料 安全鉴证点 | 3-S1 |	□A5 生水泵检修现场的废料及时清理，做到工完、料尽、场地清

续表

安 全 鉴 证 卡				
风险点鉴证点：1-S2　工序 1　生水泵拆卸吊出				
一级验收		年	月	日
二级验收		年	月	日
风险点鉴证点：2-S2　工序 3　生水泵回装吊装				
一级验收		年	月	日
二级验收		年	月	日
风险点鉴证点：				
一级验收		年	月	日
二级验收		年	月	日
一级验收		年	月	日
二级验收		年	月	日
一级验收		年	月	日
二级验收		年	月	日
一级验收		年	月	日
二级验收		年	月	日
一级验收		年	月	日
二级验收		年	月	日
一级验收		年	月	日
二级验收		年	月	日
一级验收		年	月	日
二级验收		年	月	日
一级验收		年	月	日
二级验收		年	月	日
一级验收		年	月	日
二级验收		年	月	日
检 修 技 术 记 录				
数据记录：				
遗留问题及处理措施：				
记录人		年 月 日	工作负责人	年 月 日

检 修 工 艺 卡

单位：＿＿＿＿＿＿＿＿＿ 班组：＿＿＿＿＿＿＿＿＿ 　　　　编号：＿＿＿＿＿＿＿＿

检修任务：**盐酸隔膜计量泵检修** 　　　　　　　　　　　　　　　　风险等级：＿＿＿＿＿＿

编　号			工单号		
计划检修时间			计划工日		
安全鉴证点（S1）	3		安全鉴证点（S2、S3）		1
见证点（W）	4		停工待检点（H）		0
办 理 工 作 票					
工作票编号：					
检修单位			工作负责人		
工作组成员					

施 工 现 场 准 备

序号	安 全 措 施 检 查	确认符合
1	进入噪声区域时正确佩戴合格的耳塞	□
2	应备有自来水（喷淋装置、洗眼器）、毛巾、药棉及急救时中和用的溶液	□
3	工作前核对设备名称及编号	□
4	开工前与运行人员共同确认盐酸隔膜已可靠与运行中的系统隔断，检查进、出口相关阀门已关闭，电源已断开，挂"禁止操作，有人工作"标示牌	□
5	盐酸隔膜计量泵泵头、进出口管道内介质放尽，压力为零，温度适可后方可开始工作	□
6	盐酸隔膜计量转动部位检修时应采取防转动措施	□
7	发生的跑、冒、滴、漏及溢油，要及时清除处理	□

确认人签字：

工 器 具 检 查

序号	工具名称及型号	数量	完 好 标 准	确认符合
1	手锤	1	手锤的锤头须完整，其表面须光滑微凸，不得有歪斜、缺口、凹入及裂纹等情形，手锤的柄须用整根的硬木制成，并将头部用楔栓固定楔栓宜采用金属楔，楔子长度不应大于安装孔的2/3	□
2	螺丝刀（150mm）	1	螺丝刀手柄应安装牢固，没有手柄的不准使用	□
3	内六角扳手	1	表面应光滑，不应有裂纹、毛刺等影响使用性能的缺陷	□
4	活扳手（350mm）	2	活动扳口应与扳体导轨的全行程上灵活移动；活扳手不应有裂缝、毛刺及明显的夹缝、氧化皮等缺陷，柄部平直不应有影响使用性能的缺陷	□

确认人签字：

备 件 材 料 准 备

序号	材料名称	规　格	单位	数量	检查结果
1	润滑油	880-s-e专用润滑油	L	4	□
2	生料带		卷	2	□
3	记号笔		支	1	□
4	单向阀	880-s-e	个	1	□
5	油封	880-s-e	套	1	□
6	油盒	300mm×200mm×100mm	个	2	□
7	面粉		kg	2	□

检 修 工 序	
检修工序步骤及内容	安全、质量标准

检修工序步骤及内容	安全、质量标准
1 盐酸隔膜计量泵拆卸： 危险源：油、盐酸 安全鉴证点 1-S2 □1.1 将盐酸隔膜计量泵冲程手柄调至 0% □1.2 拧开盐酸隔膜计量泵进出口活接螺母，从泵头上拧下单向阀组件（包括阀球、阀座、密封 O 形圈和垫片）并定置摆放到待检点，管道开口处做好封堵 □1.3 松开油箱端盖和放油丝堵，排净变速箱和液压缸补油箱内的润滑油	□A1（a） 不准将排出的润滑油（包括沾油棉纱、布、手套、纸等）倒入下水道排放或随地倾倒，应收集放于指定的地点，妥善处理，以防污染环境及发生火灾。 □A1（b） 检修人员穿防酸服、耐酸手套和佩戴防护眼镜，防止单向阀和管道内残余药品灼伤皮肤、眼睛；用大量水冲洗单向阀和管道内残余药品，冲洗水排入废水系统。 1.2 阀球，阀座安装不正确，会导致计量泵损坏。阀体拧入泵头的螺纹上不要用 PTFE 带，以免密封 O 形圈缺乏挤压，导致泄漏。 1.3 排出的油要全部收集在油盒中并送至废油处理站处理
2 盐酸隔膜计量泵主要部件解体检查清洗 危险源：润滑油 安全鉴证点 1-S1 □2.1 盐酸隔膜计量泵进出口单向阀阀体和泵头螺纹口清洗，组件解体清理检查 □2.2 盐酸隔膜计量泵隔膜拆卸检查 □2.2.1 先在泵头的进、出口做好记号，再拆下泵头螺钉和泵头 □2.2.2 拆下电机风叶盖，用搜转动电机，并将冲程调至 100%。设定流量在 100%，转动电机风叶，直至隔膜在最靠前位置 □2.2.3 握住隔膜外缘，逆时针转动，将其从泵驱动端拆下 □2.2.4 隔膜清洗检查 | 质检点	1-W2	一级	二级 | □2.3 检查盐酸隔膜计量泵油封处是否有渗漏现象，否则更换新的 □2.4 使用面筋对盐酸隔膜计量泵驱动齿轮油箱内部清理 | 质检点	2-W2	一级	二级		□A2 不准沾油棉纱、布、手套、纸等倒入随地倾倒，应收集放于指定的地点，妥善处理，以防污染环境及发生火灾。 2.1.1 可用溶剂冲洗阀球和阀座，去除表面异物，使其光洁如新。如果以上步骤不奏效，应更换单向阀。 2.1.2 密封 O 形圈和垫片无磨损变形，否则更换新的。 2.2.4 确认隔膜支撑环干净、无腐蚀、无破损。清洗隔膜支撑环时，不要将有角度的斜面划伤。如果不能清除腐蚀物，更换一个新的隔膜支撑环。 2.4 干净无碎屑、油污等
3 盐酸隔膜计量泵各部件回装和标牌恢复 □3.1 盐酸隔膜计量泵隔膜安装 □3.1（a） 将隔膜支撑环就位。握住隔膜边缘，将隔膜组件拧入连杆上的外螺纹，直至到达机械止动位 □3.1（b） 设定流量在 100% 转动电机风叶，直至隔膜到达最靠后位置 □3.1（c） 将泵头复位，保证进、出口正确，拧入泵头螺钉 	质检点	3-W2	一级	二级	 □3.1（d） 设定流量在 0%，转动电机风叶，回装风机罩 □3.2 盐酸隔膜计量泵进出口单向阀回装 □3.2（a） 将单向阀组件正确的一端拧入泵头 □3.2（b） 阀座安装	3.2（b） 当阀座被压入阀体时，阀球应坐在阀座的锐边一侧，斜面不应在阀体内。用平板，施以平稳的压力将阀座压入阀体内。如果阀座安装不正确，阀球将不能建立密封，导致工作不正常。

检修工序步骤及内容	安全、质量标准
□3.2（c） 将单向阀组件正确的一端拧入泵头。在泵头和单向阀组件之间垫入密封 O 形圈 □3.2（d） 在单向阀组件与螺纹接头之间垫入密封 O 形圈，拧入螺纹接头 □3.2（e） 将接头正确复位，确定单向阀在泵头进、出口的安装方向，装入压盖并用手将其拧紧	3.2（c） 单向阀体螺纹上不能用 PTFE 带，以免密封 O 形圈未压缩，导致泄漏。 3.2（d） 用手拧入单向阀组件，不可拧得太紧。

质检点	4-W2	一级	二级

检修工序步骤及内容	安全、质量标准
□3.3 按照说明书要求注入新的润滑油	3.3 使用说明书要求标号的润滑油，加油量应按照说明书要求的油箱内刻度线间。
□3.4 恢复安装盐酸隔膜计量泵设备标牌	3.4 安装牢固，方向正确
□4 盐酸隔膜计量泵押票试运 危险源：油、盐酸	□A4 盐酸隔膜计量泵的转动部分必须装设防护罩，并标明旋转方向，露出的轴端必须装设护盖；试运人员衣服和袖口应扣好，长发必须盘在安全帽内；试运人员不准将用具、工器具接触设备的转动部位；盐酸隔膜计量泵试运行时所有人员应先远离，站在转动机械的轴向位置，并有一人站在事故按钮位置

安全鉴证点	2-S1	

检修工序步骤及内容	安全、质量标准
□5 隔膜计量泵检修工作完毕清理现场 危险源：施工废料	□A5 盐酸隔膜计量泵检修现场的废料及时清理，做到工完、料尽、场地清

安全鉴证点	3-S1	

安 全 鉴 证 卡

风险点鉴证点：1-S2 工序 1 盐酸隔膜计量泵拆卸

一级验收		年 月 日
二级验收		年 月 日

风险点鉴证点：

一级验收		年 月 日
二级验收		年 月 日
一级验收		年 月 日
二级验收		年 月 日
一级验收		年 月 日
二级验收		年 月 日
一级验收		年 月 日
二级验收		年 月 日
一级验收		年 月 日
二级验收		年 月 日
一级验收		年 月 日
二级验收		年 月 日
一级验收		年 月 日
二级验收		年 月 日
一级验收		年 月 日
二级验收		年 月 日
一级验收		年 月 日
二级验收		年 月 日

风险点鉴证点：			
一级验收		年 月 日	
二级验收		年 月 日	
一级验收		年 月 日	
二级验收		年 月 日	
检 修 技 术 记 录			

数据记录：

遗留问题及处理措施：

记录人		年 月 日	工作负责人		年 月 日

检 修 工 艺 卡

单位：_____　　班组：_____　　　　　　　　　编号：_____

检修任务：**酸储存罐内部检查及检修**　　　　　　　　　　　　　　　风险等级：_____

编　号		工单号	
计划检修时间		计划工日	
安全鉴证点（S1）	5	安全鉴证点（S2、S3）	1
见证点（W）	3	停工待检点（H）	0

办 理 工 作 票			
工作票编号：			
检修单位		工作负责人	
工作组成员			

施 工 现 场 准 备		

序号	安 全 措 施 检 查	确认符合
1	增加临时照明	☐
2	打开室内风机进行通风置换直至满足工作要求	☐
3	在进行酸类工作的地点应备有自来水（喷淋装置、洗眼器）、毛巾、药棉及急救时中和用的溶液	☐
4	发现盖板缺损及平台防护栏杆不完整时，应采取临时防护措施，设坚固的临时围栏	☐
5	酸废液必须回收至废水处理系统，不准直接外排	☐
6	与运行人员共同确认酸储存罐内部无介质，内部压力为零	☐
7	与运行人员共同确认酸储存罐可靠地与运行中的系统隔离，检查隔离手门关闭，并在就地手轮上上锁，挂"禁止操作，有人工作"标示牌	☐
确认人签字：		

工 器 具 检 查				

序号	工具名称及型号	数量	完 好 标 准	确认符合
1	手锤	1	手锤的锤头须完整，其表面须光滑微凸，不得有歪斜、缺口、凹入及裂纹等情形；手锤的柄须用整根的硬木制成，并将头部用楔栓固定；楔栓宜采用金属楔，楔子长度不应大于安装孔的2/3	☐
2	呆扳手（300mm）	1	扳手不应有裂缝、毛刺及明显的夹缝、切痕、氧化皮等缺陷，柄部应平直	☐
3	活扳手（350mm）	3	活动扳口应与扳体导轨的全行程上灵活移动；活扳手不应有裂缝、毛刺及明显的夹缝、氧化皮等缺陷，柄部平直且不应有影响使用性能的缺陷	☐
4	电火花检测仪	1	电源电压正常，显示正常，手柄绝缘良好；高压侧输出正常；经接地点测试，报警功能正常	☐
5	移动式电源盘	1	检查检验合格证在有效期内；检查电源盘电源线、电源插头、插座完好无破损；漏电保护器动作正确；检查电源盘线盘架、拉杆、线盘架轮子及线盘摇动手柄齐全完好	☐
6	行灯（24V）	1	检查行灯电源线、电源插头完好无破损；行灯电源线应采用橡胶套软电缆；行灯的手柄应绝缘良好且耐热、防潮；行灯应有保护罩；在潮湿的金属容器内工作时不准超过12V	☐
7	通风机（防爆型）	1	检查是否经过检验，且合格证在有效期内；通风机应为防爆型风机；风机转动部分必须装设防护装置，并标明旋转方向	☐
8	防酸服、防酸手套、防酸靴、防毒面具	2	穿专用防护工作服（防酸服）和戴专用的手套（耐酸手套），并根据工作需要戴口罩、橡胶手套及防护眼镜，穿橡胶围裙及长筒胶靴（裤脚应放在靴外）	☐
确认人签字：				

续表

备 件 材 料 准 备					
序号	材料名称	规 格	单位	数量	检查结果
1	擦机布	1000mm×1500mm	kg	2	□
2	除锈剂		筒	2	□
3	生料带		卷	2	□
4	记号笔	红色	支	1	□
5	密封胶	GY-340	筒	2	□
6	四氟板	1.5mm	m²	1	□

检 修 工 序	
检修工序步骤及内容	安全、质量标准

□1 开启人孔门
危险源：大锤、孔洞

安全鉴证点	1-S1	

□A1（a） 锤把上不可有油污；抡大锤时，周围不得有人，不得单手抡大锤；严禁戴手套抡大锤在。

□A1（b） 检修工作中人孔打开后，必须设有牢固的临时围栏，并设有明显的警告标志

2 对酸储存罐内部和人孔进行冲洗和强制通风
危险源：通风机、酸液

安全鉴证点	2-S1	

□A2（a） 衣服和袖口应扣好，长发必须盘在安全帽内；不准将用具、工器具接触设备的转动部位。

□A2（b） 排水过程远离排水口，设置隔离围栏，设置明显警告标示；充、排水结束后，检查酸储存罐内冲洗水排放干净。

□2.1 用冲洗水对人孔、罐顶、罐底等易存留酸液部位进行再次冲洗干净，并将冲洗液排至废水收集系统

□2.2 在其中一个人孔门处加装防暴轴流风机，对酸储存罐内部进行强制通风 30min

2.1 冲洗干净无明显残留废液，冲洗废液回收至废水处理系统

3 酸储存罐内部气体检测合格后，人员进入内部对防腐层检查
危险源：空气、孔洞、电火花仪、行灯

安全鉴证点	1-S2	第5页

□A3（a） 打开所有通风口进行通风；保证酸罐内部通风畅通，必要时使用防爆轴流风机强制通风；严禁向容器内部输送氧气；测量氧气浓度保持在 19.5%～21% 范围内。

□A3（b） 在检修工作中人孔打开后，并设有明显的警告标志；工作间断时应将人孔临时进行封闭；人员进出登记。

□A3（c） 防腐层充分干燥后，由专业人员进行电火花测试；使用电火花检测仪必须戴绝缘手套；进入人员需站在干燥木板上进行检测，使用完后及时放电取出。

□A3（d） 工作中，离开工作场所、暂停作业以及遇临时停电时，须立即切断电源盘电源。

□3.1 采用两台气体检测仪分别对酸储存罐内进行空气质量检测，确保酸储存罐内易燃易爆和有毒有害气体在安全范围内

□3.2 检修人员对酸储存罐内部防腐层外观目测检查

质检点	1-W2	一级	二级

3.2 罐壁无严重凸起或凹陷现象，内部衬胶层完好无鼓包及龟裂现象。

□3.3 使用电火花仪对防腐层进行渗漏点检查

质检点	2-W2	一级	二级

3.3 电火花仪检测无放电现象，无异常报警

4 封闭酸储存罐人口门
危险源：空气

安全鉴证点	3-S1	

□A4 封闭人孔前工作负责人应认真清点工作人员；核对酸储存罐进出入登记，确认无人员和工器具遗落，并喊话确认无人。

□4.1 使用大锤和扳手紧固人孔门螺栓

4.1 螺栓紧力均匀适度，螺栓杆露出长短要一致（2～3扣）

检修工序步骤及内容	安全、质量标准
5 酸储存罐水压严密性试验 危险源：高压气体、泄漏 安全鉴证点　4-S1	□A5（a）　检验时不得进行与试验无关的工作，无关人员不得在试验现场停留；不准在打压的酸储存罐上进行任何检修工作；在工作中应注意操作方法的正确性，尽量远离可能泄漏的部位（如螺丝不要紧得过度，紧度要均匀，注意操作位置，防止高压介质喷出伤人等）；不得带压紧固螺栓或者向受压元件施加外力，避免接头爆开后高压介质伤人。 □A5（b）　酸储存罐水压试验后泄压或放水，应检查放水总管处无人在工作，才可进行。
□5.1　酸储存罐各连接部位紧固螺栓，必须装配齐全，紧固妥当 □5.2　酸储存罐中充满清水，滞留在压力容器中的气体必须排净，外表面应当保持干燥 □5.3　经 1.25 倍工作压力的水压实验 10min 质检点　3-W2　一级　二级 □5.4　酸储存罐水压严密性试验合格后，泄压排净罐内的水	5.3　试验中和试验后应无渗漏，无可见的变形，试验过程中无异常的响声，保压过程压降不大于 0.02 倍压力值
6 酸储存罐检修工作完毕现场清理 危险源：施工废料 安全鉴证点　5-S1	□A6　盐酸隔膜计量泵检修现场的废料及时清理，做到工完、料尽、场地清

安 全 鉴 证 卡

风险点鉴证点：1-S2　工序 3　酸储存罐内部气体检测合格后，人员进入内部对防腐层检查

一级验收			年　　月　　日	
二级验收			年　　月　　日	
一级验收			年　　月　　日	
二级验收			年　　月　　日	
一级验收			年　　月　　日	
二级验收			年　　月　　日	
一级验收			年　　月　　日	
二级验收			年　　月　　日	
一级验收			年　　月　　日	
二级验收			年　　月　　日	
一级验收			年　　月　　日	
二级验收			年　　月　　日	
一级验收			年　　月　　日	
二级验收			年　　月　　日	
一级验收			年　　月　　日	
二级验收			年　　月　　日	
一级验收			年　　月　　日	
二级验收			年　　月　　日	
一级验收			年　　月　　日	
二级验收			年　　月　　日	
一级验收			年　　月　　日	
二级验收			年　　月　　日	
一级验收			年　　月　　日	
二级验收			年　　月　　日	

续表

风险点鉴证点：1-S2 工序 3 酸储存罐内部气体检测合格后，人员进入内部对防腐层检查				
一级验收			年 月 日	
二级验收			年 月 日	
检 修 技 术 记 录				

数据记录：

遗留问题及处理措施：

记录人		年 月 日	工作负责人		年 月 日

续表

风险点鉴证点：1-S2 工序 3 酸储存罐内部气体检测合格后，人员进入内部对防腐层检查

检 修 工 艺 卡

单位：_____	班组：_____		编号：_____

检修任务：**氢站储氢罐检查及检修**　　　　　　　　　　　　风险等级：_____

编　号		工单号	
计划检修时间		计划工日	
安全鉴证点（S1）	5	安全鉴证点（S2、S3）	1
见证点（W）	2	停工待检点（H）	0

办 理 工 作 票

工作票编号：

检修单位		工作负责人	
工作组成员			

施 工 现 场 准 备

序号	安 全 措 施 检 查	确认符合
1	增加临时照明	□
2	设置安全隔离围栏并设置警告标志	□
3	采取临时防护措施	□
4	进入氢站应先触摸静电释放装置，消除人体静电，并按规定进行登记	□
5	无关人员禁止进入氢站，应关闭移动通信设备、交出携带火种，禁止穿可能产生静电的衣服和带铁钉的鞋进入氢站	□
6	发现盖板缺损及平台防护栏杆不完整时，应采取临时防护措施，设坚固的临时围栏	□
7	与运行人员共同确认检修设备可靠地与运行中的系统隔离，检查隔离手门关闭，并在就地手轮上上锁，挂"禁止操作，有人工作"标示牌；氢手门门后加装堵板	□
8	与运行人员共同确认相关管道和储氢罐内部无介质，内部压力为零	□
9	置换按要求至少三次以上，置换时充惰性气体，压缩空气置换后，检测氢气浓度合格小于3%	□

确认人签字：

工 器 具 检 查

序号	工具名称及型号	数量	完 好 标 准	确认符合
1	手锤（铜制）	1	使用铜质手锤，锤头须完整，其表面须光滑微凸，不得有歪斜、缺口、凹入及裂纹等情形，手锤的柄须用整根的硬木制成，并将头部用楔栓固定楔栓宜采用金属楔，楔子长度不应大于安装孔的2/3	□
2	呆扳手（300mm）	2	扳手不应有裂缝、毛刺及明显的夹缝、切痕、氧化皮等缺陷，柄部应平直	□
3	活扳手（铜制300mm）	3	使用铜质活扳手，活动扳口应与扳体导轨的全行程上灵活移动；活扳手不应有裂缝、毛刺及明显的夹缝、氧化皮等缺陷，柄部平直且不应有影响使用性能的缺陷	□
4	移动式电源盘	1	检查检验合格证在有效期内；检查电源盘电源线、电源插头、插座完好无破损；漏电保护器动作正确；检查电源盘线盘架、拉杆、线盘架轮子及线盘摇动手柄齐全完好	□
5	行灯（24V）	1	检查行灯电源线、电源插头完好无破损；行灯电源线应采用橡胶套软电缆；行灯的手柄应绝缘良好且耐热、防潮；行灯应有保护罩；在潮湿的金属容器内工作时不准超过12V	□
6	通风机（防暴型）	1	检查通风机检验合格证在有效期内；通风机（易燃易爆区域）应为防爆型风机；风机转动部分必须装设防护装置，并标明旋转方向	□

确认人签字：

续表

<table>
<tr><td colspan="6" align="center">备 件 材 料 准 备</td></tr>
<tr><td>序号</td><td>材料名称</td><td>规 格</td><td>单位</td><td>数量</td><td>检查结果</td></tr>
<tr><td>1</td><td>白布</td><td>1000mm×1500mm</td><td>kg</td><td>2</td><td>□</td></tr>
<tr><td>2</td><td>除锈剂</td><td></td><td>筒</td><td>2</td><td>□</td></tr>
<tr><td>3</td><td>生料带</td><td></td><td>卷</td><td>2</td><td>□</td></tr>
<tr><td>4</td><td>记号笔</td><td>红色</td><td>支</td><td>1</td><td>□</td></tr>
<tr><td>5</td><td>密封胶</td><td>GY-340</td><td>筒</td><td>2</td><td>□</td></tr>
</table>

检 修 工 序

检修工序步骤及内容	安全、质量标准
□1 开启储氢罐人孔门 危险源：孔、洞、大锤 安全鉴证点　1-S1	□A1 锤把上不可有油污；抡大锤时，周围不得有人，不得单手抡大锤在；严禁戴手套抡大锤在；检修工作中人孔打开后，必须设有牢固的临时围栏，并设有明显的警告标志
□2 架设轴流风机通风 危险源：通风机 安全鉴证点　2-S1	□A2 衣服和袖口应扣好，不得戴围巾领带，长发必须盘在安全帽内；不准将用具、工器具接触设备的转动部位
3 储氢罐通风和内部进行检查及含氧量检测 危险源：孔洞、空气、氢气、行灯 安全鉴证点　1-S2　第5页	□A3（a） 在检修工作中人孔打开后，并设有明显的警告标志。人员进出登记，工作间断时应将人孔临时进行封闭。 □A3（b） 测量储氢罐内氧气浓度保持在 19.5%～21%范围内。 □A3（c） 应使用铜制或铍铜合金的工具；必须使用钢制工具时，应涂上黄油。 □A3（d） 行灯暂时或长时间不用时，应断开行灯变压器电源。
□3.1 检修人员携带行灯进入内部检查罐体 质检点　1-W2　一级　二级	3.1 储氢罐内壁整洁，厚度均匀，无形变，所有焊缝均匀饱满，人孔密封面平整清洁
4 封闭人口门 危险源：人员、物品 安全鉴证点　3-S1	□A4（a） 封闭人孔前工作负责人应认真清点工作人员。 □A4（b） 核对容器进出入登记，确认无人员和工器具遗落，并喊话确认无人。
□4.1 封闭储氢罐人孔门，使用铜制大锤和呆扳手紧固人孔门螺栓	4.1 螺栓紧力要均匀牢固，螺栓杆露出长短要一致（2～3 扣）
5 储氢罐气密性试验 危险源：人员、物品 安全鉴证点　4-S1	□A5（a） 检验时不得进行与试验无关的工作，无关人员不得在试验现场停留。 □A5（b） 不准在有压力的储氢罐上进行任何检修工作。 □A5（c） 在工作中应注意操作方法的正确性，尽量远离可能泄漏的部位（如螺丝不要紧得过度，紧度要均匀，注意操作位置，防止高压气体伤人等）。 □A5（d） 不得带压紧固螺栓或者向受压元件施加外力，避免接头爆开后高压介质伤人。 □A5（e） 储氢罐气密性试验合格后泄压排净二氧化碳试验气体，应检查排气总管处无人在工作，才可进行。
□5.1 储氢罐各连接部位的紧固螺栓，必须装配齐全，紧固妥当 □5.2 用二氧化碳气瓶从氢储罐底部对内部均匀充气，直至顶部排气口检测为二氧化碳时，关闭顶部排气阀	

检修工序步骤及内容	安全、质量标准
□5.3 继续升压,进行 1.25 倍工作压力 10min 的气密性试验	5.3 试验中和试验后应无渗漏,无可见的变形,试验过程中无异常的响声,保压过程压降不大于 0.02 倍压力值

质检点	2-W2	一级	二级

□5.4 储氢罐气密性试验合格后,排净内部二氧化碳气体

□6 储氢罐检修现场清理 危险源:检修废物	□A6 储氢罐检修现场的废料及时清理,做到工完、料尽、场地清

安全鉴证点	5-S1

安 全 鉴 证 卡

风险点鉴证点:1-S2 工序 3 储氢罐通风和内部进行检查及含氧量检测

一级验收		年 月 日
二级验收		年 月 日
一级验收		年 月 日
二级验收		年 月 日
一级验收		年 月 日
二级验收		年 月 日
一级验收		年 月 日
二级验收		年 月 日
一级验收		年 月 日
二级验收		年 月 日
一级验收		年 月 日
二级验收		年 月 日
一级验收		年 月 日
二级验收		年 月 日
一级验收		年 月 日
二级验收		年 月 日
一级验收		年 月 日
二级验收		年 月 日
一级验收		年 月 日
二级验收		年 月 日
一级验收		年 月 日
二级验收		年 月 日
一级验收		年 月 日
二级验收		年 月 日

检 修 技 术 记 录			
数据记录:			
遗留问题及处理措施:			
记录人	年　月　日	工作负责人	年　月　日

检 修 工 艺 卡

单位：_____　班组：_____　　　　　　　　　编号：_____

检修任务：**生活污水罗茨风机检修**　　　　　　　　　　　　　　　　风险等级：_____

编　号			工单号	
计划检修时间			计划工日	
安全鉴证点（S1）	4		安全鉴证点（S2、S3）	2
见证点（W）	4		停工待检点（H）	0

办 理 工 作 票
工作票编号：

检修单位		工作负责人	
工作组成员			

施 工 现 场 准 备		
序号	安 全 措 施 检 查	确认符合
1	进入噪声区域时正确佩戴合格的耳塞	□
2	设置安全隔离围栏并设置警告标志，设置检修场地	□
3	增加检修临时照明	□
4	工作前核对生活污水罗茨风机名称及编号	□
5	开工前与运行人员共同确认检修的生活污水罗茨风机已可靠与运行中的系统隔断，检查相关阀门已关闭，电源已断开，挂"禁止操作，有人工作"标示牌	□
6	生活污水罗茨风机转动部件检修时应采取防转动措施	□
确认人签字：		

工 器 具 检 查				
序号	工具名称及型号	数量	完 好 标 准	确认符合
1	手锤	1	手锤的锤头须完整，其表面须光滑微凸，不得有歪斜、缺口、凹入及裂纹等情形，手锤的柄须用整根的硬木制成，并将头部用楔栓固定楔栓宜采用金属楔，楔子长度不应大于安装孔的2/3	□
2	手拉葫芦（1.5t）	1	手拉葫芦检查检验合格证在有效期内，链节无严重锈蚀及裂纹，无打滑现象；齿轮完整，轮杆无磨损现象，开口销完整；吊钩无裂纹变形；链扣、蜗母轮及轮轴发生变形、生锈或链索磨损严重时，均应禁止使用	□
3	吊带、吊环（1t）	1	吊带、吊环检查检验合格证在有效期内，外观检查完好、无破损；所选用的吊索具应与被吊工件的外形特点及具体要求相适应，在不具备使用条件的情况下，决不能使用	□
4	活扳手（300mm）	1	活动扳口应与扳体导轨的全行程上灵活移动；活扳手不应有裂缝、毛刺及明显的夹缝、氧化皮等缺陷，柄部平直且不应有影响使用性能的缺陷	□
5	螺丝刀（150mm）	1	螺丝刀手柄应安装牢固，没有手柄的不准使用	□
确认人签字：				

备 件 材 料 准 备					
序号	材料名称	规　格	单位	数量	检查结果
1	润滑油	N220中负荷齿轮油	L	4	□
2	除锈剂		瓶	2	□
3	生料带		卷	1	□
4	记号笔	红色	支	1	□
5	密封胶	GY-340	筒	2	□

序号	材料名称	规　格	单位	数量	检查结果
6	石棉板	2mm	m²	1	□
7	传动带	3V-600	根	4	□

检 修 工 序

检修工序步骤及内容	安全、质量标准
1　生活污水罗茨风机拆卸移位 危险源：废油、手锤、手拉葫芦、吊带锁扣 　安全鉴证点　　1-S2 □1.1　拆传动皮带防护罩 □1.2　拆下皮带、联轴器及进排风管件 □1.3　拧下齿轮箱底部油堵，将齿轮箱内油放掉，盘车，使风机内润滑油释放干净，待油释放干净后，在放油丝堵上均匀抹上丝扣胶，紧固放油孔 □1.4　拆下出口消音器及滤网保护筒，取下滤网，用破布盖住出口消音器进口，防止杂物进入设备 □1.5　皮带轮拆卸。将皮带轮拆下，拆卸过程中缓慢进行，用铜棒进行轻微敲击 □1.6　将生活污水罗茨风机地脚螺栓拆下，用手拉葫芦将风机起吊至检修地点	□A1（a）现场准备擦拭用的棉丝及清理油污所用的沙子、桶，油液收集到废油桶中。 □A1（b）锤把上不可有油污。 □A1（c）按照设备使用说明书要求操作，工作负荷不准超过铭牌规定。 □A1（d）起重吊物之前，必须清楚物件的实际重量，必须按规定选择吊点并捆绑牢固，使重物在吊运过程中保持平衡和吊点不发生移动，工件或吊物起吊时必须捆绑牢靠。 1.1　传动皮带防护罩清理干净，定置摆放。 1.2　传动皮带无划伤、裂纹、形变，根据损坏情况进行更换。 1.4　连接和配合部位都应作上标记，不要损坏连接部位的密封垫，密封垫在拆卸时都应测量其厚度，部件应注意防锈、除尘
2　生活污水罗茨风机零部件检测、解体和清洗 □2.1　用塞尺测绘生活污水罗茨风机箱内风机主、从动叶轮与风机箱间隙，并做好记录 　质检点　1-W2　　一级　　二级 □2.2　检查轴的表面粗糙度，测量轴各部位几何尺寸，偏差应符合技术要求；测量轴的晃度，检查轴承间隙及轴的弯曲程度；检查转子的外形尺寸 □2.3　用深度尺测绘驱动端轴承安装深度，并做好记录 □2.4　拆下齿轮箱，用拉马取下齿轮，用擦机布将齿轮裹好放置备件存放区 □2.5　用顶丝将风机轴承室与风机仓均匀缓慢地分离，抽出转子组件 □2.6　清理转子表面灰垢，检查各部位间隙，并与标准数据比较，是否损坏 □2.7　各部件清理。用白布将轴承室内黄油擦拭干净，并进行包裹	2.1　主、从叶轮与风机箱配合间隙不大于0.8mm。 2.2　晃度小于0.05mm；修复的转子应做静动平衡试验，合格后才能继续使用
3　生活污水罗茨风机各部件回装 危险源：手拉葫芦、吊带锁扣、废油 　安全鉴证点　　2-S2	□A3（a）手拉葫芦悬挂点的选择，必须经过计算，否则不准悬挂悬吊重物；按照设备使用说明书要求操作，工作负荷不准超过铭牌规定。 □A3（b）起重吊物之前，必须清楚物件的实际重量，必须按规定选择吊点并捆绑牢固，使重物在吊运过程中保持平衡和吊点不发生移动，工件或吊物起吊时必须捆绑牢靠。 □A3（c）现场准备擦拭用的棉丝及清理油污所用的沙子、桶，加油时使用检查完好的油壶油漏斗，防止洒落。

检修工序步骤及内容	安全、质量标准
□3.1 两个转子安装 □3.2 回装气封、轴承座、轴承 质检点 2-W2 一级 二级 □3.3 回装齿轮，并调整转子各位置间隙 质检点 3-W2 一级 二级 □3.4 压入齿轮，测量止推间隙 质检点 4-W2 一级 二级 □3.5 回装联轴器和端盖 □3.6 生活污水罗茨风机就位到原基座，拧紧地脚螺栓 □3.7 回装消声器、滤网防护筒、连接冷却水管 □3.8 安装传动皮带和防护罩 □3.9 加注润滑油 □3.10 恢复生活污水罗茨风机标识标牌	3.2 按照要求安装到位并且润滑良好，转动灵活无摩擦和异常声音。 3.3 转子之间间隙为 0.35～0.45mm，同步齿轮咬合间隙为 0.08～0.16mm。 3.4 转子与止推端墙板间 0.3～0.4mm，转子各叶片间隙。0.35～0.45mm，转子与壳体间隙 0.3～0.4mm。 3.9 添加润滑油至油窗 1/2～2/3 处
4 试运 危险源：转动的风机 安全鉴证点 3-S1 □4.1 押回工作票，联系运行人员进行试运，并检测记录试运工况数据和运行数据	□A4 生活污水罗茨风机的转动部分必须装设防护罩，并标明旋转方向，露出的轴端必须装设护盖；衣服和袖口应扣好，长发必须盘在安全帽内；不准将用具、工器具接触生活污水罗茨风机的转动部位；生活污水罗茨风机试运行时所有人员应先远离，站在转动机械的轴向位置，并有一人站在事故按钮位置。 4.1 数据准确完整
□5 生活污水罗茨风机检修现场清理 危险源：检修废物 安全鉴证点 4-S1	□A5 废料及时清理，做到工完、料尽、场地清

安 全 鉴 证 卡

风险点鉴证点：1-S2 工序 1 生活污水罗茨风机拆卸时的废油、手锤、手拉葫芦、吊带锁扣风险				
一级验收		年	月	日
二级验收		年	月	日
风险点鉴证点：2-S2 工序 3 生活污水罗茨风机回装时的废油、手锤、手拉葫芦、吊带锁扣风险				
二级验收		年	月	日
一级验收		年	月	日
风险点鉴证点：				
一级验收		年	月	日
二级验收		年	月	日
一级验收		年	月	日
二级验收		年	月	日
一级验收		年	月	日
二级验收		年	月	日
一级验收		年	月	日

风险点鉴证点:			
二级验收			年　月　日
一级验收			年　月　日
二级验收			年　月　日
一级验收			年　月　日
二级验收			年　月　日
一级验收			年　月　日
二级验收			年　月　日
一级验收			年　月　日
二级验收			年　月　日
一级验收			年　月　日
二级验收			年　月　日
检 修 技 术 记 录			
数据记录:			
遗留问题及处理措施:			
记录人		年　月　日	工作负责人		年　月　日

检 修 工 艺 卡

单位：＿＿＿＿＿＿＿＿　　班组：＿＿＿＿＿＿＿＿　　　　　　　　编号：＿＿＿＿＿＿＿

检修任务：清水泵检修　　　　　　　　　　　　　　　　　　风险等级：＿＿＿＿＿＿

编　号		工单号	
计划检修时间		计划工日	
安全鉴证点（S1）	4	安全鉴证点（S2、S3）	0
见证点（W）	3	停工待检点（H）	0

办 理 工 作 票			
工作票编号：			
检修单位		工作负责人	
工作组成员			

施 工 现 场 准 备

序号	安 全 措 施 检 查	确认符合
1	进入噪声区域时正确佩戴合格的耳塞	□
2	选择合适位置设置检修区域	□
3	周围有高压介质应设置安全隔离围栏并设置警告标志，确定逃生路线	□
4	工作前核对清水泵名称及编号	□
5	开工前与运行人员共同确认清水泵已可靠与运行中的系统隔断，检查进、出口相关阀门已关闭，电源已断开，挂"禁止操作，有人工作"标示牌	□
6	清水泵进出口管道内介质放尽，压力为零，温度适可后方可开始工作	□
7	清水泵转动部位检修时应采取防转动措施	□
8	检修工作开始前检查设备或系统内高压介质确已排放干净，检修中应保证设备或系统与大气可靠连通，以防止介质积存突出	

确认人签字：

工 器 具 检 查

序号	工具名称及型号	数量	完 好 标 准	确认符合
1	手锤	1	手锤的锤头须完整，其表面须光滑微凸，不得有歪斜、缺口、凹入及裂纹等情形，手锤的柄须用整根的硬木制成，并将头部用楔栓固定楔栓宜采用金属楔，楔子长度不应大于安装孔的2/3	□
2	铜棒（200mm）	1	钢棒端部无卷边、无裂纹，钢棒本体无弯曲	□
3	螺丝刀（150mm）	1	螺丝刀手柄应安装牢固，没有手柄的不准使用	□
4	内六角扳手	1	表面应光滑，不应有裂纹、毛刺等影响使用性能的缺陷	□
5	活扳手（250mm）	2	活动扳口应与扳体导轨的全行程上灵活移动；活扳手不应有裂缝、毛刺及明显的夹缝、氧化皮等缺陷，柄部平直且不应有影响使用性能的缺陷	□
6	游标卡尺（350mm）	1	检查测定面是否有毛头；检查卡尺的表面应无锈蚀、碰伤或其他缺陷，刻度和数字应清晰、均匀，不应有脱色现象，游标刻线应刻至斜面下缘，卡尺上应有刻度值、制造厂商和定期检验合格证	□
7	百分表	1	保持百分表清洁，无油污、铁屑	□

确认人签字：

备 件 材 料 准 备

序号	材料名称	规　格	单位	数量	检查结果
1	润滑油	N46号润滑油	L	4	□

序号	材料名称	规　　格	单位	数量	检查结果
2	生料带		卷	2	□
3	记号笔	红色	支	1	□
4	轴承	配套	个	1	□
5	机械密封	配套	套	1	□
6	油盒	300mm×200mm×100mm	个	2	□
7	面粉		kg	2	□
8	金相砂纸	300mm×300mm	张	5	□

检 修 工 序

检修工序步骤及内容	安全、质量标准
1　清水泵拆卸： 危险源：油、搬运 安全鉴证点　1-S1 □1.1　拆卸联轴器防护罩，检查联轴器对中，做好联轴器定位标记后，松开电机底角固定螺栓，将电机与泵体分离；拆除轴承箱支撑螺栓 □1.2　将机械密封的定位盘插入到轴套上的定位槽内，将机封保护好 □1.3　松开清水泵轴承油箱放油丝堵，将内部润滑油全部排放收集到油盒中，按定置放置 □1.4　拆除泵壳螺栓，用顶丝将泵盖和泵壳顶脱开，拿掉泵壳垫，每次检修泵壳垫片均需要更换 □1.5　将清水泵搬运至检修点指定位置，稳定放置	□A1（a）　不准将排出的润滑油（包括沾油棉纱、布、手套、纸等）倒入下水道排放或随地倾倒，应收集放于指定的地点，妥善处理，以防污染环境及发生火灾。 □A1（b）　两人配合搬运，一人指挥，两人同步。 1.1　标记清晰，牢固。 1.3　排出的油要全部收集在油盒中并送至废油处理站处理
2　清水泵主要部件解体： □2.1　打开叶轮锁紧垫片，松开叶轮锁紧螺帽，小心拉出叶轮，取出叶轮键 □2.2　将泵盖连同机械密封拆下，松开机械密封连接螺栓的螺帽，抽出机封（每次拆装必须更换机封密封垫片） □2.3　用拉马拆下联轴器 □2.4　拆除两端轴承压盖 □2.5　用手将叶轮端的轴头螺母拧紧在轴上，并用铜棒敲击螺母，使轴组沿轴向后端退出泵体 □2.6　用拉力器或压力机，将滚动轴承从泵轴上拆卸下来 □2.7　拆除防松垫片的锁紧装置，用锁紧扳手拆卸滚动轴承的圆形螺母，并取下放松垫片	2.1　所有拆下的零部件应妥善保管，不得随意乱放；容易混淆的零部件，都应专门做出标记；对于精密的零部件应特别注意保护，不得堆压，并用干净的擦机布或其他柔软材料包装好；在拆卸轴套、叶轮螺母、滚动轴承等，如发现有锈蚀，应用煤油或除锈剂浸泡后再拆，不要随意敲击。 2.2　拆下机械密封应仔细，避免磕碰，划伤动、静密封面及辅助密封圈，绝对不允许用手锤或铁器敲击。 2.5　抽取时应用铜棒轻轻敲击叶轮端主轴，不可用手锤直接敲击，以免损伤主轴端的螺纹
3　清水泵主要部件清洗检查 □3.1　叶轮、泵壳检查 □3.2　主轴清洗及检查 质检点　1-W2　一级　二级	3.1.1　检查泵壳口环和叶轮口环间隙，其径向间隙不得超过原始间隙的两倍。 3.1.2　叶轮内孔应光滑，键槽应平滑、无毛刺。 3.1.3　叶轮表面及液体流道内壁应清理洁净，不能有黏砂、毛刺和污垢，流道入口加工面与非加工面衔接应圆滑过渡。 3.1.4　检查叶轮背隙，原始叶轮背隙为1mm；叶轮和蜗壳的前间隙原始值也为1mm。 3.2.1　主轴应光滑，无修饰、毛刺，弯曲度在许可范围内，特别是安装联轴器、轴承、机械密封、叶轮的部位应无锈斑。 3.2.2　如发现有锈迹，应用细砂纸或油石打磨干净，轴的弯曲度不能超过0.05mm，否则应进行直轴。

检修工序步骤及内容	安全、质量标准
□3.3 轴承清洗及检查 表格： 质检点 / 2-W2 / 一级 / 二级 □3.4 轴承室、泵壳体、轴套清洗检查 □3.5 联轴器检查	3.3.1 滚动轴承应清洁无锈蚀，转动应灵活，无杂声，否则应更换。 3.3.2 安装新轴承后，应检查泵轴的径向跳动，标准为不超过0.04mm/m，最大不得超过0.08mm/m。 3.4 轴承室、泵壳体内应无型砂、无裂纹、无砂眼等；轴套不允许有裂纹，外圆表面不允许有砂眼、气孔、疏松等铸造缺陷。 3.5 联轴器表面应无裂纹
4 清水泵回装、测量 危险源：搬运 安全鉴证点 / 2-S1 □4.1 加热新的推力轴承，将轴承装配至轴上，将径向轴承的内圈加热好装配至轴上 □4.2 将两端的轴承卡环装入轴承箱体，并将径向轴承的外圈装入到轴承箱体中，然后再将这一侧的迷宫密封及轴承压盖装好，螺栓把紧，注意密封O形圈要装上 □4.3 将已装配好轴承的轴，推入轴承箱体内，并将这一侧的迷宫机封及轴承压盖装好，螺栓把紧，注意安装轴承压盖时要注意将压盖的回油槽位于底部，并和迷宫密封上的回油槽对上 □4.4 手动盘车，确保无死点 □4.5 检查检测泵轴机封安装处及联轴器处的圆周跳动量 □4.6 轴向窜动量检查 □4.7 泵轴在机封处的径向窜动的检查 □4.8 机封安装法兰面和泵轴的垂直度检查 □4.9 机封安装腔体面和泵轴的同心度的检查 □4.10 将泵轴上的键槽、倒角、轴肩以及螺纹等处，打磨光滑，不得有毛刺，否则在安装机封时会将其O形环损伤 □4.11 为了更轻松的安装机封，将机封轴套内壁的O形环涂抹薄薄一层硅脂或凡士林 □4.12 将准备好的集装式机封安装至泵盖上，均匀把紧机封连接螺栓，垫片一定要更换成新的 □4.13 将安装好机封的泵盖滑入泵轴 □4.14 装上叶轮键，装上叶轮、锁紧垫片，把紧叶轮锁紧螺帽 □4.15 将已组装好的泵体，搬运回系统原位，更换新的泵壳垫片，并把紧泵壳连接螺栓，然后将机封轴套定位插板脱开 □4.16 联轴器对中找正 □4.17 找正合格后，轴承箱加油，安装联轴器防护罩 □4.18 松开机封轴套的定位插板 表格： 质检点 / 3-W2 / 一级 / 二级	□A4 两人配合搬运，一人指挥，两人同步。 4.1 加热温度不得超过100℃，不得采用直接加热的方法，注意轴承的推里面要和图纸一致。 4.5 跳动值不得超过0.05mm。 4.6 跳动值最大不超0.10mm。 4.7 窜动范围为0.05～0.10mm。 4.8 标准值为0.015/25mm，注意检查时要确保泵轴的轴窜不能影响读数，切要保证安装法兰面清洁光滑，不能有任何异物。 4.9 标准为泵轴轴径每25mm，允许的跳动值为0.025mm，但最大不得超过0.125mm。 4.12 此时要确保机封轴套的定位插板未松动，并确保均匀把紧螺栓，防止机封压盖倾斜。 4.13 此时泵轴必须已安装好轴承，并和轴承箱体已组装成一体。 4.16 径偏差最大不超过0.05°，折合百分表为0.10mm。 4.17 连续盘车3周泵内无异音，转动轻便，加油量为油窗的1/2～2/3之间
□5 清水泵押票试运 危险源：搬运 安全鉴证点 / 3-S1	□A5 清水泵的转动部分必须装设防护罩，并标明旋转方向，露出的轴端必须装设护盖；试运人员衣服和袖口应扣好，长发必须盘在安全帽内；试运人员不准将用具、工器具接触设备的转动部位；清水泵试运行时所有人员应先远离，站在转动机械的轴向位置，并有一人站在事故按钮位置。

续表

检修工序步骤及内容	安全、质量标准
	5.1 试运中轴承温升不能超过 40℃，最高温度不能超过 75℃。 5.2 压力和电流符合说明书要求。 5.3 转子和各转动部件不得有异常声响和摩擦现象。 5.4 各润滑点的润滑油温度、密封液和冷却水的温度符合设备说明书要求。 5.5 泵体管道各密封面和机械密封应无渗漏
□6 清理现场 危险源：施工废料 　安全鉴证点　　4-S1	□A6 生水泵检修现场的废料及时清理，做到工完、料尽、场地清

检 修 技 术 记 录

数据记录：

遗留问题及处理措施：

记录人		年　　月　　日	工作负责人	年　　月　　日

4 输 煤 检 修

检 修 工 序 卡

单位：_____ 班组：_____ 编号：_____

检修任务：**皮带机检修** 风险等级：_____

编号		工单号	
计划检修时间		计划工日	
安全鉴证点（S1）	8	安全鉴证点（S2、S3）	1
见证点（W）	6	停工待检点（H）	1

办 理 工 作 票

工作票编号：

检修单位		工作负责人	
工作组成员			

施工现场准备

序号	安 全 措 施 检 查	确认符合
1	进入煤尘较大的场所作业，作业人员必须戴防尘口罩	☐
2	进入噪声区域、使用高噪声工具时正确佩戴合格的耳塞	☐
3	增加临时照明	☐
4	发现盖板缺损及平台防护栏杆不完整时，应采取临时防护措施，设坚固的临时围栏	☐
5	工作前核对设备名称及编号	☐
6	转动设备检修时应采取防转动措施	☐
7	在运行中转动皮带机附近工作时应对转动设备进行可靠遮拦	☐
8	设置安全隔离围栏并设置警告标志；设置检修通道	☐
9	开工前与运行人员共同确认检修的设备已可靠与运行中的系统隔断，检查临机相关阀门已关闭，电源已断开，挂"禁止操作，有人工作"标示牌	☐
10	动火作业执行动火票或动火操作卡检查表	☐

确认人签字：

工器具准备与检查

序号	工具名称及型号	数量	完 好 标 准	确认符合
1	吊具	1	（1）起重工具使用前，必须检查完好，无破损。 （2）所选用的吊索具应与被吊工件的外形特点及具体要求相适应，在不具备使用条件的情况下，决不能使用	☐
2	皮带刀 （180mm×30mm）	4	（1）皮带刀手柄应安装牢固，没有手柄的不准使用。 （2）刀鞘坚固厚度不小于1.0mm	☐
3	电动葫芦	1	（1）由特种设备作业人员或操作人员检查电动葫芦的钢丝绳磨损情况，吊钩防脱保险装置是否牢固、齐全，制动器、导绳器和限位器的有效性，控制手柄的外观是否破损，吊钩放至最低位置时滚筒上至少剩有5圈绳索。 （2）检查电动葫芦检验合格证在有效期内	☐
4	移动式电源盘 （220V）	1	（1）检查检验合格证在有效期内。 （2）检查电源盘电源线、电源插头、插座完好无破损；漏电保护器动作正确。 （3）检查电源盘线盘架、拉杆、线盘架轮子及线盘摇动手柄齐全完好	☐

续表

序号	工具名称及型号	数量	完 好 标 准	确认符合
5	撬杠 （1500mm）	1	必须保证撬杠棍强度满足要求。在使用加力杆时，必须保证其强度和嵌套深度满足要求，以防折断或滑脱	□
6	手锤（8p）	1	手锤的锤头须完整，其表面须光滑微凸，不得有歪斜、缺口、凹入及裂纹等情形。手锤的柄须用整根的硬木制成，并将头部用楔栓固定。楔栓宜采用金属楔，楔子长度不应大于安装孔的2/3	□
7	角磨机（150mm）	2	（1）检查检验合格证在有效期内。 （2）检查电源线、电源插头完好无缺损；有漏电保护器。 （3）检查防护罩完好。 （4）检查电源开关动作正常、灵活。 （5）检查转动部分转动灵活、轻快，无阻滞	□
8	活扳手（300mm）	2	（1）活动板口应在板体导轨的全行程上灵活移动。 （2）活扳手不应有裂缝、毛刺及明显的夹缝、切痕、氧化皮等缺陷，柄部平直且不应有影响使用性能的缺陷	□
9	螺丝刀	2	螺丝刀手柄应安装牢固，没有手柄的不准使用	□
10	行灯	1	（1）检查行灯电源线、电源插头完好无破损。 （2）行灯电源线应采用橡胶套软电缆。 （3）行灯的手柄应绝缘良好且耐热、防潮	□
11	大锤	1	大锤的锤头须完整，其表面须光滑微凸，不得有歪斜、缺口、凹入及裂纹等情形。大锤、手锤的柄须用整根的硬木制成，并将头部用楔栓固定。楔栓宜采用金属楔，楔子长度不应大于安装孔的2/3	□
12	电焊机	2	（1）检查电焊机检验合格证在有效期内。 （2）检查电焊机电源线、电源插头、电焊钳等完好无损，电焊工作所用的导线必须使用绝缘良好的皮线。 （3）电焊机的裸露导电部分和转动部分以及冷却用的风扇，均应装有保护罩。 （4）电焊机金属外壳应有明显的可靠接地，且一机一接地	□
13	磁力表座	3	座体的工作面不得有影响外观的缺陷，非工作面的喷漆应均匀、牢固，不得有漆层剥落和生锈等缺陷；紧固螺栓应转动灵活，锁紧应可靠，移动件应移动灵活；微调磁性表座调机构的微调量不应小于2mm	□
14	氧气乙炔	3	（1）只有经过检验合格的氧气表、乙炔表才允许使用。 （2）氧气表、乙炔表的连接螺纹及接头必须保证氧气表、乙炔表安在气瓶阀或软管上之后连接良好，无任何泄漏。 （3）乙炔气瓶上应有阻火器，禁止使用没有防震胶圈和保险帽的气瓶。 （4）橡胶软管须具有足以承受气体压力的强度，并采用异色软管。 （5）橡胶软管须具有足以承受气体压力的强度，并采用异色软管；氧气软管须用1.961MPa的压力试验，乙炔软管须用0.490MPa的压力试验	□
15	安全带	4	（1）标识（产品标识和定期检验合格标识）应清晰齐全，各部件应完整无缺失、无伤残破损。 （2）腰带、胸带、围杆带、围杆绳、安全绳应无灼伤、脆裂、断股、霉变，各股松紧一致，绳子应无扭结，腰带、围腿带表面不应有明显磨损，腰带应完整，带子接触部分应垫有柔软材料，边缘应滑圆。 （3）金属配件应表面光洁、无裂纹、无严重锈蚀和目测可见的变形，配件边缘应呈圆弧形。 （4）金属卡环（钩）必须有保险装置，且操作要灵活，钩体和钩舌的咬口必须完整，两者不得偏斜	□
16	百分表	3	（1）产品标识（精度值、测量范围、厂标等）及定期检验合格资料应齐全。 （2）百分表各部件应百分表各部件应完整齐全，无损伤，刻度应清晰可见刻度应清晰可见。 （3）测量杆在套筒内的移动应灵活，无任何轧卡现象，且每次轻轻推动测量杆放松后，长指针能回复到原来的刻度位置，指针与表盘应无任何摩擦。	□

序号	工具名称及型号	数量	完 好 标 准	确认符合
16	百分表	3	（4）测量头应无任何损伤，头表面应为光洁圆弧面。 沿测量杆轴的方向拨动测量杆，测量杆应无明显晃动，指针位移不应大于 0.5 个分度	□

确认人签字：

<table>
<tr><td colspan="6" align="center">备 件 材 料 准 备</td></tr>
<tr><td>序号</td><td>材料名称</td><td>规　　格</td><td>单位</td><td>数量</td><td>检查结果</td></tr>
<tr><td>1</td><td>密封胶（587）</td><td>400mL</td><td>支</td><td>2</td><td>□</td></tr>
<tr><td>2</td><td>锂基脂</td><td>3 号</td><td>kg</td><td>15</td><td>□</td></tr>
<tr><td>3</td><td>擦机布</td><td></td><td>kg</td><td>10</td><td>□</td></tr>
<tr><td>4</td><td>清洁剂</td><td></td><td>kg</td><td>0.5</td><td>□</td></tr>
<tr><td>5</td><td>电焊条</td><td>J422</td><td>kg</td><td>2</td><td>□</td></tr>
<tr><td>6</td><td>密封垫</td><td>3mm</td><td>张</td><td>20</td><td>□</td></tr>
</table>

<table>
<tr><td colspan="2" align="center">检 修 工 序</td></tr>
<tr><td align="center">检修工序步骤及内容</td><td align="center">安全、质量标准</td></tr>
<tr>
<td>

1　减速机、联轴器、制动器、液力偶合器、逆止器检修
□1.1　拆卸高、低速联轴器护罩并吊走，拆开高速联轴器柱销，检查胶圈磨损情况
危险源：电机、电动葫芦

安全鉴证点	1-S1	

□1.2　高速联轴器中心偏差校和

质检点	1-W2	一级	二级

□1.3　用扳手拆除减速机上盖螺栓，检查减速机油位以及油脂检验

质检点	2-W2	一级	二级

□1.4　耦合器检查
危险源：润滑油、手锤

安全鉴证点	2-S1	

质检点	3-W2	一级	二级

□1.5　减速机齿轮检查

□1.6　皮带制动器检查

</td>
<td>

□A1.1（a）　联轴器对孔时严禁将手指放入销孔内。
□A1.1（b）　工作起吊时严禁歪斜拽拉吊起重工具的工作负荷，不准超过铭牌规定；工件或吊物起吊时必须捆绑牢靠；吊拉时两根钢丝绳之间的夹角一般不得大于 90°；使用吊环时螺栓必须拧到底；吊装作业现场必须设警戒区域，设专人监护；严禁吊物上站人或放有活动的物体；严禁吊物从人的头上越过或停留。
1.1.1　联轴器拆卸前，做好两个联轴器对孔时严禁将手指放入销孔内。联轴器间的相对安装记号。
1.1.2　胶圈无磨损、破损，磨损量大于 2mm 应及时更换。
1.2.1　面：≤0.10mm；圆：≤0.08mm。
1.2.2　电机、减速机地脚螺栓无松动。

1.3.1　油位达到减速机中速齿全齿高的 1～3 倍。
1.3.2　检验油中水分、杂质的含量是否达标。油质超标要更换润滑油。水分超过 0.1%应更换润滑油。
1.3.3　端盖清理干净，涂抹密封胶进行密封，各部螺栓按顺序均匀紧固到位。

□A1.4（a）　不准将油污、油泥、废油等（包括沾油棉纱、布、手套、纸等）倒入下水道排放或随地倾倒，应收集放于指定的地点，妥善处理，以防污染环境及发生火灾；地面有油水必须及时清除，以防滑跌。
□A1.4（b）　锤把上不可有油污。
1.4.1　油质取样化验，必要时更换。
1.4.2　弹性体检查完好，无变形、破损，否则进行更换；各部螺栓紧固，检查有无渗漏，必要时更换易熔塞并进行密封。

1.5　齿轮无裂纹，断齿、齿面无较大磨损。

1.6　制动轮轮缘厚度磨损到原厚度的 70%时，应该报废；闸瓦磨损不得超过原厚的 50%，中心线误差不应超过 3mm

</td>
</tr>
</table>

续表

检修工序步骤及内容	安全、质量标准
2 皮带机检修各滚筒、托辊及支架检修更换 □2.1 皮带机各滚筒检查 质检点 4-W2 一级 二级 □2.2 皮带输送机各滚筒轴承检查及润滑油更换 □2.3 调偏托辊架检查更换、损坏托辊更换及皮带构架两侧挡辊更换 危险源：手拉葫芦、角磨机、移动式电源盘、撬杠 安全鉴证点 3-S1	2.1.1 滚筒包胶完整，无开裂、鼓包等现象。包胶磨损不能超过原设计厚度的2/3，花纹深度不得磨损到原深度的50%，否则需进行雕刻处理或更换。 2.1.2 检查筒体及各部焊口无变形开焊，轮毂胀套螺栓紧固到位。 2.2.1 加油量不超过油室的2/3。 2.2.2 滚筒轴承端盖结合面涂抹587密封胶必须严密整齐不得有断股现象。 □A2.3（a） 不准使吊钩斜着拖吊重物；起重工具的工作负荷，不准超过铭牌规定；工件或吊物起吊时必须捆绑牢靠；吊拉时两根钢丝绳之间的夹角一般不得大于90°；吊拉捆绑时，重物或设备构件的锐边快口处必须加装衬垫物；吊装作业现场必须设警戒区域，设专人监护。 □A2.3（b） 操作人员必须正确佩戴防护面罩、防护眼镜；不准手提角磨机的导线或转动部分。 □A2.3（c） 工作中，离开工作场所、暂停作业以及遇临时停电时，须立即切断电源盘电源。 □A2.3（d） 应保证支撑物可靠；撬动过程中应采取防止被撬物倾斜或滚落的措施。 2.4 检查调偏托辊架，转动不灵活的或锈蚀严重的进行更换，无调偏挡辊的加装挡辊；检查皮带构架两侧的挡辊，不转的进行更换。根据巡检发现的托辊缺陷更换损坏的托辊
3 皮带胶面、清扫器检查调整 □3.1 皮带胶面接口检查 危险源：皮带刀、角磨机、移动式电源盘、清洁剂 安全鉴证点 4-S1 □3.2 清扫器检查、调整。	□A3.1（a） 皮带刀口不要正对工作人员；皮带刀使用后要及时入鞘。 □A3.2（b） 操作人员必须正确佩戴防护面罩、防护眼镜，不准手提磨机的导线或转动部分。 □A3.3（c） 工作中，离开工作场所、暂停作业以及遇临时停电时，须立即切断电源盘电源。 □A3.4（d） 使用时打开窗户或打开风扇通风，避免过多吸入化学微粒，戴防护口罩；使用含有抗菌成分的清洁剂时，戴上手套，避免灼伤皮肤。 3.1.1 接口无裂纹、翘边现象，出现裂纹进行修补。 3.1.2 无漏线现象，胶带磨损不大于原厚度的1/3。 3.2 清扫器胶块无掉块、裂纹，清扫器与皮带接触均匀，接触面积不得少于85%，两侧固定架无开焊现象，螺栓应无松脱
□4 张紧装置检修 危险源：高处作业人员、手拉葫芦、张紧滚筒、撬杠 安全鉴证点 5-S1 质检点 5-W2 一级 二级	□A4（a） 高处作业人员必须戴好安全帽，穿好防滑鞋，正确佩戴安全带；从事高处作业的人员必须身体健康；患有精神病、癫痫病以及经医师鉴定患有高血压、心脏病等不宜从事高处作业病症的人员，不准参加高处作业，凡发现工作人员精神不振时，禁止登高作业。 □A4（b） 使用手拉葫芦时工作负荷不准超过铭牌规定；使用前应做无负荷起落试验一次。 □A4（c） 不准使吊钩斜着拖吊重物；吊装作业区周边必须设置警戒区域，并设专人监护；起重物必须绑牢，吊钩应挂在物品的重心上；在起重作业区周围设置明显的起吊警戒和围栏；无关人员不准在起重工作区域内行走或者停留。 □A4（d） 应保证支撑物可靠；撬动过程中应采取防止被撬物倾斜或滚落的措施。 4 钢丝绳无断丝、锈蚀。配重固定牢固，无脱落可能，配重与地面的最高距离不超过1.5m

检修工序步骤及内容	安全、质量标准
□5　导料槽滑板、防溢裙板检查 危险源：行灯、角磨机、移动式电源盘 安全鉴证点　6-S1	□A5.1（a）　不准将行灯变压器带入金属容器或管道内；行灯电源线不准与其他线路缠绕在一起；行灯暂时或长时间不用时，应断开行灯变压器电源。 □A5.1（b）　操作人员必须正确佩戴防护面罩、防护眼镜；不准手提角磨机的导线或转动部分；使用角磨机时，应采取防火措施，防止火花引发火灾。 □A5.1（c）　工作中，离开工作场所、暂停作业以及遇临时停电时，须立即切断电源盘电源。 5.1　检查两侧防溢裙板，最小宽度不小于180mm，否则予以更换。 5.2　检查滑板磨损情况。磨损量超过1/2应进行更换
□6　导料槽导流板检查、补焊 危险源：氧气乙炔、动火作业、行灯、煤粉、热辐射、焊接尘、高温焊渣 安全鉴证点　1-S2 质检点　6-W2　一级　二级	□A6.1（a）　使用中的氧气瓶和乙炔瓶应垂直固定放置；安设在露天的气瓶，应用帐篷或轻便的板棚遮护，以免受到阳光曝晒。可靠的安全措施之前不能焊割；乙炔气瓶禁止放在高温设备附近，应距离明火10m以上，使用中应与氧气瓶保持5.0m以上距离。 □A6.1（b）　在金属容器内焊接作业穿绝缘鞋，铺绝缘垫；正确使用面罩，戴电焊手套，戴白光眼镜，穿电焊服；不准利用厂房的金属结构、管道、轨道或其他金属搭接起来作为导线使用；电焊作业现场必须准备合格的、充足的灭火器等。 □A6.1（c）　不准将行灯变压器带入金属容器或管道内；行灯电源线不准与其他线路缠绕在一起；行灯暂时或长时间不用时，应断开行灯变压器电源。 □A6.1（d）　动火作业过程中，当发现不合格或异常升高时应立即停止动火，在未查明原因或排除险情前不得重新动火（煤粉最低爆炸浓度33g/m³）；应每间隔2.0h检测动火现场粉尘浓度是否合格。 □A6.1（e）　穿帆布工作服，戴工作帽，上衣不准扎在裤子里，口袋须有遮盖，裤脚不得挽起，脚面有鞋罩；气割火炬不准对着周围工作人员。 □A6.1（f）　所有焊接、切割、钎焊及有关的操作必须在足够的通风条件下（包括自然通风或机械通风）进行。 □A6.1（g）　进行焊接工作时，必须设有防止金属熔渣飞溅、掉落引起火灾的措施以及防止烫伤、触电、爆炸等措施；焊接人员离开现场前，必须进行检查，现场应无火种留下。 6　检查皮带机尾部导料槽内导流板焊口无开焊、变形；导流板磨损不超过原厚度的1/3，否则进行补焊或更换
7　皮带机试运 □7.1　通知电气人员恢复接线，确认检修中所做的设备措施均已恢复完成（清扫器、制动器、逆止器、托辊架、护栏、护罩恢复，清理现场检修垃圾） □7.2　工作票押至运行值班室，通知运行人员恢复送电，设备试运 危险源：转动的电机 安全鉴证点　7-S1 质检点　1-H2　一级　二级	7.1　清扫器与胶带面紧密接触，护栏安装牢固，托辊架安装完毕。 □A7.2　转动机械试运行操作应由运行值班人员根据检修工作负责人的要求进行，检修人员不准自己进行试运行的操作；转动设备试运行时所有人员应先远离，站在转动机械的轴向位置，并有一人站在事故按钮位置。 7.2.1　皮带运行正常无跑偏、剐蹭现象；减速箱振动小于0.05mm，运行温度小于80℃，无渗油现象。 7.2.2　耦合器运行无异声，运行温度小于70℃；导料槽、防溢裙板密封良好，无洒落煤现象
□8　工作结束、清理现场。 危险源：孔、洞、检修废料 安全鉴证点　8-S1	□A8.1（a）　临时打的孔、洞，施工结束后，必须恢复原状。 □A8.1（b）　废料及时清理，做到工完、料尽、场地清

安 全 鉴 证 卡		
风险点鉴证点：1-S2　工序 6　导料槽导流板检补焊		
一级验收		年　　月　　日
二级验收		年　　月　　日
一级验收		年　　月　　日
二级验收		年　　月　　日
一级验收		年　　月　　日
二级验收		年　　月　　日
一级验收		年　　月　　日
二级验收		年　　月　　日
一级验收		年　　月　　日
二级验收		年　　月　　日
一级验收		年　　月　　日
二级验收		年　　月　　日
一级验收		年　　月　　日
二级验收		年　　月　　日
一级验收		年　　月　　日
二级验收		年　　月　　日
一级验收		年　　月　　日
二级验收		年　　月　　日
一级验收		年　　月　　日
二级验收		年　　月　　日
一级验收		年　　月　　日
二级验收		年　　月　　日
一级验收		年　　月　　日
二级验收		年　　月　　日

检 修 技 术 记 录		
数据记录：		
遗留问题及处理措施：		
记录人		年　　月　　日	工作负责人		年　　月　　日

检 修 工 艺 卡

单位：_____　班组：_____　　　　　　　编号：_____

检修任务：**排污泵检修**　　　　　　　　　　　　风险等级：_____

编　号		工单号	
计划检修时间		计划工日	
安全鉴证点（S1）	6	安全鉴证点（S2、S3）	0
见证点（W）	5	停工待检点（H）	1

办 理 工 作 票

工作票编号：

检修单位		工作负责人	

工作组成员

施 工 现 场 准 备

序号	安 全 措 施 检 查	确认符合
1	检修现场定制摆放，地面使用胶皮铺设，并设置围栏及警告标识牌	□
2	在检修工作中如需将盖板、围栏取下，必须设有坚固的临时围栏，并设有明显的"当心坑洞"警告标志；不准使用麻绳、尼龙绳等软连接代替防护围栏	□
3	增加临时照明	□
4	进入煤尘较大的场所作业，作业人员必须戴防尘口罩	□
5	进入噪声区域、使用高噪声工具时正确佩戴合格的耳塞	□
6	转动设备检修时应采取防转动措施，确认电机电源线停电	□
7	工作前核对设备名称及编号，转动设备检修时应采取防转动措施	□
8	开工前与运行人员共同确认检修的设备已可靠与运行中的系统隔断，检查临机相关阀门已关闭，电源已断开，挂"禁止操作，有人工作"标示牌	□
9	待管道内介质放尽，压力为零，温度适可后方可开始工作	□
10	起重设备每日使用前填写就地每日检查记录	□

确认人签字：

工 器 具 准 备 与 检 查

序号	工具名称及型号	数量	完 好 标 准	确认符合
1	撬杠（1500mm）	1	必须保证撬杠棍强度满足要求。在使用加力杆时，必须保证其强度和嵌套深度满足要求，以防折断或滑脱	□
2	移动式电源盘（220V）	1	（1）检查检验合格证在有效期内。（2）检查电源盘电源线、电源插头、插座完好无破损；漏电保护器动作正确。（3）检查电源盘线盘架、拉杆、线盘架轮子及线盘摇动手柄齐全完好	□
3	手拉葫芦（2t）	1	（1）检查检验合格证在有效期内。（2）链节无严重锈蚀及裂纹，无打滑现象。（3）齿轮完整，轮杆无磨损现象，开口销完整，吊钩无裂纹变形。（4）链扣、蜗母轮及轮轴发生变形、生锈或链索磨损严重时，均应禁止使用。（5）撑牙灵活能起刹车作用；撑牙平面垫片有足够厚度，加荷重后不会拉滑。（6）使用前应做无负荷的起落试验一次，检查其煞车以及传动装置是否良好，然后再进行工作	□
4	手锤（8p）	1	手锤的锤头须完整，其表面须光滑微凸，不得有歪斜、缺口、凹入及裂纹等情形。手锤的柄须用整根的硬木制成，并将头部用楔栓固定。楔栓宜采用金属楔，楔子长度不应大于安装孔的2/3	□

149

续表

序号	工具名称及型号	数量	完 好 标 准	确认符合
5	角磨机 （150mm）	2	（1）检查检验合格证在有效期内。 （2）检查电源线、电源插头完好无缺损；有漏电保护器。 （3）检查防护罩完好。 （4）检查电源开关动作正常、灵活。 （5）检查转动部分转动灵活、轻快，无阻滞	□
6	活扳手 （300mm）	2	（1）活动板口应在板体导轨的全行程上灵活移动。 （2）活扳手不应有裂缝、毛刺及明显的夹缝、切痕、氧化皮等缺陷，柄部平直且不应有影响使用性能的缺陷	□
7	梅花扳手 （22～24mm）	2	扳手不应有裂缝、毛刺及明显的夹缝、切痕、氧化皮等缺陷，柄部应平直	□
8	梅花扳手 （17～19mm）	2	扳手不应有裂缝、毛刺及明显的夹缝、切痕、氧化皮等缺陷，柄部应平直	□
9	大锤	1	大锤的锤头须完整，其表面须光滑微凸，不得有歪斜、缺口、凹入及裂纹等情形。大锤、手锤的柄须用整根的硬木制成，并将头部用楔栓固定。楔栓宜采用金属楔，楔子长度不应大于安装孔的2/3	□
10	铜棒	1	铜棒端部无卷边、无裂纹，铜棒本体无弯曲	□
11	吊具	1	（1）起重工具使用前，必须检查完好、无破损。 （2）所选用的吊索具应与被吊工件的外形特点及具体要求相适应，在不具备使用条件的情况下，决不能使用	□
12	锉刀	1	锉刀手柄应安装牢固，没有手柄的不准使用	□

确认人签字：

备 件 材 料 准 备

序号	材料名称	规 格	单位	数量	检查结果
1	白布		kg	5	□
2	除锈剂	500mL	筒	5	□
3	锂基脂	3 号	kg	4	□
4	纱布	600 目	张	4	□
5	密封胶	J-1587	筒	3	□
6	煤油		kg	2	□
7	青稞纸	0.25mm	kg	1	□
8	轴承	7512（32212）	套	2	□
9	叶轮		套	1	□

检 修 工 序

检修工序步骤及内容	安全、质量标准
1 排污泵解体 □1.1 在排污泵中心位置上方固定点挂上倒链 □1.2 拆除泵体与底座的连接螺栓 □1.3 将电机及连接泵体缓慢吊出至检修场地 危险源：手拉葫芦、起吊泵体 安全鉴证点 1-S1 □1.4 检查壳体流道、泵壳结合面。 质检点 1-W2 一级 二级	□A1.3（a） 使用前应做无负荷起落试验一次；使用手拉葫芦时工作负荷不准超过铭牌规定。 □A1.3（b） 不准使吊钩斜着拖吊重物，起重物必须绑牢，吊钩应挂在物品的重心上，在起重作业区周围设置明显的起吊警戒和围栏；无关人员不准在起重工作区域内行走或者停留；吊装作业区周边必须设置警戒区域，并设专人监护。 1.4 壳体流道内无杂物、缺损、裂纹，泵壳结合面平整，无纵向纹路、砂眼等缺陷。

检修工序步骤及内容	安全、质量标准

□1.5 拆除底部叶轮锁母，取出叶轮，检查叶轮的腐蚀情况
危险源：撬杠、大锤
 	
安全鉴证点   2-S1
 	
质检点   2-W2   一级   二级
	□A1.5（a） 应保证支撑物可靠，撬动过程中应采取防止被撬物倾斜或滚落的措施。
	□A1.5（b） 严禁单手抡大锤；使用大锤时，周围不得有人靠近。
	  1.5.1 叶轮不得有裂纹、麻点、缺损等缺陷，叶轮壁磨损严重超过原壁厚的 1/2 需更换。
	  1.5.2 叶轮盖板和叶片有缺损的需及时更换，叶轮入口处磨损严重或单边磨损严重的需更换。

□1.6 拆除泵轴室紧固螺栓并从下部取出泵轴室 □1.7 拆卸联轴器连接螺栓，取下联轴器 □1.8 拆卸轴承室端盖螺栓并取下轴承室外套，检查轴承 质检点 3-W2 一级 二级	1.8.1 轴承不得有裂纹、气孔、泄漏等缺陷。 1.8.2 轴承室无凹凸、麻点、裂纹、发蓝、锈斑等现象滚珠与内圈转动灵活、无杂声、隔离圈完整

2 泵体零部件清理、检查、测量及修整
□2.1 泵壳结合面打磨清理，叶轮键槽及连接键磨损检查
危险源：角磨机、移动电源、煤油
 	
安全鉴证点   3-S1
 	
质检点   4-W2   一级   二级
	□A2.1（a） 操作人员必须正确佩戴防护面罩、防护眼镜，不准手提角磨机的导线或转动部分。
	□A2.1（b） 工作中，离开工作场所、暂停作业以及遇临时停电时，须立即切断电源盘电源。
	□A2.1（c） 不准在工作场所存储过量的煤油。
	  2.1.1 连接键磨损超过 0.1mm 进行更换。
	  2.1.2 叶轮磨损局部超过 1mm 室进行更换。

□2.2 底阀、连接管道、出入口闸阀检查	2.2.1 管道不能有裂纹、沙眼等缺陷。 2.2.2 闸阀盘动灵活，阀芯无腐蚀、磨损等缺陷

3 排污泵回装
□3.1 轴承安装，轴承润滑油加注，恢复轴承室端盖
 	
□3.2 使用铜棒时左右对称安装叶轮，紧固叶轮锁母，恢复泵壳室，联轴器安装
危险源：大锤、梅花扳手
 	
安全鉴证点   4-S1
 	
质检点   5-W2   一级   二级
	3.1.1 安装轴承前对泵轴进行涂抹黄油。
	3.1.2 轴承加油量为轴承室的 1/2 以上。
	□A3.2（a） 严禁单手、戴手套抡大锤，使用大锤时，周围不得有人靠近。
	□A3.2（b） 在使用梅花扳手时，左手推住梅花扳手与螺栓连接处，保持梅花扳手与螺栓完全配合，防止滑脱，右手握住梅花扳手另一端并加力；禁止使用带有裂纹和内孔已严重磨损的梅花扳手。
	  3.2.1 叶轮锁紧螺栓紧固无松动。
	  3.2.2 排污泵盘车运转良好无卡塞现象发生。

□3.3 泵体回装，紧固泵体与底座的连接螺栓，泵体逆止门、法兰恢复	3.3.1 对垫片进行更换，避免渗漏现象发生。 3.3.2 螺栓紧固均匀

4 排污泵试运
□4.1 通知电气人员恢复接线，确认检修中所做的设备措施均已恢复完成
□4.2 工作票押至运行值班室，通知运行人员恢复送电，设备试运
危险源：转动的电机
 	
安全鉴证点   5-S1
 	
质检点   1-H2   一级   二级
	□A4.2 转动机械试运行操作应由运行值班人员根据检修工作负责人的要求进行，检修人员不准自己进行试运行的操作；转动设备试运行时所有人员应先远离，站在转动机械的轴向位置，并有一人站在事故按钮位置。
	  4.2.1 试运时运转平稳，无冲击和不均匀声响，轴承无杂声，温度在 70℃ 数值以内。
	  4.2.2 泵体、电机振动值均在 0.06mm 以内，轴承室应清洁无油垢，其结合面密封处应无渗漏现象

续表

检修工序步骤及内容	安全、质量标准
□5 工作结束，清理现场 危险源：孔洞、检修废料 　安全鉴证点　　6-S1	□A5（a） 临时打的孔、洞，施工结束后，必须恢复原状。 □A5（b） 检修废料及时清理，做到工完、料尽、场地清

检 修 技 术 记 录

数据记录：

遗留问题及处理措施：

记录人	年　　月　　日	工作负责人	年　　月　　日

5 热 工 检 修

检 修 工 序 卡

单位：＿＿＿＿＿＿＿　　班组：＿＿＿＿＿＿＿＿　　　　　　　　　编号：＿＿＿＿＿＿＿

检修任务：**热控电源系统检修**　　　　　　　　　　　　　　　　　风险等级：＿＿＿＿＿＿

编　号		工单号	
计划检修时间		计划工日	
安全鉴证点（S1）	5	安全鉴证点（S2、S3）	0
见证点（W）	1	停工待检点（H）	0

办 理 工 作 票

工作票编号：

检修单位		工作负责人	
工作组成员			

施 工 现 场 准 备

序号	安 全 措 施 检 查	确认符合
1	门口、通道、楼梯和平台等处，不准放置杂物	□
2	地面有油水、泥污等，必须及时清除，以防滑跌	□
3	工作前核对设备名称及编号；工作前验电，应将控制柜电源停电，并在电源开关上设置"禁止合闸，有人工作"警示牌	□

确认人签字：

工 器 具 检 查

序号	工具名称及型号	数量	完 好 标 准	确认符合
1	绊脚物	2	现场工器具、设备备品备件应定置摆放	□
2	移动式电源盘	1	检查检验合格证在有效期内；检查电源盘电源线、电源插头、插座完好无破损；漏电保护器动作正确；检查电源盘线盘架、拉杆、线盘架轮子及线盘摇动手柄齐全完好	□
3	螺丝刀、钢丝钳	2	螺丝刀手柄应安装牢固，没有手柄的不准使用	□
4	防静电手环	2	检查防静电手环产品标识应清晰，导电松紧带、活动按扣、弹簧PU线、保护电阻及插头或鳄鱼夹等部件应完整无缺，各部件之间连接头应无缺损、无断裂等缺陷	□
5	电吹风	2	检查检验合格证在有效期内；检查电吹风电源线、电源插头完好无破损	□
6	临时电源及电源线	1	检查电源线外绝缘良好，线绝缘有破损不完整或带电部分外露时，应立即找电气人员修好，否则不准使用；检查电源盘检验合格证在有效期内；不准使用破损的电源插头插座，分级配置漏电保护器，工作前试验漏电保护器正确动作	□
7	移动式电源盘	1	检查检验合格证在有效期内；检查电源盘电源线、电源插头、插座完好无破损；漏电保护器动作正确；检查电源盘线盘架、拉杆、线盘架轮子及线盘摇动手柄齐全完好	□

确认人签字：

备 件 材 料 准 备

序号	材料名称	规　格	单位	数量	检查结果
1	塑料布		kg	5	□
2	绝缘胶带		筒	2	□
3	抹布		卷	2	□
4	毛刷		支	1	□

续表

检 修 工 序	
检修工序步骤及内容	安全、质量标准
1 电源切换器拆卸 □1.1 核对设备编号； □1.2 电源盘空开进行验电工作，确认设备带电部位； □1.3 拆除电源切换器 危险源：220V 交流电、模件、专用工具 安全鉴证点　1-S1	□A1.3（a） 模件插拔时用力要均匀。 □A1.3（b） 使用专用工具均匀用力。 □A1.3（c） 使用有绝缘柄的工具，其外裸的导电部位应采取绝缘措施，防止操作时相间或相对地短路；工作时，应穿绝缘鞋
2 模件、电源、风扇清扫 危险源：220V 交流电、静电、电吹风、粉尘、移动式电源盘、绊脚物 安全鉴证点　2-S1 □2.1 使用吹风机进行机柜清理 □2.2 使用绝缘表检查电源接线 □2.3 回装电源盘螺丝及盖板并紧固 □2.4 恢复电缆走向并固定 □2.5 恢复电源盘空开 质检点　1-W2	□A2（a） 使用有绝缘柄的工具，其外裸的导电部位应采取绝缘措施，防止操作时相间或相对地短路；工作时，应穿绝缘鞋，拆线时应逐根拆除，每根用绝缘胶布包好；连接线应设有防止相间短路的保护措施，应固定牢固；拆、装设备时，工具裸露的金属部分用绝缘带包扎。 □A2（b） 正确佩戴防静电手环，使用时腕带与皮肤接触，接地线直接接地。 □A2（c） 不准手提电吹风的导线或转动部分。 □A2（d） 进入粉尘较大的场所作业，作业人员必须戴防尘口罩。 □A2（e） 工作中，离开工作场所、暂停作业以及遇临时停电时，须立即切断电源盘电源。 □A2（f） 现场拆下的零件、设备、材料等应定置摆放，禁止乱堆乱放；现场禁止放置大量材料现场使用的材料做到随取随用。 2.1 使用吹风机进行机柜清理，吹风机吹扫顺畅，保持吹扫 5s 以上。 2.2 使用绝缘表检查电源接线电缆绝缘合格。 2.3 电源空开、接线端子螺丝是否完好，注意接线紧固过程中端子与接线结合严密、不外漏、不松动
3 电源切换器回装、端子排固定检查 □3.1 端子排固定 □3.2 电源切换器回装 危险源：模件、专用工具、220V 交流电 安全鉴证点　3-S1	□A3.2（a） 模件插拔时用力要均匀。 □A3.2（b） 使用专用工具均匀用力。 □A3.2（c） 使用有绝缘柄的工具，其外裸的导电部位应采取绝缘措施，防止操作时相间或相对地短路；工作时，应穿绝缘鞋
4 试运 □4.1 核实电源盘 220V 交流电压显示数据是否正常。 危险源：220V 交流电 安全鉴证点　4-S1	□A4（a） 使用有绝缘柄的工具，其外裸的导电部位应采取绝缘措施，防止操作时相间或相对地短路；工作时，应穿绝缘鞋 □A4（b） 送电前确认负荷侧断路器未在合闸位
5 检修工作结束 □工作完毕做到工完料尽场地清 危险源：施工废料 安全鉴证点　5-S1	□A5 废料及时清理，做到工完、料尽、场地清

续表

检 修 技 术 记 录				
数据记录:				
遗留问题及处理措施:				
记录人		年　月　日	工作负责人	年　月　日

检 修 工 序 卡

单位：_____ 班组：_____ 编号：_____

检修任务：**DEH 系统检修** 风险等级：_____

编　号		工单号	
计划检修时间		计划工日	
安全鉴证点（S1）	8	安全鉴证点（S2、S3）	0
见证点（W）	2	停工待检点（H）	0

办 理 工 作 票			
工作票编号：			
检修单位		工作负责人	
工作组成员			

施 工 现 场 准 备		
序号	安 全 措 施 检 查	确认符合
1	进入噪声区域、使用高噪声工具时正确佩戴合格的耳塞	□
2	进入粉尘较大的场所作业，作业人员必须戴防尘口罩	□
3	门口、通道、楼梯和平台等处，不准放置杂物	□
4	发现盖板缺损及平台防护栏杆不完整时，应采取临时防护措施，设坚固的临时围栏	□
5	地面有油水、泥污等，必须及时清除，以防滑跌	□
6	在高温场所工作时，应为工作人员提供足够的饮水、清凉饮料及防暑药品。对温度较高的作业场所必须增加通风设备	□
7	设置安全围栏，并挂"高温部件、禁止靠近"警示标示	□
8	工作前核对设备名称及编号；工作前验电，应将控制柜电源停电，并在电源开关上设置"禁止合闸，有人工作"警示牌	□
9	确认取样管一次门、二次门均关闭，并挂"禁止操作，有人工作"标示牌	□
确认人签字：		

工 器 具 检 查				
序号	工具名称及型号	数量	完 好 标 准	确认符合
1	安全带	2	检查检验合格证应在有效期内，标识（产品标识和定期检验合格标识）应清晰齐全；各部件应完整无缺失、无伤残破损，腰带、胸带、围杆带、围杆绳、安全绳应无灼伤、脆裂、断股、霉变；金属卡环（钩）必须有保险装置，且操作要灵活，钩体和钩舌的咬口必须完整，两者不得偏斜	□
2	移动式电源盘	1	检查检验合格证在有效期内；检查电源盘电源线、电源插头、插座完好无破损；漏电保护器动作正确；检查电源盘线盘架、拉杆、线盘架轮子及线盘摇动手柄齐全完好	□
3	梯子	1	检查梯子检验合格证在有效期内；使用梯子前应先检查梯子坚实、无缺损，止滑脚完好，不得使用有故障的梯子；人字梯应具有坚固的铰链和限制开度的拉链；各个连接件应无目测可见的变形，活动部件开合或升降应灵活	□
4	防静电手环	2	检查防静电手环产品标识应清晰齐全导电松紧带、活动按扣、弹簧 PU 线、保护电阻及插头或鳄鱼夹等部件应完整无缺，各部件之间连接头应无缺损、无断裂等缺陷	□
5	电吹风	2	检查检验合格证在有效期内；检查电吹风电源线、电源插头完好无破损	□
6	螺丝刀、钢丝钳	2	螺丝刀、钢丝钳手柄应安装牢固，没有手柄的不准使用	□
7	绊脚物	1	现场工器具、设备备品备件应定置摆放	□

序号	工具名称及型号	数量	完 好 标 准	确认符合
8	临时电源及电源线	1	检查电源线外绝缘良好，线绝缘有破损不完整或带电部分外露时，应立即找电气人员修好，否则不准使用；检查电源盘检验合格证在有效期内；不准使用破损的电源插头插座，分级配置漏电保护器，工作前试验漏电保护器正确动作	□

确认人签字：

备 件 材 料 准 备

序号	材料名称	规　　格	单位	数量	检查结果
1	塑料布		kg	5	□
2	绝缘胶带		筒	2	□
3	抹布		卷	2	□
4	毛刷		支	1	□

检 修 工 序

检修工序步骤及内容	安全、质量标准
1　DEH 系统停电 □1.1　工作负责人组织工作班人员对现场安全、技术交底，全部工作班成员明确防护机柜位置及禁止误碰设备 □1.2　首先将 DEH 系统系统机柜停电 危险源：220V 交流电 安全鉴证点　1-S1 □1.3　将 DEH 系统机柜工控机停电 □1.4　DEH 系统系统机柜控制器 CPU 切到 STOP 状态后将系统电源、接口电源断开	□A1.2（a）　使用有绝缘柄的工具，其外裸的导电部位应采取绝缘措施，防止操作时相间或相对地短路；工作时应穿绝缘鞋。 □A1.2（b）　拆线时应逐根拆除，每根用绝缘胶布包好；连接线应设有防止相间短路的保护措施，应固定牢固；拆、装设备时，工具裸露的金属部分用绝缘带包扎。 1.2　按正确的停电顺序停电，防止模块损坏
2　机柜、模件、电源、风扇清扫 危险源：220V 交流电、静电、电吹风、粉尘、移动式电源盘、模件 安全鉴证点　2-S1 □2.1　使用吹风机进行机柜清理 □2.2　使用绝缘表检查电源接线 □2.3　回装电源盘螺丝及盖板并紧固 □2.4　恢复电缆走向并固定 □2.5　恢复电源盘空开 质检点　1-W2	□A2（a）　使用有绝缘柄的工具，其外裸的导电部位应采取绝缘措施，防止操作时相间或相对地短路；工作时，应穿绝缘鞋，拆线时应逐根拆除，每根用绝缘胶布包好；连接线应设有防止相间短路的保护措施，应固定牢固；拆、装设备时，工具裸露的金属部分用绝缘带包扎。 □A2（b）　正确佩戴防静电手环，使用时腕带与皮肤接触，接地线直接接地。 □A2（c）　不准手提电吹风的导线或转动部分。 □A2（d）　进入粉尘较大的场所作业，作业人员必须戴防尘口罩。 □A2（e）　工作中，离开工作场所、暂停作业以及遇临时停电时，须立即切断电源盘电源。 □A2（f）　模件插拔时用力要均匀。 2.1　使用吹风机进行机柜清理，吹风机吹扫顺畅，保持吹扫 5s 以上。 2.2　使用绝缘表检查电源接线电缆绝缘合格。 2.3　电源空开、接线端子螺丝是否完好，注意接线紧固过程中端子与接线结合严密、不外漏、不松动

检修工序步骤及内容	安全、质量标准
3 温度元件（开关）、变送器、电磁阀、限位开关检修 □3.1 表计标志牌齐全清晰，表面无污物，绑扎牢固 □3.2 在白胶布上写明表计名称、编号、安装位置，所属班组名称 □3.3 仪表处接线拆卸并做好表记 □3.4 拆除设备 危险源：安全带、梯子、高空中的工器具、零部件、绊脚物 安全鉴证点　　3-S1 □3.5 检查回装表计校验合格，标识清楚，核对表计标识与安装位置标识一致 □3.6 表计安装，确保安装牢固。按照表计标识、接线标识，恢复表记及接线，接线检查，应无虚接现象	□A3.4（a） 使用时安全带的挂钩或绳子应挂在结实牢固的构件上；安全带要挂在上方，高度不低于腰部（即高挂低用）；利用安全带进行悬挂作业时，不能将挂钩直接勾在安全绳上，应勾在安全带的挂环上。 　　□A3.4（b） 在梯子上工作时，梯与地面的斜角度，直梯和升降梯与地面夹角以 60°～70°为宜，折梯使用时上部夹角以 35°～45°为宜，梯子的止滑脚必须安全可靠，使用梯子时必须有人扶持，梯子不得放在通道口、通道拐弯口和门前使用，如需放置时应设专人看守，上下梯子时，不准手持物件攀登；作业人员必须面向梯子上下；梯子上作业人员应将安全带挂在牢固的构件上，不准将安全带挂在梯子上；不准两人同登一梯；人在梯子上作业时，不准移动梯子；作业人员必须登在距梯顶不少于 1m 的梯蹬上工作。 　　□A3.4（c） 高处作业应一律使用工具袋；较大的工具应用绳拴在牢固的构件上工器具和零件不准上下抛掷，应使用绳系牢后往下或往上吊。 　　□A3.4（d） 现场拆下的零件、设备、材料等应定置摆放，禁止乱堆乱放；现场禁止放置大量材料现场使用的材料做到随取随用

4 LVDT 传动机构检查
□4.1 一次测量元件检查、拆除、就地接线盒卫生清扫
 	
□4.2 LVDT 测量回路检查
 	
□4.3 一次测量元件回装
危险源：工器具、LVDT 固件、连接件、重物、高温部件
 	
    安全鉴证点　　4-S1
 	
    质检点　　2-W2
 	
□4.4 DEH 控制柜卡件、端子板检查
	4.1 测量元件原始记录齐全、准确，校验报告填写及时规范，接线盒密封严密，内部清洁、无尘土，回路接线端子无锈蚀、损坏现象，接线紧固，接线盒内信号电缆头无屏蔽外露现象，接线盒盖螺丝齐全。
	　　4.2 使用万用表测量就地阀门端子箱内部接线接地情况，航空插头使用短接线进行短接测量两端有无断线或接地；使用绝缘电阻表 500V 电压等级对送往电子间信号电缆进行绝缘检查，合格电阻阻值大于 2000MΩ，有接地现象电阻阻值大于 50MΩ。
	　　□A4.3（a） 使用工具时均匀用力。
	　　□A4.3（b） 工作人员与设备保持安全距离；连接销钉紧密配合不松动，并加装开口销，底板螺丝牢固。
	　　□A4.3（c） LVDT 末端螺母加被母锁紧，并上指甲油封固。
	　　□A4.3（d） 不允许交叉作业，特殊情况必须交叉作业时，做好防止落物措施，工作人员应与高温部件保持适当距离。
	　　4.3 确认安装的 LVDT 接线正确、螺丝紧固、动作时没有明显摩擦及碰触。紧固螺丝后应涂抹螺纹紧固剂。DEH 柜内接线线号对应，接线牢固。
	　　4.4 DEH 柜接线紧固无松动，端子号清晰、齐全；接线后卡件指示灯状态正常，无报警灯闪烁

5 试运 危险源：220V 交流电 安全鉴证点　　5-S1 □5.1 现场设备投运正常	□A5 使用有绝缘柄的工具，其外裸的导电部位应采取绝缘措施，防止操作时相间或相对地短路；工作时，应穿绝缘鞋

检修工序步骤及内容	安全、质量标准
6 系统静态传动 危险源：220V 交流电、设备及部件、转动的门杆 安全鉴证点 ⎮ 6-S1 □6.1 登录成功后，进入 DEH 系统软件界面，操作正确。 □6.2 逻辑信号核实准确并填写操作记录 □6.3 在 DEH 工程师站检查相关参数并做记录 □6.4 在工程师站使用调试软件对主汽门、调门进行调试	□A6（a） 使用有绝缘柄的工具，其外裸的导电部位应采取绝缘措施，防止操作时相间或相对地短路；工作时，应穿绝缘鞋。 □A6（b） 工作人员与设备保持安全距离。 □A6（c） 调试时就地应有专人监护，远方操作人员与就地工作人员应保持联系；工作人员应远离转动的门杆
7 汽轮机保护传动 危险源：设备及部件、液压油、润滑油、转动的门杆 安全鉴证点 ⎮ 7-S1 □7.1 登录成功后，进入 DEH 系统软件界面，操作正确。 □7.2 逻辑信号核实准确并填写操作记录 □7.3 在 DEH 工程师站检查相关参数并做记录 □7.4 在工程师站使用调试软件对汽轮机保护进行传动	□A7.4（a） 工作人员应与高温部件保持适当距离。 □A7.4（b） 调试时就地应有专人监护，远方操作人员与就地工作人员应保持联系。 □A7.4（c） 工作人员应远离转动的门杆，松开可能积存压力介质的法兰、锁母、螺丝时应避免正对介质释放点
8 检修工作结束 危险源：施工废料 安全鉴证点 ⎮ 8-S1 □8.1 工作完毕做到工完料尽场地清	□A8 废料及时清理，做到工完、料尽、场地清

检 修 技 术 记 录

数据记录：

遗留问题及处理措施：

记录人		年 月 日	工作负责人		年 月 日

检 修 工 序 卡

单位: _____ 班组: _____ 编号: _____

检修任务: **ETS 系统检修** 风险等级: _____

编　号		工单号	
计划检修时间		计划工日	
安全鉴证点（S1）	8	安全鉴证点（S2、S3）	0
见证点（W）	2	停工待检点（H）	0

办 理 工 作 票		
工作票编号:		
检修单位		工作负责人	
工作组成员		

施 工 现 场 准 备

序号	安 全 措 施 检 查	确认符合
1	进入噪声区域、使用高噪声工具时正确佩戴合格的耳塞	□
2	进入粉尘较大的场所作业，作业人员必须戴防尘口罩	□
3	门口、通道、楼梯和平台等处，不准放置杂物	□
4	发现盖板缺损及平台防护栏杆不完整时，应采取临时防护措施，设坚固的临时围栏	□
5	地面有油水、泥污等，必须及时清除，以防滑跌	□
6	在高温场所工作时，应为工作人员提供足够的饮水、清凉饮料及防暑药品。对温度较高的作业场所必须增加通风设备	□
7	设置安全围栏，并挂"高温部件、禁止靠近"警示标示	□
8	工作前核对设备名称及编号；工作前验电，应将控制柜电源停电，并在电源开关上设置"禁止合闸，有人工作"警示牌	□
9	确认取样管一次门、二次门均关闭，并挂"禁止操作，有人工作"标示牌	□

确认人签字:

工 器 具 检 查

序号	工具名称及型号	数量	完 好 标 准	确认符合
1	安全带	2	检查检验合格证应在有效期内，标识（产品标识和定期检验合格标识）应清晰齐全；各部件应完整，无缺失、无伤残破损，腰带、胸带、围杆带、围杆绳、安全绳应无灼伤、脆裂、断股、霉变；金属卡环（钩）必须有保险装置，且操作要灵活。钩体和钩舌的咬口必须完整，两者不得偏斜	□
2	移动式电源盘	1	检查检验合格证在有效期内；检查电源盘电源线、电源插头、插座完好无破损；漏电保护器动作正确；检查电源盘线盘架、拉杆、线盘架轮子及线盘摇动手柄齐全完好	□
3	梯子	1	检查梯子检验合格证在有效期内；使用梯子前应先检查梯子坚实，无缺损，止滑脚完好，不得使用有故障的梯子；人字梯应具有坚固的铰链和限制开度的拉链；各个连接件应无目测可见的变形，活动部件开合或升降应灵活	□
4	防静电手环	2	检查防静电手环产品标识应清晰，导电松紧带、活动按扣、弹簧PU 线、保护电阻及插头或鳄鱼夹等部件应完整无缺，各部件之间连接头应无缺损、无断裂等缺陷	□
5	电吹风	2	检查检验合格证在有效期内；检查电吹风电源线、电源插头完好无破损	□
6	螺丝刀、钢丝钳	2	螺丝刀、钢丝钳手柄应安装牢固，没有手柄的不准使用	□
7	绊脚物	1	现场工器具、设备备品备件应定置摆放	□

序号	工具名称及型号	数量	完 好 标 准	确认符合
8	临时电源及电源线	1	检查电源线外绝缘良好，线绝缘有破损不完整或带电部分外露时，应立即找电气人员修好，否则不准使用；检查电源盘检验合格证在有效期内；不准使用破损的电源插头插座，分级配置漏电保护器，工作前试验漏电保护器正确动作	□

确认人签字：

备 件 材 料 准 备					
序号	材料名称	规 格	单位	数量	检查结果
1	塑料布		kg	5	□
2	绝缘胶带		筒	2	□
3	抹布		卷	2	□
4	毛刷		支	1	□

检 修 工 序	
检修工序步骤及内容	安全、质量标准
1 ETS 系统停电 □1.1 工作负责人组织工作班人员对现场安全、技术交底，全部工作班成员明确防护机柜位置及禁止误碰设备。 □1.2 首先将 ETS 系统系统机柜停电； 危险源：220V 交流电 安全鉴证点 1-S1 □1.3 将 ETS 系统机柜工控机停电 □1.4 ETS 系统系统机柜控制器 CPU 切到 STOP 状态后将系统电源、接口电源断开	□A1.2（a） 使用有绝缘柄的工具，其外裸的导电部位应采取绝缘措施，防止操作时相间或相对地短路；工作时，应穿绝缘鞋。 □A1.2（b） 拆线时应逐根拆除，每根用绝缘胶布包好；连接线应设有防止相间短路的保护措施，应固定牢固；拆、装设备时，工具裸露的金属部用绝缘带包扎。 1.2 按正确的停电顺序停电，防止模块损坏
2 机柜、模件、电源、风扇清扫 危险源：220V 交流电、静电、电吹风、粉尘、移动式电源盘、模件 安全鉴证点 2-S1 □2.1 使用吹风机进行机柜清理 □2.2 使用绝缘表检查电源接线 □2.3 回装电源盘螺丝及盖板并紧固 □2.4 恢复电缆走向并固定 □2.5 恢复电源盘空开 质检点 1-W2	□A2（a） 使用有绝缘柄的工具，其外裸的导电部位应采取绝缘措施，防止操作时相间或相对地短路；工作时，应穿绝缘鞋，拆线时应逐根拆除，每根用绝缘胶布包好；连接线应设有防止相间短路的保护措施，应固定牢固；拆、装设备时，工具裸露的金属部用绝缘带包扎。 □A2（b） 正确佩戴防静电手环，使用时腕带与皮肤接触，接地线直接接地。 □A2（c） 不准手提电吹风的导线或转动部分。 □A2（d） 进入粉尘较大的场所作业，作业人员必须戴防尘口罩。 □A2（e） 工作中，离开工作场所、暂停作业以及遇临时停电时，须立即切断电源盘电源。 □A2（f） 模件插拔时用力要均匀。 2.1 使用吹风机进行机柜清理，吹风机吹扫顺畅，保持吹扫5s以上。 2.2 使用绝缘表检查电源接线电缆绝缘合格。 2.3 电源空开、接线端子螺丝是否完好，注意接线紧固过程中端子与接线结合严密，不外漏、不松动

检修工序步骤及内容	安全、质量标准
3 传感器安装、测量、拆除 □3.1 表计标志牌齐全清晰，表面无污物，绑扎牢固； □3.2 在白胶布上写明表计名称、编号、安装位置，所属班组名称 □3.3 仪表处接线拆卸并做好表记 □3.4 拆除设备 危险源：绊脚物、专用工具 安全鉴证点 | 3-S1 □3.5 检查回装表计校验合格，标识清楚，核对表计标识与安装位置标识一致	□A3.4（a） 现场拆下的零件、设备、材料等应定置摆放，禁止乱堆乱放；现场禁止放置大量材料现场使用的材料做到随取随用。 □A3.4（b） 使用专用工具均匀用力
4 温度元件（开关）、变送器、电磁阀、限位开关检修 □4.1 表计标志牌齐全清晰，表面无污物，绑扎牢固 □4.2 在白胶布上写明表计名称、编号、安装位置，所属班组名称 □4.3 仪表处接线拆卸并做好表记 □4.4 拆除设备 危险源：安全带、梯子、高空中的工器具、零部件、绊脚物 安全鉴证点 | 4-S1 □4.5 检查回装表计校验合格，标识清楚，核对表计标识与安装位置标识一致 □4.6 表计安装，确保安装牢固。按照表计标识、接线标识，恢复表记及接线，接线检查，应无虚接现象	□A4.4（a） 使用时安全带的挂钩或绳子应挂在结实牢固的构件上；安全带要挂在上方，高度不低于腰部（即高挂低用）；利用安全带进行悬挂作业时，不能将挂钩直接勾在安全绳上，应勾在安全带的挂环上。 □A4.4（b） 在梯子上工作时，梯与地面的斜角度，直梯和升降梯与地面夹角以 60°～70°为宜，折梯使用时上部夹角以 35°～45°为宜，梯子的止滑脚必须安全可靠，使用梯子时必须有人扶持，梯子不得放在通道口、通道拐弯口及门前使用，如需放置时应设专人看守，上下梯子时，不准手持物件攀登；作业人员必须面向梯子上下；梯子上作业人员应将安全带挂在牢固的构件上，不准将安全带挂在梯子上；不准两人同登一梯；人在梯子上作业时，不准移动梯子；作业人员必须登在距梯顶不少于 1m 的梯蹬上工作。 □A4.4（c） 高处作业应一律使用工具袋；较大的工具应用绳拴在牢固的构件上工器具和零部件不准上下抛掷，应使用绳系牢后往下或往上吊。 □A4.4（d） 现场拆下的零件、设备、材料等应定置摆放，禁止乱堆乱放；现场禁止放置大量材料现场使用的材料做到随取随用
5 AST、OPC 电磁阀检修 □5.1 AST、OPC 电磁阀插头拆除 危险源：110V 交流电、220V 交流电、110V 直流电、220V 直流电、绊脚物 安全鉴证点 | 5-S1 □5.2 AST、OPC 电磁阀检查、更换及线圈电阻测量	□A5.1（a） 使用有绝缘柄的工具，其外裸的导电部位应采取绝缘措施，防止操作时相间或相对地短路；工作时，应穿绝缘鞋。 □A5.1（b） 拆线时应逐根拆除，每根用绝缘胶布包好；连接线应设有防止相间短路的保护措施，应固定牢固；拆、装设备时，工具裸露的金属部分用绝缘带包扎。 □A5.1（c） 现场拆下的零件、设备、材料等应定置摆放，禁止乱堆乱放；现场禁止放置大量材料现场使用的材料做到随取随用。 5.1 AST、OPC 电磁阀做好标记，标记与现场标志牌一致。AST、OPC 电磁阀插头拔出后，电磁阀插头要用绝缘胶带包裹好，电磁阀插头不能短路和接地。 5.2 AST、OPC 电磁阀线圈插针无变形、裂痕等现象；AST、OPC 电磁阀插头的接线完好，无损、无断线、破皮等异常现象，插头接线端子螺丝牢固无松动现象；AST、OPC 电磁阀插头的接线蛇皮管无破损，蛇皮管接头连接紧固。使用万用表电阻挡对AST、OPC 电磁阀线圈进行电阻测量，如发现电阻值异常及时更换，原始记录齐全，准确，检修报告填写及时规范。

续表

检修工序步骤及内容	安全、质量标准
□5.3 AST、OPC 电磁阀插头回装 | 质检点	2-W2			5.3 AST、OPC 电磁阀插头安装牢固，接线正确，检查接线牢固；接线端子牢固，端子号清晰、齐全，接线盒内卫生清洁；现场设备标志齐全，字迹清楚，固定牢固可靠
6 试运 危险源：220V 交流电 | 安全鉴证点	6-S1		| □6.1 现场设备投运正常	□A6 使用有绝缘柄的工具，其外裸的导电部位应采取绝缘措施，防止操作时相间或相对地短路；工作时，应穿绝缘鞋
7 汽轮机保护传动 □7.1 登录成功后，进入 ETS 系统软件界面，操作正确 □7.2 逻辑信号核实准确并填写操作记录 □7.3 在 ETS 工程师站检查相关参数并做记录 □7.4 在工程师站使用调试软件对汽轮机保护进行传动 危险源：设备及部件、液压油、润滑油、转动的门杆 | 安全鉴证点	7-S1			□A7.4（a） 工作人员应与高温部件保持适当距离。 □A7.4（b） 松开可能积存压力介质的法兰、锁母、螺丝时应避免正对介质释放点。 □A7.4（c） 调试时就地应有专人监护，远方操作人员与就地工作人员应保持联系；工作人员应远离转动的门杆
8 检修工作结束 危险源：施工废料 | 安全鉴证点	8-S1		| □8.1 工作完毕做到工完料尽场地清	□A8 废料及时清理，做到工完、料尽、场地清

检 修 技 术 记 录
数据记录：
遗留问题及处理措施：

记录人		年 月 日	工作负责人		年 月 日

检 修 工 序 卡

单位：_____　　班组：_____　　　　　　　编号：_____

检修任务：**电磁阀检修**　　　　　　　　　　　　　　　　　风险等级：_____

编　号		工单号	
计划检修时间		计划工日	
安全鉴证点（S1）	5	安全鉴证点（S2、S3）	0
见证点（W）	0	停工待检点（H）	0

办 理 工 作 票			
工作票编号：			
检修单位		工作负责人	
工作组成员			

施 工 现 场 准 备		
序号	安 全 措 施 检 查	确认符合
1	进入噪声区域、使用高噪声工具时正确佩戴合格的耳塞	□
2	进入粉尘较大的场所作业，作业人员必须戴防尘口罩	□
3	门口、通道、楼梯和平台等处，不准放置杂物	□
4	发现盖板缺损及平台防护栏杆不完整时，应采取临时防护措施，设坚固的临时围栏	□
5	地面有油水、泥污等，必须及时清除，以防滑跌	□
6	在高温场所工作时，应为工作人员提供足够的饮水、清凉饮料及防暑药品。对温度较高的作业场所必须增加通风设备	□
7	工作前核对设备名称及编号	□
8	工作前核对设备名称及编号；工作前验电，应将控制柜电源停电，并在电源开关上设置"禁止合闸，有人工作"警示牌	□
9	检查确认阀门已关闭不漏气	□
确认人签字：		

工 器 具 检 查				
序号	工具名称及型号	数量	完 好 标 准	确认符合
1	安全带	2	检查检验合格证应在有效期内，标识（产品标识和定期检验合格标识）应清晰齐全；各部件应完整，无缺失、无伤残破损，腰带、胸带、围杆带、围杆绳、安全绳应无灼伤、脆裂、断股、霉变；金属卡环（钩）必须有保险装置，且操作要灵活。钩体和钩舌的咬口必须完整，两者不得偏斜	□
2	脚手架	1	搭设结束后，必须履行脚手架验收手续，填写脚手架验收单，并在"脚手架验收单"上分级签字；验收合格后应在脚手架上悬挂合格证，方可使用；工作负责人每天上脚手架前，必须进行脚手架整体检查	□
3	梯子	1	检查梯子检验合格证在有效期内；使用梯子前应先检查梯子坚实、无缺损，止滑脚完好，不得使用有故障的梯子；人字梯应具有坚固的铰链和限制开度的拉链；各个连接件应无目测可见的变形，活动部件开合或升降应灵活	□
4	螺丝刀、钢丝钳	2	螺丝刀、钢丝钳手柄应安装牢固，没有手柄的不准使用	□
	绊脚物	1	现场工器具、设备备品备件应定置摆放	□
确认人签字：				

备 件 材 料 准 备					
序号	材料名称	规 格	单位	数量	检查结果
1	塑料布		kg	1	☐
2	绝缘胶带		筒	2	☐
3	抹布		卷	2	☐
4	毛刷		支	1	☐

检 修 工 序	
检修工序步骤及内容	安全、质量标准
1 拆除电磁阀电源线 ☐1.1 电磁阀做好标记，标记与现场标志牌一致 ☐1.2 电磁阀插头拔出后，电磁阀插头要用绝缘胶带包裹好，电磁阀插头不能短路和接地 危险源：220V交流电、220V直流电、110V交流电、110V直流电 安全鉴证点　　1-S1	☐A1.2（a） 使用有绝缘柄的工具，其外裸的导电部位应采取绝缘措施，防止操作时相间或相对地短路；工作时，应穿绝缘鞋；拆线前验电，确认无电。 ☐A1.2（b） 拆线时应逐根拆除，每根用绝缘胶布包好；连接线应设有防止相间短路的保护措施，应固定牢固；拆、装设备时，工具裸露的金属部分用绝缘带包扎
2 电磁阀检查、更换及线圈电阻测量 ☐2.1 电磁阀线圈插针无变形、裂痕等现象 ☐2.2 电磁阀插头的接线完好无损，无断线、破皮等异常现象，插头接线端子螺丝牢固无松动现象 ☐2.3 电磁阀插头的接线蛇皮管无破损，蛇皮管接头连接紧固 ☐2.4 电磁阀更换达式 危险源：安全带、梯子、脚手架、高空中的工器具、零部件、绊脚物、扳手、管钳 安全鉴证点　　2-S1	☐A2.4（a） 使用时安全带的挂钩或绳子应挂在结实牢固的构件上；安全带要挂在上方，高度不低于腰部（即高挂低用）；利用安全带进行悬挂作业时，不能将挂钩直接勾在安全绳上，应勾在安全带的挂环上 ☐A2.4（b） 在梯子上工作时，梯与地面的斜角度，直梯和升降梯与地面夹角以 60°～70°为宜，折梯使用时上部夹角以 35°～45°为宜，梯子的止滑脚必须安全可靠，使用梯子时必须有人扶持，梯子不得放在通道口、通道拐弯口和门前使用，如需放置时应设专人看守，上下梯子时，不准手持物件攀登；作业人员必须面向梯子上下；梯子上作业人员应将安全带挂在牢固的构件上，不准将安全带挂在梯子上；不准两人同登一梯；人在梯子上作业时，不准移动梯子；作业人员必须登在距梯顶不少于 1m 的梯蹬上工作。 ☐A2.4（c） 从事高处作业的人员必须身体健康；患有精神病、癫痫病以及经医师鉴定患有高血压、心脏病等不宜从事高处作业病症的人员，不准参加高处作业；凡发现工作人员精神不振时，禁止登高作业，上下脚手架应走人行通道或梯子，不准攀登架体；不准站在脚手架的探头上作业；不准在架子上退着行走或跨坐在防护横杆上休息，脚手架上作业时不准蹬在木桶、木箱、砖及其他建筑材料上。 ☐A2.4（d） 高处作业应一律使用工具袋；较大的工具应用绳拴在牢固的构件上工器具和零部件不准上下抛掷，应使用绳系牢后往下或往上吊。 ☐A2.4（e） 现场拆下的零件、设备、材料等应定置摆放，禁止乱堆乱放；现场禁止放置大量材料现场使用的材料做到随取随用 ☐A2.4（f） 使用工具要均匀用力
☐2.5 使用万用表电阻挡对电磁阀线圈进行电阻测量，如发现电阻值异常及时更换	

续表

检修工序步骤及内容	安全、质量标准
3　接入电磁阀电源线 危险源：220V 交流电、220V 直流电、110V 交流电、110V 直流电 安全鉴证点　3-S1 □3.1　电磁阀插头安装牢固，接线正确，检查接线牢固 □3.2　接线端子牢固，端子号清晰、齐全，接线盒内卫生清洁 □3.3　现场设备标志齐全，字迹清楚，固定牢固可靠	□A3　使用有绝缘柄的工具，其外裸的导电部位应采取绝缘措施，防止操作时相间或相对地短路；工作时，应穿绝缘鞋；拆线前验电，确认无电
4　调试 危险源：高温高压蒸汽、高温风、高温烟、高温水 安全鉴证点　4-S1 □4.1　核对设备编号 □4.2　恢复工作前所采取安全措施；	□A4（a）　调试时就地应有专人监护，远方操作人员与就地工作人员应保持联系 □A4（b）　工作人员避免正对介质释放点
5　检修工作结束 危险源：施工废料 安全鉴证点　5-S1 □5.1　工作完毕做到工完料尽场地清	□A5　废料及时清理，做到工完、料尽、场地清

检 修 技 术 记 录

数据记录：

遗留问题及处理措施：

记录人		年　　月　　日	工作负责人		年　　月　　日

检 修 工 序 卡

单位：＿＿＿＿＿＿＿＿　班组：＿＿＿＿＿＿＿＿　　　　　　　　编号：＿＿＿＿＿＿＿

检修任务：**电动执行机构检修**　　　　　　　　　　　　　　　风险等级：＿＿＿＿＿

编　号		工单号	
计划检修时间		计划工日	
安全鉴证点（S1）	5	安全鉴证点（S2、S3）	0
见证点（W）	0	停工待检点（H）	0

办 理 工 作 票		
工作票编号：		
检修单位	工作负责人	
工作组成员		

施 工 现 场 准 备		
序号	安 全 措 施 检 查	确认符合
1	进入噪声区域、使用高噪声工具时正确佩戴合格的耳塞	☐
2	进入粉尘较大的场所作业，作业人员必须戴防尘口罩	☐
3	门口、通道、楼梯和平台等处，不准放置杂物	☐
4	发现盖板缺损及平台防护栏杆不完整时，应采取临时防护措施，设坚固的临时围栏	☐
5	地面有油水、泥污等，必须及时清除，以防滑跌	☐
6	在高温场所工作时，应为工作人员提供足够的饮水、清凉饮料及防暑药品。对温度较高的作业场所必须增加通风设备	☐
7	工作前核对设备名称及编号	☐
8	工作前核对设备名称及编号；工作前验电，应将控制柜电源停电，并在电源开关上设置"禁止合闸，有人工作"警示牌	☐
9	不准擅自拆除设备上的安全防护设施	☐
确认人签字：		

工 器 具 检 查				
序号	工具名称及型号	数量	完 好 标 准	确认符合
1	安全带	2	检查检验合格证应在有效期内，标识（产品标识和定期检验合格标识）应清晰齐全；各部件应完整无缺失、无伤残破损，腰带、胸带、围杆带、围杆绳、安全绳应无灼伤、脆裂、断股、霉变；金属卡环（钩）必须有保险装置，且操作要灵活。钩体和钩舌的咬口必须完整，两者不得偏斜	☐
2	脚手架	1	搭设结束后，必须履行脚手架验收手续，填写脚手架验收单，并在"脚手架验收单"上分级签字；验收合格后应在脚手架上悬挂合格证，方可使用；工作负责人每天上脚手架前，必须进行脚手架整体检查	☐
3	梯子	1	检查梯子检验合格证在有效期内；使用梯子前应先检查梯子坚实、无缺损，止滑脚完好，不得使用有故障的梯子；人字梯应具有坚固的铰链和限制开度的拉链；各个连接件应无目测可见的变形，活动部件开合或升降应灵活	☐
4	螺丝刀	2	螺丝刀手柄应安装牢固，没有手柄的不准使用	☐
5	钢丝钳	2	钢丝钳手柄应安装牢固，没有手柄的不准使用	☐
6	内六角扳手	2	平整无明显机械损伤	☐
7	绊脚物	1	现场工器具、设备备品备件应定置摆放	☐
确认人签字：				

续表

备 件 材 料 准 备

序号	材料名称	规　　　格	单位	数量	检查结果
1	塑料布		kg	1	☐
2	绝缘胶带		筒	2	☐
3	抹布		卷	2	☐
4	毛刷		支	1	☐

检 修 工 序

检修工序步骤及内容	安全、质量标准
1 拆除电动执行机构接线 ☐1.1 核对设备编号、信号线标识，并做好记录 ☐1.2 使用钢丝钳、内六角扳手等工器具时方法正确，使用工具均匀用力 ☐1.3 确认检修设备已停电 危险源：220V 交流电 安全鉴证点　1-S1	☐A1.3（a） 使用有绝缘柄的工具，其外裸的导电部位应采取绝缘措施，防止操作时相间或相对地短路；工作时，应穿绝缘鞋；拆线前验电，确认无电。 ☐A1.3（b） 拆线时应逐根拆除，每根用绝缘胶布包好；连接线应设有防止相间短路的保护措施，应固定牢固；拆、装设备时，工具裸露的金属部分用绝缘带包扎
2 执行机构检查 危险源：安全带、梯子、脚手架、高空中的工器具、零部件、绊脚物、扳手、管钳 安全鉴证点　2-S1 ☐2.1 所有线路端子头标识齐全、准确；执行机构 接线插座、插头完好、洁净、接触良好、绝缘阻值应大于 20MΩ ☐2.2 检查阀门接线是否完好，信号传输正常 ☐2.3 检查阀门保险是否合格，如不合格，进行更换 ☐2.4 检查阀门板件是否有烧损，如有问题，进行更换 ☐2.5 检查 DCS 信号是否正常接收，逻辑无错误 ☐2.6 执行机构内卡件插拔时用力要均匀 ☐2.7 对电动门进行电源控制回路检查，检查接口板、编码器、逻辑板及电源板接口，如需更换卡件做好记录	☐A2（a） 使用时安全带的挂钩或绳子应挂在结实牢固的构件上；安全带要挂在上方，高度不低于腰部（即高挂低用）；利用安全带进行悬挂作业时，不能将挂钩直接勾在安全绳上，应勾在安全带的挂环上。 ☐A2（b） 在梯子上工作时，梯与地面的斜角度，直梯和升降梯与地面夹角以 60°～70°为宜，折梯使用时上部夹角以35°～45°为宜，梯子的止滑脚必须安全可靠，使用梯子时必须有人扶持，梯子不得放在通道口、通道拐弯口及门前使用，如需放置时应设专人看守，上下梯子时，不准手持物件攀登；作业人员必须面向梯子上下；梯子上作业人员应将安全带挂在牢固的构件上，不准将安全带挂在梯子上；不准两人同登一梯；人在梯子上作业时，不准移动梯子；作业人员必须登在距梯顶不少于 1m 的梯蹬上工作。 ☐A2（c） 从事高处作业的人员必须身体健康；患有精神病、癫痫病以及经医师鉴定患有高血压、心脏病等不宜从事高处作业病症的人员，不准参加高处作业；凡发现工作人员精神不振时，禁止登高作业，上下脚手架应走人行通道或梯子，不准攀登架体；不准站在脚手架的探头上作业；不准在架子上退着行走或跨坐在防护横杆上休息，脚手架上作业时不准蹲在木桶、木箱、砖及其他建筑材料上。 ☐A2（d） 高处作业应一律使用工具袋；较大的工具应用绳拴在牢固的构件上工器具和零部件不准上下抛掷，应使用绳系牢后往下或往上吊。 ☐A2（e） 现场拆下的零件、设备、材料等应定置摆放，禁止乱堆乱放；现场禁止放置大量材料现场使用的材料做到随取随用。 ☐A2（f） 使用工具要均匀用力
3 接线 危险源：220V 交流电 安全鉴证点　3-S1 ☐3.1 接线正确，检查接线牢固 ☐3.2 接线端子牢固，端子号清晰、齐全，接线盒内卫生清洁 ☐3.3 现场设备标志齐全，字迹清楚，固定牢固可靠	☐A3 使用有绝缘柄的工具，其外裸的导电部位应采取绝缘措施，防止操作时相间或相对地短路；工作时，应穿绝缘鞋；拆线前验电，确认无电

检修工序步骤及内容	安全、质量标准
4 调试 危险源：执行机构、220V 交流电 安全鉴证点　|　4-S1　|　　| □4.1 核对设备编号 □4.2 恢复工作前所采取安全措施	□A4（a） 调试时就地应有专人监护，远方操作人员与就地工作人员应保持联系；工作人员应远离执行器转动部分；调整阀门执行机构行程的同时不得用手触摸阀杆和手轮，避免挤伤手指。 □A4（b） 使用有绝缘柄的工具，其外裸的导电部位应采取绝缘措施，防止操作时相间或相对地短路；工作时，应穿绝缘鞋
5 检修工作结束 危险源：施工废料 安全鉴证点　|　5-S1　|　　| □5.1 工作完毕做到工完料尽场地清	□A5 废料及时清理，做到工完、料尽、场地清

<table>
<tr><td colspan="4" align="center">检 修 技 术 记 录</td></tr>
<tr><td colspan="4">数据记录：

</td></tr>
<tr><td colspan="4">遗留问题及处理措施

</td></tr>
<tr><td>记录人</td><td>年　月　日</td><td>工作负责人</td><td>年　月　日</td></tr>
</table>

检 修 工 序 卡

单位：_____ 班组：_____ 编号：_____

检修任务：**气动执行机构检修** 风险等级：_____

编 号		工单号	
计划检修时间		计划工日	
安全鉴证点（S1）	4	安全鉴证点（S2、S3）	0
见证点（W）	1	停工待检点（H）	0
办 理 工 作 票			
工作票编号：			
检修单位		工作负责人	
工作组成员			

施 工 现 场 准 备		
序号	安 全 措 施 检 查	确认符合
1	进入噪声区域、使用高噪声工具时正确佩戴合格的耳塞	□
2	进入粉尘较大的场所作业，作业人员必须戴防尘口罩	□
3	在高温场所工作时，应为工作人员提供足够的饮水、清凉饮料及防暑药品。对温度较高的作业场所必须增加通风设备	□
4	门口、通道、楼梯和平台等处，不准放置杂物	□
5	工作前核对设备名称及编号，检查确认阀门已关闭不漏气，不准擅自拆除设备上的安全防护设施	□
6	发现盖板缺损及平台防护栏杆不完整时，应采取临时防护措施，设坚固的临时围栏	□
7	地面有油水、泥污等，必须及时清除，以防滑跌	□
8	不准擅自拆除设备上的安全防护设施	□

确认人签字：

工 器 具 准 备 与 检 查				
序号	工具名称及型号	数量	完 好 标 准	确认符合
1	手锤（8p）	1	大锤的锤头须完整，其表面须光滑微凸，不得有歪斜、缺口、凹入及裂纹等情形；大锤的柄须用整根的硬木制成，并将头部用楔栓固定；楔栓宜采用金属楔，楔子长度不应大于安装孔的2/3	□
2	安全带	2	检查检验合格证应在有效期内，标识（产品标识和定期检验合格标识）应清晰齐全；各部件应完整，无缺失、无伤残破损，腰带、胸带、围杆带、围杆绳、安全绳应无灼伤、脆裂、断股、霉变；金属卡环（钩）必须有保险装置，且操作要灵活。钩体和钩舌的咬口必须完整，两者不得偏斜	□
3	脚手架	1	搭设结束后，必须履行脚手架验收手续，填写脚手架验收单，并在"脚手架验收单"上分级签字；验收合格后应在脚手架上悬挂合格证，方可使用；工作负责人每天上脚手架前，必须进行脚手架整体检查	□
4	梯子	1	检查梯子检验合格证在有效期内；使用梯子前应先检查梯子坚实、无缺损，止滑脚完好，不得使用有故障的梯子；人字梯应具有坚固的铰链和限制开度的拉链；各个连接件应无目测可见的变形，活动部件开合或升降应灵活	□
5	螺丝刀（150mm）	2	螺丝刀手柄应安装牢固，没有手柄的不准使用	□
6	钢丝钳	2	绝缘胶良好，没有破皮漏电等现象，钳口无磨损，无错口现象，手柄无潮湿，保持充分干燥	□
7	活扳手	2	活扳手开口平整无明显机械损伤，扳手与螺轮紧密配合，无松动现象，螺轮固定良好，无松动，螺轮螺纹无损伤	□

序号	工具名称及型号	数量	完 好 标 准	确认符合
8	管钳	1	管钳开口平整无明显机械损伤，与螺轮紧密配合，无松动现象，螺轮固定良好，无松动，螺轮螺纹无损伤	□

确认人签字：

<table>
<tr><td colspan="6" align="center">备 件 材 料 准 备</td></tr>
<tr><td>序号</td><td>材料名称</td><td colspan="2">规　　格</td><td>单位</td><td>数量</td><td>检查结果</td></tr>
</table>

序号	材料名称	规　　格	单位	数量	检查结果
1	塑料布		kg	5	□
2	绝缘胶带		筒	2	□
3	抹布		卷	2	□
4	记号笔		支	1	□
5	松动剂		筒	2	□

<table>
<tr><td colspan="2" align="center">检 修 工 序</td></tr>
<tr><td>检修工序步骤及内容</td><td>安全、质量标准</td></tr>
</table>

检修工序步骤及内容	安全、质量标准
1 拆除气动执行机构接线及气源管路 危险源：手动扳手、压缩空气 　安全鉴证点　1-S1 □1.1 核对设备编号、信号线标识，并做好记录 □1.2 定位器外观检查、清洁 □1.3 气源管路检查及拆除：检查减压阀外观有无裂纹等缺陷，拆除气源管路，并对气源管路做好密封处理，防止进灰	□A1（a） 使用工具均匀用力。 □A1（b） 松开可能积存压力介质锁母、螺丝时应避免正对介质释放点。 1.3 气源管路拆除完毕，密封良好
2 气动执行机构检修 危险源：安全带、梯子、脚手架、高空中的工器具、零部件、绊脚物、工器具 　安全鉴证点　2-S1 □2.1 定位器外观检查、清洁 □2.2 过滤器清洗 □2.3 接线及配件检查 □2.4 设置参数检查	□A2（a） 使用时安全带的挂钩或绳子应挂在结实牢固的构件上；安全带要挂在上方，高度不低于腰部（即高挂低用）；利用安全带进行悬挂作业时，不能将挂钩直接勾在安全绳上，应勾在安全带的挂环上。 □A2（b） 在梯子上工作时，梯与地面的斜角度，直梯和升降梯与地面夹角以 60°～70° 为宜，折梯使用时上部夹角以 35°～45° 为宜，梯子的止滑脚必须安全可靠，使用梯子时必须有人扶持，梯子不得放在通道口、通道拐弯口和门前使用，如需放置时应设专人看守，上下梯子时，不准手持物件攀登；作业人员必须面向梯子上下，梯子上作业人员应将安全带挂在牢固的构件上，不准将安全带挂在梯子上；不准两人同登一梯；人在梯子上作业时，不准移动梯子；作业人员必须登在距梯顶不少于 1m 的梯蹬上工作。 □A2（c） 从事高处作业的人员必须身体健康；患有精神病、癫痫病以及经医师鉴定患有高血压、心脏病等不宜从事高处作业病症的人员，不准参加高处作业；凡发现工作人员精神不振时，禁止登高作业，上下脚手架应走人行通道或梯子，不准攀登架体；不准站在脚手架的探头上作业；不准在架子上退着行走或跨坐在防护横杆上休息，脚手架上作业时不准蹲在木桶、木箱、砖及其他建筑材料上。 □A2（d） 高处作业应一律使用工具袋；较大的工具应用绳拴在牢固的构件上，工器具和零部件不准上下抛掷，应使用绳系牢后往下或往上吊。 □A2（e） 现场拆下的零件、设备、材料应定置摆放，禁止乱堆乱放，现场禁止置放大量材料现场禁止置放大量材料现场使用的材料做到随取随用。 □A2（f） 使用工具均匀用力。 2.2 无积灰积水。 2.3 接线正确，牢固，配件齐全，安装固定牢固。

检修工序步骤及内容	安全、质量标准
□2.5 检查位置反馈杆的安装角度 □2.6 检查信号线对地、线间绝缘	2.5 直行程应用范围：−28°～＋28°，角行程应用范围：−57°～＋57°。 2.6 绝缘：＞20MΩ
3 气动执行机构连接气源、回装 危险源：压缩空气 	安全鉴证点	3-S1	 □3.1 回装气动执行机构连接气源管路，检查管道及接头无泄漏，气源压力按电-气转换器、定位器、执行器要求调整	□A3 接入压缩空气管时将锁母拧紧
4 气动执行机构调试 危险源：执行机构 | 安全鉴证点	4-S1 | □4.1 零位调整；机械零位正常，控制站信号置为 0%时，执行器为0%行程位置，控制信号达到5% 时，目视执行器动作 □4.2 量程调整；控制站信号置为100%时，执行器为100%行程位置，在整个行程中，执行器动作平稳 □4.3 线性检查。行程 0%、25%、50%、75%、100% □4.4 全开、全关时间记录 □4.5 开、关状态检查 | 质检点	1-W2	一级	二级		□A4 调试时就地应有专人监护，远方操作人员与就地工作人员应保持联系；工作人员应远离执行器转动部分。 4.3 气动执行器整组调试合格。 4.4 全开、全关时间符合要求。 4.5 开、关信号正确
5 清理现场 危险源：施工废料 	安全鉴证点	5-S1	 □5.1 工作完毕，清理现场杂物	□A5 废料及时清理，做到工完、料尽、场地清

检 修 技 术 记 录
数据记录：
遗留问题及处理措施：

记录人		年　月　日	工作负责人		年　月　日

检 修 工 序 卡

单位：_____ 班组：_____ 编号：_____

检修任务：**液动执行机构检修** 风险等级：_____

编 号			工单号	
计划检修时间			计划工日	
安全鉴证点（S1）	5		安全鉴证点（S2、S3）	0
见证点（W）	1		停工待检点（H）	0

办 理 工 作 票
工作票编号：

检修单位		工作负责人	
工作组成员			

施 工 现 场 准 备		

序号	安 全 措 施 检 查	确认符合
1	进入噪声区域、使用高噪声工具时正确佩戴合格的耳塞	□
2	进入粉尘较大的场所作业，作业人员必须戴防尘口罩	□
3	在高温场所工作时，应为工作人员提供足够的饮水、清凉饮料及防暑药品。对温度较高的作业场所必须增加通风设备	□
4	门口、通道、楼梯和平台等处，不准放置杂物	□
5	发现盖板缺损及平台防护栏杆不完整时，应采取临时防护措施，设坚固的临时围栏	□
6	地面有油水、泥污等，必须及时清除，以防滑跌	□
7	工作前核对设备名称及编号，检查确认阀门已关闭	□
8	工作前验电，应将控制柜电源停电，并在电源开关上设置"禁止合闸，有人工作"警示牌	□
9	不准擅自拆除设备上的安全防护设施	□

确认人签字：

工 器 具 准 备 与 检 查				

序号	工具名称及型号	数量	完 好 标 准	确认符合
1	手锤（8p）	1	大锤的锤头须完整，其表面须光滑微凸，不得有歪斜、缺口、凹入及裂纹等情形；大锤的柄须用整根的硬木制成，并将头部用楔栓固定；楔栓宜采用金属楔，楔子长度不应大于安装孔的2/3	□
2	安全带	2	检查检验合格证应在有效期内，标识（产品标识和定期检验合格标识）应清晰齐全；各部件应完整，无缺失、无伤残破损，腰带、胸带、围杆带、围杆绳、安全绳应无灼伤、脆裂、断股、霉变；金属卡环（钩）必须有保险装置，且操作要灵活。钩体和钩舌的咬口必须完整，两者不得偏斜	□
3	脚手架	1	搭设结束后，必须履行脚手架验收手续，填写脚手架验收单，并在"脚手架验收单"上分级签字；验收合格后应在脚手架上悬挂合格证，方可使用；工作负责人每天上脚手架前，必须进行脚手架整体检查	□
4	梯子	1	检查梯子检验合格证在有效期内；使用梯子前应先检查梯子坚实、无缺损，止滑脚完好，不得使用有故障的梯子；人字梯应具有坚固的铰链和限制开度的拉链；各个连接件应无目测可见的变形，活动部件开合或升降应灵活	□
5	螺丝刀	2	螺丝刀手柄应安装牢固，没有手柄的不准使用	□
6	钢丝钳	2	绝缘胶良好，没有破皮漏电等现象，钳口无磨损，无错口现象，手柄无潮湿，保持充分干燥	□

续表

序号	工具名称及型号	数量	完好标准	确认符合
7	活扳手	1	活扳手开口平整无明显机械损伤，扳手与螺轮紧密配合，无松动现象，螺轮固定良好，无松动，螺轮螺纹无损伤	□
8	管钳	1	管钳开口平整无明显机械损伤，与螺轮紧密配合，无松动现象，螺轮固定良好，无松动，螺轮螺纹无损伤	□
9	万用表	1	万用表应在校验合格使用期内，不应有妨碍读数和影响正常工作的机械损伤、显示缺陷；接线柱、旋钮等无松动	□

确认人签字：

备件材料准备

序号	材料名称	规格	单位	数量	检查结果
1	塑料布		kg	5	□
2	绝缘胶带		筒	2	□
3	抹布		卷	2	□
4	记号笔		支	1	□
5	清洁剂		筒	2	□

检修工序

检修工序步骤及内容	安全、质量标准
1 拆除液动执行机构接线 危险源：220V 交流电 安全鉴证点　1-S1 □1.1 核对设备编号、信号线标识，并做好记录 □1.2 控制柜外观检查 □1.3 液动执行机构接线拆除，拆除接线，并对拆下接线做好包扎防护，防止损坏	□A1 使用有绝缘柄的工具，其外裸的导电部位应采取绝缘措施，防止操作时相间或相对地短路；工作时，应穿绝缘鞋；拆线前验电，确认无电，拆线时应逐根拆除，每根用绝缘胶布包好；连接线应设有防止相间短路的保护措施，应固定牢固；拆、装设备时，工具裸露的金属部分用绝缘带包扎 1.3 接线拆除完毕，防护良好
2 液动执行机构检修 危险源：安全带、梯子、脚手架、高空中的工器具、零部件、绊脚物、工器具 安全鉴证点　2-S1 □2.1 接线端子、继电器检查紧固 □2.2 电源检查，变压器 380V AC/24V DC 转换功能及绝缘正常，各保险完好 □2.3 元器件检查	□A2（a） 使用时安全带的挂钩或绳子应挂在结实牢固的构件上；安全带要挂在上方，高度不低于腰部（即高挂低用）；利用安全带进行悬挂作业时，不能将挂钩直接勾在安全绳上，应勾在安全带的挂环上。 □A2（b） 在梯子上工作时，梯与地面的斜角度，直梯和升降梯与地面夹角以 60°～70° 为宜，折梯使用时上部夹角以 35°～45° 为宜，梯子的止滑脚必须安全可靠，使用梯子时必须有人扶持，梯子不得放在通道口、通道拐弯口和门前使用，如需放置时应设专人看守，上下梯子时，不准手持物件攀登；作业人员必须面向梯子上下；梯子上作业人员应将安全带挂在牢固的构件上，不准将安全带挂在梯子上；不准两人同登一梯；人在梯子上作业时，不准移动梯子；作业人员必须登在距梯顶不少于 1m 的梯蹬上工作。 □A2（c） 从事高处作业的人员必须身体健康；患有精神病、癫痫病以及经医师鉴定患有高血压、心脏病等不宜从事高处作业病症的人员，不准参加高处作业；凡发现工作人员精神不振时，禁止登高作业，上下脚手架应走人行通道或梯子，不准攀登架体；不准站在脚手架的探头上作业；不准在架子上退着行走或跨坐在防护横杆上休息，脚手架上作业时不准蹲在木桶、木箱、砖及其他建筑材料上。 □A2（d） 高处作业应一律使用工具袋；较大的工具应用绳拴在牢固的构件上工器具和零部件不准上下抛掷，应使用绳系牢后往下或往上吊。 □A2（e） 现场拆下的零件、设备、材料等应定置摆放，禁止乱堆乱放，现场禁止放置大量材料；现场使用的材料做到随取随用。

检修工序步骤及内容	安全、质量标准
□2.4　压力开关及油站温度测量检查 □2.5　液动执行机构电磁阀组检修 □2.5.1　减压阀外观检查，电磁回路及绝缘正常，各部件无污迹、无损伤 □2.5.2　解体清洗减压阀电磁阀 □2.5.3　装复减压阀电磁阀 □2.5.4　减压阀阀位变送器检查，电磁回路及绝缘正常，各部件无污迹、无损伤 □2.5.5　减压阀信号试验	□A2（f）　使用工具均匀用力，锤把上不可有油污。 2.4　温度测量及压力开关元件完好、无损伤；校验合格；二次表显示测量准确，定值设置正确。 2.5　无积灰，固定牢固，布线合理，反馈杆连接正确，开关动作灵活动作方向和输出变化规律满足要求
3　液动执行机构接线 危险源：220V 交流电 安全鉴证点　3-S1 □3.1　接线正确，检查接线牢固 □3.2　接线端子牢固，端子号清晰、齐全，接线盒内卫生清洁 □3.3　现场设备标志齐全，字迹清楚，固定牢固可靠	□A3　使用有绝缘柄的工具，其外裸的导电部位应采取绝缘措施，防止操作时相间或相对地短路；工作时，应穿绝缘鞋，接线前验电，确认无电。 3.2　接线整齐紧固
4　调试 危险源：执行机构 安全鉴证点　4-S1 □4.1　控制回路检查 □4.2　油站工作状态检查 □4.3　零位调整 □4.4　量程调整 □4.5　线性检查 □4.6　全开、全关时间记录 □4.7　记录调节阀全开、全关时间，开、关状态调整，分别拨动减压、减温阀阀位变送器位置接点凸轮 S4，调整调节阀开、关位置信号。当减压调节阀、减温调节阀执行器分别在 0%行程位置时，反馈传动机构使各自接点闭合，CRT 显示各自关闭状态；减压、减温调节阀执行器分别达到 5%及以上行程位置时，接点释放，CRT 显示开启状态。减压阀迅速开启，在 3s 左右达全开状态 □4.8　快开试验，短接 4L1-2 和 4L1-13 端子，模拟快开指令，做快开试验，减压阀迅速开启 □4.9　联锁试验分别拨动减压、减温阀阀位变送器位置接点凸轮 S1，进行高旁减温截止阀联动调整。减压、减温两调节阀均在开启状态时，截止阀开启；减压、减温两调节阀任一关闭，截止阀关闭 □4.10　控制系统整体调试 | 质检点	1-W2	一级	二级 | 				| 						□A4　调试时就地应有专人监护，远方操作人员与就地工作人员应保持联系，工作人员应远离执行器转动部分。 4.5　线性符合要求。 4.6　全开、全关时间符合要求。 4.8　在 3s 左右达全开状态。 4.9　联锁试验正常。 4.10　控制系统整体调试合格
5　清理现场 危险源：施工废料 安全鉴证点　5-S1 □5.1　工作完毕，清理现场杂物	□A5　废料及时清理，做到工完、料尽、场地清

检 修 技 术 记 录			
数据记录：			
遗留问题及处理措施：			
记录人	年　月　日	工作负责人	年　月　日

检 修 工 序 卡

单位：_____　　　班组：_____　　　　　　　　编号：_____

检修任务：**压力表检修**　　　　　　　　　　　　　　　　　　风险等级：_____

编　号			工单号		
计划检修时间			计划工日		
安全鉴证点（S1）	3		安全鉴证点（S2、S3）		2
见证点（W）	0		停工待检点（H）		0
办 理 工 作 票					
工作票编号：					
检修单位			工作负责人		
工作组成员					
施 工 现 场 准 备					

序号	安 全 措 施 检 查	确认符合
1	进入噪声区域、使用高噪声工具时正确佩戴合格的耳塞	☐
2	进入粉尘较大的场所作业，作业人员必须戴防尘口罩	☐
3	门口、通道、楼梯和平台等处，不准放置杂物	☐
4	发现盖板缺损及平台防护栏杆不完整时，应采取临时防护措施，设坚固的临时围栏	☐
5	地面有油水、泥污等，必须及时清除，以防滑跌	☐
6	在高温场所工作时，应为工作人员提供足够的饮水、清凉饮料及防暑药品。对温度较高的作业场所必须增加通风设备	☐
7	设置安全围栏，并挂"高温部件、禁止靠近"警示标示牌	☐
8	工作前核对设备名称及编号；工作前验电	☐
9	确认取样管一次门、二次门均关闭，并挂"禁止操作，有人工作"标示牌	☐
确认人签字：		

工 器 具 检 查				
序号	工具名称及型号	数量	完 好 标 准	确认符合
1	安全带	2	检查检验合格证应在有效期内，标识（产品标识和定期检验合格标识）应清晰齐全；各部件应完整，无缺失、无伤残破损，腰带、胸带、围杆带、围杆绳、安全绳应无灼伤、脆裂、断股、霉变；金属卡环（钩）必须有保险装置，且操作要灵活。钩体和钩舌的咬口必须完整，两者不得偏斜	☐
2	脚手架	1	搭设结束后，必须履行脚手架验收手续，填写脚手架验收单，并在"脚手架验收单"上分级签字；验收合格后应在脚手架上悬挂合格证，方可使用；工作负责人每天上脚手架前，必须进行脚手架整体检查	☐
3	梯子	1	检查梯子检验合格证在有效期内；使用梯子前应先检查梯子坚实、无缺损，止滑脚完好，不得使用有故障的梯子；人字梯应具有坚固的铰链和限制开度的拉链；各个连接件应无目测可见的变形，活动部件开合或升降应灵活	☐
4	螺丝刀	2	螺丝刀手柄应安装牢固，没有手柄的不准使用	☐
5	内六角扳手	2	平整无明显机械损伤	☐
6	扳手	2	活扳手开口平整无明显机械损伤，扳手与螺轮紧密配合，无松动现象，螺轮固定良好，无松动，螺轮螺纹无损伤	☐
7	绊脚物	1	现场工器具、设备备品备件应定置摆放	☐
确认人签字：				

		备 件 材 料 准 备			
序号	材料名称	规 格	单位	数量	检查结果
1	塑料布		kg	1	☐
2	绝缘胶带		筒	2	☐
3	抹布		卷	2	☐
4	毛刷		支	1	☐

检 修 工 序	
检修工序步骤及内容	安全、质量标准
1 压力表拆卸 危险源：安全带、梯子、脚手架、高空中的工器具、零部件、绊脚物、手动扳手、氢气、氨、柴油、高温高压蒸汽、高温风、高温烟、高温水、高压水、高压油等 安全鉴证点　1-S2	☐A1（a） 使用时安全带的挂钩或绳子应挂在结实牢固的构件上；安全带要挂在上方，高度不低于腰部（即高挂低用）；利用安全带进行悬挂作业时，不能将挂钩直接勾在安全绳上，应勾在安全带的挂环上。 ☐A1（b） 在梯子上工作时，梯与地面的斜角度，直梯和升降梯与地面夹角以 60°～70°为宜，折梯使用时上部夹角以35°～45°为宜，梯子的止滑脚必须安全可靠，使用梯子时必须有人扶持，梯子不得放在通道口、通道拐弯口和门前使用，如需放置时应设专人看守，上下梯子时，不准手持物件攀登；作业人员必须面向梯子上下；梯子上作业人员应将安全带挂在牢固的构件上，不准将安全带挂在梯子上；不准两人同登一梯；人在梯子上作业时，不准移动梯子；作业人员必须登在距梯顶不少于 1m 的梯蹬上工作。 ☐A1（c） 从事高处作业的人员必须身体健康；患有精神病、癫痫病以及经医师鉴定患有高血压、心脏病等不宜从事高处作业病症的人员，不准参加高处作业；凡发现工作人员精神不振时，禁止登高作业，上下脚手架应走人行通道或梯子，不准攀登架体；不准站在脚手架的探头上作业；不准在架子上退着行走或跨坐在防护横杆上休息，脚手架上作业时不准蹬在木桶、木箱、砖及其他建筑材料上。 ☐A1（d） 高处作业应一律使用工具袋；较大的工具应用绳拴在牢固的构件上工器具和零部件不准上下抛掷，应使用绳系牢后往下或往上吊。 ☐A1（e） 现场拆下的零件、设备、材料等应定置摆放，禁止乱堆乱放；现场禁止放置大量材料；现场使用的材料做到随取随用。 ☐A1（f） 使用工具要均匀用力。 ☐A1（g） 氢气、氨、柴油区域应使用铜质等防止产生火花的专用工具，如必须使用钢制工具，应涂黄油或采取其他措施。 ☐A1（h） 松开可能积存压力介质的锁母时应缓慢拆卸并避免正对介质释放点；锁母应缓慢松懈，如有介质渗出，则停止松懈锁母，待没有介质渗出，再缓慢松懈锁母，直到完全松开
2 压力表校验 危险源：高压油、手动扳手 安全鉴证点　1-S1 ☐2.1 表计进入实验室之前应保证外观整洁，无灰尘、油污、水渍等 ☐2.2 对表计进行校验	☐A2（a） 松开可能积存压力介质的法兰、锁母、螺丝时应避免正对介质释放点。 ☐A2（b） 使用工具均匀用力
3 压力表回装 危险源：安全带、梯子、脚手架、高空中的工器具、零部件、绊脚物、手动扳手、氢气、氨、柴油 安全鉴证点　2-S2	☐A3（a） 使用时安全带的挂钩或绳子应挂在结实牢固的构件上；安全带要挂在上方，高度不低于腰部（即高挂低用）；利用安全带进行悬挂作业时，不能将挂钩直接勾在安全绳上，应勾在安全带的挂环上。

检修工序步骤及内容	安全、质量标准
□3.1 放入紫铜垫，将表计固定在锁母上 □3.2 使用扳手轻轻紧固表计锁母，待表计面向前方时将锁母全部紧固 □3.3 打开表计二次门	□A3（b） 在梯子上工作时，梯与地面的斜角度，直梯和升降梯与地面夹角以 60°～70°为宜，折梯使用时上部夹角以 35°～45°为宜，梯子的止滑脚必须安全可靠，使用梯子时必须有人扶持，梯子不得放在通道口、通道拐弯口和门前使用，如需放置时应设专人看守，上下梯子时，不准手持物件攀登；作业人员必须面向梯子上下；梯子上作业人员应将安全带挂在牢固的构件上，不准将安全带挂在梯子上；不准两人同登一梯；人在梯子上作业时，不准移动梯子；作业人员必须登在距梯顶不少于 1m 的梯蹬上工作。 □A3（c） 从事高处作业的人员必须身体健康；患有精神病、癫痫病以及经医师鉴定患有高血压、心脏病等不宜从事高处作业病症的人员，不准参加高处作业；凡发现工作人员精神不振时，禁止登高作业，上下脚手架应走人行通道或梯子，不准攀登架体；不准站在脚手架的探头上作业；不准在架子上退着行走或跨坐在防护横杆上休息，脚手架上作业时不准蹲在木桶、木箱、砖及其他建筑材料上。 □A3（d） 高处作业应一律使用工具袋；较大的工具应用绳拴在牢固的构件上工器具和零部件不准上下抛掷，应使用绳系牢后往下或往上吊。 □A3（e） 现场拆下的零件、设备、材料等应定置摆放，禁止乱堆乱放；现场禁止放置大量材料；现场使用的材料做到随取随用。 □A3（f） 使用工具要均匀用力。 □A3（g） 氢气、氨、柴油区域应使用铜质等防止产生火花的专用工具，如必须使用钢制工具，应涂黄油或采取其他措施
□4 试运 危险源：高温高压蒸汽、高温风、高温烟、高温水、高压水、高压油等 安全鉴证点　2-S1	□A4（a） 检查确认现场安全措施、隔离措施正确恢复。 □A4（b） 投运时应先微开取样阀，确认无泄漏后再继续打开取样阀，并避免正对介质释放点
5 检修工作结束 危险源：施工废料 安全鉴证点　3-S1 □5.1 工作完毕做到工完料尽场地清	□A5 废料及时清理，做到工完、料尽、场地清

安 全 鉴 证 卡

风险点鉴证点：1-S2 工序 1 压力表拆卸

		年　月　日
一级验收		年　月　日
二级验收		年　月　日
一级验收		年　月　日
二级验收		年　月　日
一级验收		年　月　日
二级验收		年　月　日
一级验收		年　月　日
二级验收		年　月　日
一级验收		年　月　日
二级验收		年　月　日

续表

<table>
<tr><td colspan="3" align="center">安 全 鉴 证 卡</td></tr>
<tr><td colspan="3">风险点鉴证点：2-S2 工序 3 压力表拆卸</td></tr>
<tr><td>一级验收</td><td></td><td>年 月 日</td></tr>
<tr><td>二级验收</td><td></td><td>年 月 日</td></tr>
<tr><td>一级验收</td><td></td><td>年 月 日</td></tr>
<tr><td>二级验收</td><td></td><td>年 月 日</td></tr>
<tr><td>一级验收</td><td></td><td>年 月 日</td></tr>
<tr><td>二级验收</td><td></td><td>年 月 日</td></tr>
<tr><td>一级验收</td><td></td><td>年 月 日</td></tr>
<tr><td>二级验收</td><td></td><td>年 月 日</td></tr>
<tr><td>一级验收</td><td></td><td>年 月 日</td></tr>
<tr><td>二级验收</td><td></td><td>年 月 日</td></tr>
<tr><td colspan="3" align="center">检 修 技 术 记 录</td></tr>
<tr><td colspan="3">数据记录：</td></tr>
<tr><td colspan="3">遗留问题及处理措施：</td></tr>
<tr><td>记录人</td><td>年 月 日</td><td>工作负责人　　　　　　年 月 日</td></tr>
</table>

检 修 工 序 卡

单位：_____ 班组：_____   编号：_____

检修任务：**压力变送器（开关）检修**   风险等级：_____

编　号		工单号	
计划检修时间		计划工日	
安全鉴证点（S1）	3	安全鉴证点（S2、S3）	2
见证点（W）	0	停工待检点（H）	0

办 理 工 作 票			
工作票编号：			
检修单位		工作负责人	
工作组成员			

施 工 现 场 准 备		
序号	安 全 措 施 检 查	确认符合
1	进入噪声区域、使用高噪声工具时正确佩戴合格的耳塞	☐
2	进入粉尘较大的场所作业，作业人员必须戴防尘口罩	☐
3	门口、通道、楼梯和平台等处，不准放置杂物	☐
4	发现盖板缺损及平台防护栏杆不完整时，应采取临时防护措施，设坚固的临时围栏	☐
5	地面有油水、泥污等，必须及时清除，以防滑跌	☐
6	在高温场所工作时，应为工作人员提供足够的饮水、清凉饮料及防暑药品。对温度较高的作业场所必须增加通风设备	☐
7	设置安全围栏，并挂"高温部件、禁止靠近"警示标示牌	☐
8	工作前核对设备名称及编号；工作前验电	☐
9	确认取样管一次门、二次门均关闭，并挂"禁止操作，有人工作"标示牌	☐
确认人签字：		

工 器 具 检 查				
序号	工具名称及型号	数量	完 好 标 准	确认符合
1	安全带	2	检查检验合格证应在有效期内，标识（产品标识和定期检验合格标识）应清晰齐全；各部件应完整，无缺失、无伤残破损，腰带、胸带、围杆带、围杆绳、安全绳应无灼伤、脆裂、断股、霉变；金属卡环（钩）必须有保险装置，且操作要灵活。钩体和钩舌的咬口必须完整，两者不得偏斜	☐
2	脚手架	1	搭设结束后，必须履行脚手架验收手续，填写脚手架验收单，并在"脚手架验收单"上分级签字；验收合格后应在脚手架上悬挂合格证，方可使用；工作负责人每天上脚手架前，必须进行脚手架整体检查	☐
3	梯子	1	检查梯子检验合格证在有效期内；使用梯子前应先检查梯子坚实、无缺损，止滑脚完好，不得使用有故障的梯子；人字梯应具有坚固的铰链和限制开度的拉链；各个连接件应无目测可见的变形，活动部件开合或升降应灵活	☐
4	螺丝刀	2	螺丝刀手柄应安装牢固，没有手柄的不准使用	☐
5	内六角扳手	2	平整无明显机械损伤	☐
6	扳手	2	活扳手开口平整无明显机械损伤，扳手与螺轮紧密配合，无松动现象，螺轮固定良好，无松动，螺轮螺纹无损伤	☐
7	绊脚物	1	现场工器具、设备备品备件应定置摆放	☐
确认人签字：				

续表

序号	材料名称	规格	单位	数量	检查结果
	备 件 材 料 准 备				
1	塑料布		kg	1	☐
2	绝缘胶带		筒	2	☐
3	抹布		卷	2	☐
4	毛刷		支	1	☐

检 修 工 序	
检修工序步骤及内容	安全、质量标准
☐1 压力变送器（开关）拆卸 危险源：安全带、梯子、脚手架、高空中的工器具、零部件、绊脚物、手动扳手、氢气、氨、柴油、高温高压蒸汽、高温风、高温烟、高温水、高压水、高压油等 安全鉴证点　1-S2	☐A1（a） 使用时安全带的挂钩或绳子应挂在结实牢固的构件上；安全带要挂在上方，高度不低于腰部（即高挂低用）；利用安全带进行悬挂作业时，不能将挂钩直接勾在安全绳上，应勾在安全带的挂环上。 ☐A1（b） 在梯子上工作时，梯与地面的斜角度，直梯和升降梯与地面夹角以 60°～70° 为宜，折梯使用时上部夹角以 35°～45° 为宜，梯子的止滑脚必须安全可靠，使用梯子时必须有人扶持，梯子不得放在通道口、通道拐弯口和门前使用，如需放置时应设专人看守，上下梯子时，不准手持物件攀登；作业人员必须面向梯子上下；梯子上作业人员应将安全带挂在牢固的构件上，不准将安全带挂在梯子上；不准两人同登一梯；人在梯子上作业时，不准移动梯子；作业人员必须登在距梯顶不少于 1m 的梯蹬上工作。 ☐A1（c） 从事高处作业的人员必须身体健康；患有精神病、癫痫病以及经医师鉴定患有高血压、心脏病等不宜从事高处作业病症的人员，不准参加高处作业；凡发现工作人员精神不振时，禁止登高作业，上下脚手架应走人行通道或梯子，不准攀登架体；不准站在脚手架的探头上作业；不准在架子上退着行走或跨坐在防护横杆上休息，脚手架上作业时不准蹲在木桶、木箱、砖及其他建筑材料上。 ☐A1（d） 高处作业应一律使用工具袋；较大的工具应用绳拴在牢固的构件上工器具和零部件不准上下抛掷，应使用绳系牢后往下或往上吊。 ☐A1（e） 现场拆下的零件、设备、材料等应定置摆放，禁止乱堆乱放；现场禁止放置大量材料；现场使用的材料做到随取随用。 ☐A1（f） 使用工具要均匀用力。 ☐A1（g） 氢气、氨、柴油区域应使用铜质等防止产生火花的专用工具，如必须使用钢制工具，应涂黄油或采取其他措施。 ☐A1（h） 松开可能积存压力介质的锁母时应缓慢拆卸并避免正对介质释放点；锁母应缓慢松懈，如有介质渗出，则停止松懈锁母，待没有介质渗出，再缓慢松懈锁母，直到完全松开
2 压力变送器（开关）校验 危险源：高压油、手动扳手 安全鉴证点　1-S1 ☐2.1 表计进入实验室之前应保证外观整洁，无灰尘、油污、水渍等 ☐2.2 对表计进行校验	☐A2（a） 松开可能积存压力介质的法兰、锁母、螺丝时应避免正对介质释放点。 ☐A2（b） 使用工具均匀用力
3 压力变送器（开关）回装 危险源：安全带、梯子、脚手架、高空中的工器具、零部件、绊脚物、手动扳手、氢气、氨、柴油 安全鉴证点　2-S2	☐A3（a） 使用时安全带的挂钩或绳子应挂在结实牢固的构件上；安全带要挂在上方，高度不低于腰部（即高挂低用）；利用安全带进行悬挂作业时，不能将挂钩直接勾在安全绳上，应勾在安全带的挂环上。

检修工序步骤及内容	安全、质量标准
□3.1 放入紫铜垫，将表计固定在锁母上 □3.2 使用扳手轻轻紧固表计锁母，待表计面向前方时将锁母全部紧固 □3.3 打开表计二次门	□A3（b） 在梯子上工作时，梯与地面的斜角度，直梯和升降梯与地面夹角以 60°～70°为宜，折梯使用时上部夹角以 35°～45°为宜，梯子的止滑脚必须安全可靠，使用梯子时必须有人扶持，梯子不得放在通道口、通道拐弯口和门前使用，如需放置时应设专人看守，上下梯子时，不准手持物件攀登；作业人员必须面向梯子上下；梯子上作业人员应将安全带挂在牢固的构件上，不准将安全带挂在梯子上；不准两人同登一梯；人在梯子上作业时，不准移动梯子；作业人员必须登在距梯顶不少于 1m 的梯蹬上工作。 □A3（c） 从事高处作业的人员必须身体健康；患有精神病、癫痫病以及经医师鉴定患有高血压、心脏病等不宜从事高处作业病症的人员，不准参加高处作业；凡发现工作人员精神不振时，禁止登高作业，上下脚手架应走人行通道或梯子，不准攀登架体；不准站在脚手架的探头上作业；不准在架子上退着行走或跨坐在防护横杆上休息，脚手架上作业时不准蹲在木桶、木箱、砖及其他建筑材料上。 □A3（d） 高处作业应一律使用工具袋；较大的工具应用绳拴在牢固的构件上工器具和零部件不准上下抛掷，应使用绳系牢后往下或往上吊。 □A3（e） 现场拆下的零件、设备、材料等应定置摆放，禁止乱堆乱放；现场禁止放置大量材料；现场使用的材料做到随取随用。 □A3（f） 使用工具要均匀用力。 □A3（g） 氢气、氨、柴油区域应使用铜质等防止产生火花的专用工具，如必须使用钢制工具，应涂黄油或采取其他措施
□4 试运 危险源：高温高压蒸汽、高温风、高温烟、高温水、高压水、高压油等 安全鉴证点　2-S1	□A4（a） 检查确认现场安全措施、隔离措施正确恢复。 □A4（b） 投运时应先微开取样阀，确认无泄漏后再继续打开取样阀，并避免正对介质释放点
5 检修工作结束 危险源：施工废料 安全鉴证点　3-S1 □5.1 工作完毕做到工完料尽场地清	□A5 废料及时清理，做到工完、料尽、场地清

安 全 鉴 证 卡

风险点鉴证点：1-S2 工序 1 压力变送器（开关）拆卸

一级验收		年　月　日
二级验收		年　月　日
一级验收		年　月　日
二级验收		年　月　日
一级验收		年　月　日
二级验收		年　月　日
一级验收		年　月　日
二级验收		年　月　日
一级验收		年　月　日
二级验收		年　月　日

安 全 鉴 证 卡		
风险点鉴证点：2-S2　工序3　压力变送器（开关）拆卸		
一级验收		年　　月　　日
二级验收		年　　月　　日
一级验收		年　　月　　日
二级验收		年　　月　　日
一级验收		年　　月　　日
二级验收		年　　月　　日
一级验收		年　　月　　日
二级验收		年　　月　　日
一级验收		年　　月　　日
二级验收		年　　月　　日
检 修 技 术 记 录		

数据记录：

遗留问题及处理措施：

记录人		年　　月　　日	工作负责人	年　　月　　日

检 修 工 序 卡

单位: _____　　班组: _____　　　　　　　编号: _____

检修任务: **温度元件检修**　　　　　　　　　　　　　　　　　　风险等级: _____

编　号			工单号		
计划检修时间			计划工日		
安全鉴证点（S1）	2		安全鉴证点（S2、S3）		2
见证点（W）	1		停工待检点（H）		0
检修单位			工作负责人		
工作组成员					

办 理 工 作 票

工作票编号:

施 工 现 场 准 备		
序号	安 全 措 施 检 查	确认符合
1	进入噪声区域、使用高噪声工具时正确佩戴合格的耳塞	□
2	进入粉尘较大的场所作业，作业人员必须戴防尘口罩	□
3	门口、通道、楼梯和平台等处，不准放置杂物	□
4	发现盖板缺损及平台防护栏杆不完整时，应采取临时防护措施，设坚固的临时围栏	□
5	地面有油水、泥污等，必须及时清除，以防滑跌	□
6	在高温场所工作时，应为工作人员提供足够的饮水、清凉饮料及防暑药品，对温度较高的作业场所必须增加通风设备	□
7	设置安全围栏，并挂"高温部件、禁止靠近"警示标示牌	□
8	工作前核对设备名称及编号	□

确认人签字:

工 器 具 准 备 与 检 查				
序号	工具名称及型号	数量	完 好 标 准	确认符合
1	安全带	2	检查检验合格证应在有效期内，标识（产品标识和定期检验合格标识）应清晰齐全；各部件应完整无缺失、无伤残破损，腰带、胸带、围杆带、围杆绳、安全绳应无灼伤、脆裂、断股、霉变；金属卡环（钩）必须有保险装置，且操作要灵活。钩体和钩舌的咬口必须完整，两者不得偏斜	□
2	脚手架	1	搭设结束后，必须履行脚手架验收手续，填写脚手架验收单，并在"脚手架验收单"上分级签字；验收合格后应在脚手架上悬挂合格证，方可使用；工作负责人每天上脚手架前，必须进行脚手架整体检查	□
3	梯子	1	检查梯子检验合格证在有效期内；使用梯子前应先检查梯子坚实、无缺损，止滑脚完好，不得使用有故障的梯子；人字梯应具有坚固的铰链和限制开度的拉链；各个连接件应无目测可见的变形，活动部件开合或升降应灵活	□
4	螺丝刀	2	螺丝刀手柄应安装牢固，没有手柄的不准使用	□
5	扳手	2	活扳手开口平整无明显机械损伤，扳手与螺轮紧密配合，无松动现象，螺轮固定良好，无松动，螺轮螺纹无损伤	□
6	钢丝钳	1	绝缘胶良好，没有破皮漏电等现象，钳口无磨损，无错口现象，手柄无潮湿，保持充分干燥	□

确认人签字:

备 件 材 料 准 备					
序号	材料名称	规 格	单位	数量	检查结果
1	塑料布		kg	5	□
2	绝缘胶带		筒	2	□
3	垫片		个	15	□

检 修 工 序	
检修工序步骤及内容	安全、质量标准

1　温度元件拆除

危险源：安全带、梯子、脚手架、高空中的工器具、零部件、绊脚物、氢气、氨、柴油、工器具

安全鉴证点	1-S2

□1.1　核对设备编号、信号线标识，并做好记录

□1.2　温度元件拆卸，将温度元件内部接线拆除，并用绝缘胶布包扎好，做好防护

□1.3　温度元件外套管检查及清理，检查温度计外套管部分，完好无破损、腐蚀，温度计护套连接口密封严密无渗漏

□1.4　取出温度元件，套管要用胶布封闭安装孔，防止杂物落入

□A1（a）　使用时安全带的挂钩或绳子应挂在结实牢固的构件上；安全带要挂在上方，高度不低于腰部（即高挂低用）；利用安全带进行悬挂作业时，不能将挂钩直接勾在安全绳上，应勾在安全带的挂环上。

□A1（b）　在梯子上工作时，梯与地面的斜角度，直梯和升降梯与地面夹角以 60°～70°为宜，折梯使用时上部夹角以 35°～45°为宜，梯子的止滑脚必须安全可靠，使用梯子时必须有人扶持，梯子不得放在通道口、通道拐弯口和门前使用，如需放置时应设专人看守，上下梯子时，不准手持物件攀登；作业人员必须面向梯子上下，梯上作业人员应将安全带挂在牢固的构件上，不准将安全带挂在梯子上；不准两人同登一梯；人在梯子上作业时，不准移动梯子；作业人员必须登在距梯顶不少于 1m 的梯蹬上工作。

□A1（c）　从事高处作业的人员必须身体健康；患有精神病、癫痫病以及经医师鉴定患有高血压、心脏病等不宜从事高处作业病症的人员，不准参加高处作业；凡发现工作人员精神不振时，禁止登高作业，上下脚手架应走人行通道或梯子，不准攀登架体；不准站在脚手架的探头上作业；不准在架子上退着行走或跨坐在防护横杆上休息，脚手架上作业时不准蹬在木桶、木箱、砖及其他建筑材料上。

□A1（d）　高处作业应一律使用工具袋；较大的工具应用绳拴在牢固的构件上工器具和零部件不准上下抛掷，应使用绳系牢后往下或往上吊。

□A1（e）　现场拆下的零件、设备、材料应定置摆放，禁止乱堆乱放，现场禁止放置大量材料现场禁止放置大量材料现场使用的材料做到随取随用。

□A1（f）　应使用铜质等防止产生火花的专用工具，如必须使用钢制工具，应涂黄油或采取其他措施。

□A1（g）　使用工具均匀用力

2　温度元件校验

危险源：高温部件、工器具

安全鉴证点	1-S1	

□2.1　温度元件进入实验室之前应保证外观整洁，无灰尘、油污、水渍等

□2.2　对温度元件进行校验

质检点	1-W2	一级	二级

□A2（a）　工作人员应与高温部件保持适当距离。

□A2（b）　使用工具均匀用力。

2.2　温度元件校验合格

3　温度元件回装，设备投运

危险源：安全带、梯子、脚手架、高空中的工器具、零部件、绊脚物、氢气、氨、柴油、工器具

安全鉴证点	2-S2

□3.1　将信号线按照图纸接入温度测点端子，温度测点回装固定牢固，标识清晰，表面干净，检查回装后垫片固定完好，螺栓紧固无松动

□A3（a）　使用时安全带的挂钩或绳子应挂在结实牢固的构件上；安全带要挂在上方，高度不低于腰部（即高挂低用）；利用安全带进行悬挂作业时，不能将挂钩直接勾在安全绳上，应勾在安全带的挂环上。

□A3（b）　在梯子上工作时，梯与地面的斜角度，直梯和升降梯与地面夹角以 60°～70°为宜，折梯使用时上部夹角以 35°～45°为宜，梯子的止滑脚必须安全可靠，使用梯子时必须有人扶持，梯子不得放在通道口、通道拐弯口和门前使用，

检修工序步骤及内容	安全、质量标准
	如需放置时应设专人看守，上下梯子时，不准手持物件攀登；作业人员必须面向梯子上下，梯子上作业人员应将安全带挂在牢固的构件上，不准将安全带挂在梯子上；不准两人同登一梯；人在梯子上作业时，不准移动梯子；作业人员必须登在距梯顶不少于1m的梯蹬上工作。 □A3（c） 从事高处作业的人员必须身体健康；患有精神病、癫痫病以及经医师鉴定患有高血压、心脏病等不宜从事高处作业病症的人员，不准参加高处作业；凡发现工作人员精神不振时，禁止登高作业，上下脚手架应走人行通道或梯子，不准攀登架体；不准站在脚手架的探头上作业；不准在架子上退着行走或跨坐在防护横杆上休息，脚手架上作业时不准蹲在木桶、木箱、砖及其他建筑材料上。 □A3（d） 高处作业应一律使用工具袋；较大的工具应用绳拴在牢固的构件上器具和零部件不准上下抛掷，应使用绳系牢后往下或往上吊。 □A3（e） 现场拆下的零件、设备、材料应定置摆放，禁止乱堆乱放，现场禁止置大量材料；现场禁止放置大量材料现场使用的材料做到随取随用。 □A3（f） 应使用铜质等防止产生火花的专用工具，如必须使用钢制工具，应涂黄油或采取其他措施。 □A3（g） 使用工具均匀用力。
□3.2 在操作员站检查温度测点	3.2 温度显示值正常，无大幅波动、闪烁现象
4 清理现场 危险源：施工废料 | 安全鉴证点 | 2-S1 | | □4.1 工作完毕，清理现场杂物	□A4 废料及时清理，做到工完、料尽、场地清

安 全 鉴 证 卡

风险点鉴证点：1-S2 工序1 在氢气、氨、柴油区域工作，使用铜质工具

		年 月 日
一级验收		年 月 日
二级验收		年 月 日
一级验收		年 月 日
二级验收		年 月 日
一级验收		年 月 日
二级验收		年 月 日
一级验收		年 月 日
二级验收		年 月 日
一级验收		年 月 日
二级验收		年 月 日
一级验收		年 月 日

风险点鉴证点：2-S2 工序3 在氢气、氨、柴油区域工作，使用铜质工具

		年 月 日
一级验收		年 月 日
二级验收		年 月 日
一级验收		年 月 日
二级验收		年 月 日
一级验收		年 月 日

风险点鉴证点：2-S2 工序 3 在氢气、氨、柴油区域工作，使用铜质工具		
二级验收		年 月 日
一级验收		年 月 日
二级验收		年 月 日
一级验收		年 月 日
二级验收		年 月 日
一级验收		年 月 日
二级验收		年 月 日
一级验收		年 月 日
二级验收		年 月 日
一级验收		年 月 日
二级验收		年 月 日
一级验收		年 月 日
二级验收		年 月 日
一级验收		年 月 日
二级验收		年 月 日
一级验收		年 月 日
二级验收		年 月 日
一级验收		年 月 日
二级验收		年 月 日
检 修 技 术 记 录		
数据记录：		
遗留问题及处理措施：		
记录人	年 月 日	工作负责人	年 月 日

检 修 工 序 卡

单位：＿＿＿＿＿＿＿＿＿　　班组：＿＿＿＿＿＿＿＿＿　　　　　　　　　编号：＿＿＿＿＿＿＿＿

检修任务：**料位开关检修**　　　　　　　　　　　　　　　　　　　　　风险等级：＿＿＿＿＿＿＿

编 号		工单号	
计划检修时间		计划工日	
安全鉴证点（S1）	7	安全鉴证点（S2、S3）	0
见证点（W）	0	停工待检点（H）	0

办 理 工 作 票			
工作票编号：			
检修单位		工作负责人	
工作组成员			

施 工 现 场 准 备

序号	安 全 措 施 检 查	确认符合
1	进入噪声区域、使用高噪声工具时正确佩戴合格的耳塞	☐
2	进入粉尘较大的场所作业，作业人员必须戴防尘口罩	☐
3	门口、通道、楼梯和平台等处，不准放置杂物	☐
4	发现盖板缺损及平台防护栏杆不完整时，应采取临时防护措施，设坚固的临时围栏	☐
5	地面有油水、泥污等，必须及时清除，以防滑跌	☐
6	在高温场所工作时，应为工作人员提供足够的饮水、清凉饮料及防暑药品。对温度较高的作业场所必须增加通风设备	☐
7	设置安全围栏，并挂"高温部件、禁止靠近"警示标示牌	☐
8	工作前核对设备名称及编号；工作前验电	☐
9	确认取样管一次门、二次门均关闭，并挂"禁止操作，有人工作"标示牌	☐

确认人签字：

工 器 具 检 查				
序号	工具名称及型号	数量	完 好 标 准	确认符合
1	安全带	2	检查检验合格证应在有效期内，标识（产品标识和定期检验合格标识）应清晰齐全；各部件应完整，无缺失、无伤残破损，腰带、胸带、围杆带、围杆绳、安全绳应无灼伤、脆裂、断股、霉变；金属卡环（钩）必须有保险装置，且操作要灵活。钩体和钩舌的咬口必须完整，两者不得偏斜	☐
2	临时电源及电源线	1	安装、维修或拆除临时用电工作，必须由电工完成。电工必须持有效证件上岗，严禁将电源线缠绕在护栏、管道和脚手架上，临时电源线架设高度室内不低于 2.5m，室外不低于 4m，跨越道路时不低于 6m，检查电源线外绝缘良好，线绝缘有破损不完整或带电部分外露时，应立即找电气人员修好，否则不准使用；检查电源盘检验合格证在有效期内；不准使用破损的电源插头插座，分级配置漏电保护器，工作前试验漏电保护器正确动作	☐
3	梯子	1	检查梯子检验合格证在有效期内；使用梯子前应先检查梯子坚实、无缺损，止滑脚完好，不得使用有故障的梯子；人字梯应具有坚固的铰链和限制开度的拉链；各个连接件应无目测可见的变形，活动部件开合或升降应灵活	☐
4	螺丝刀	2	螺丝刀手柄应安装牢固，没有手柄的不准使用	☐
5	移动式电源盘	1	检查检验合格证在有效期内；检查电源盘电源线、电源插头、插座完好无破损；漏电保护器动作正确；检查电源盘线盘架、拉杆、线盘架轮子及线盘摇动手柄齐全完好	☐

续表

序号	工具名称及型号	数量	完 好 标 准	确认符合
6	扳手	2	活扳手开口平整无明显机械损伤,扳手与螺轮紧密配合,无松动现象,螺轮固定良好,无松动,螺轮螺纹无损伤	☐

确认人签字:

备 件 材 料 准 备

序号	材料名称	规 格	单位	数量	检查结果
1	塑料布		kg	1	☐
2	绝缘胶带		筒	2	☐
3	抹布		卷	2	☐
4	毛刷		支	1	☐

检 修 工 序

检修工序步骤及内容	安全、质量标准
1 料位开关拆卸 危险源:安全带、梯子、高空中的工器具、零部件、绊脚物、220V 交流电、扳手 安全鉴证点 2-S1 ☐1.1 核对料位计标识、编号正确后,接线拆卸并做好表记 ☐1.2 使用扳手将料位计锁母全部松开,将表计拆下	☐A1(a) 使用时安全带的挂钩或绳子应挂在结实牢固的构件上;安全带要挂在上方,高度不低于腰部(即高挂低用);利用安全带进行悬挂作业时,不能将挂钩直接勾在安全绳上,应勾在安全带的挂环上。 ☐A1(b) 在梯子上工作时,梯与地面的斜角度,直梯和升降梯与地面夹角以 60°~70°为宜,折梯使用时上部夹角以 35°~45°为宜,梯子的止滑脚必须安全可靠,使用梯子时必须有人扶持,梯子不得放在通道口、通道拐弯口和门前使用,如需放置时应设专人看守,上下梯子时,不准手持物件攀登;作业人员必须面向梯子上下;梯子上作业人员应将安全带挂在牢固的构件上,不准将安全带挂在梯子上;不准两人同登一梯;人在梯子上作业时,不准移动梯子;作业人员必须登在距梯顶不少于 1m 的梯蹬上工作。 ☐A1(c) 高处作业应一律使用工具袋;较大的工具应用绳拴在牢固的构件上工器具和零部件不准上下抛掷,应使用绳系牢后往下或往上吊。 ☐A1(d) 现场拆下的零件、设备、材料等应定置摆放,禁止乱堆乱放;现场禁止放置大量材料;现场使用的材料做到随取随用。 ☐A1(e) 防止尖锐器物扎破、割伤电缆破坏绝缘;工作时检查电缆外观,保持安全距离,拆线时应逐根拆除,每根用绝缘胶布包好;连接线应设有防止相间短路的保护措施,应固定牢固;拆、装设备时,工具裸露的金属部分用绝缘带包扎,在拆装设备下方铺设绝缘材料进行隔离;低压不停电工作,应站在干燥的绝缘物上,使用有绝缘柄的工具,穿绝缘鞋和全棉长袖工作服,戴手套和护目眼镜;带电作业不得使用非绝缘绳索(如棉纱绳、白棕绳、钢丝绳);工作时,应采取措施防止相间或接地短路。 ☐A1(f) 使用工具要均匀用力
2 料位开关卫生清理 危险源:粉尘 安全鉴证点 3-S1 ☐2.1 料位开关应保证外观整洁,无灰尘、油污、水渍等 ☐2.2 拆卸料位计后,检查拆卸料位计无严重磨损或严重弯曲现象	☐A2 进入粉尘较大的场所作业,作业人员必须戴防尘口罩
3 料位开关回装 危险源:安全带、梯子、高空中的工器具、零部件、绊脚物、220V 交流电、扳手	☐A3(a) 使用时安全带的挂钩或绳子应挂在结实牢固的构件上;安全带要挂在上方,高度不低于腰部(即高挂低用);利用安全带进行悬挂作业时,不能将挂钩直接勾在安全绳上,应勾在安全带的挂环上

检修工序步骤及内容	安全、质量标准

安全鉴证点 4-S1 □3.1 使用扳手将料位计锁母全部紧固 □3.2 核对料位计标识、编号正确后，接线回装	□A3（b） 在梯子上工作时，梯与地面的斜角度，直梯和升降梯与地面夹角以 60°～70°为宜，折梯使用时上部夹角以35°～45°为宜，梯子的止滑脚必须安全可靠，使用梯子时必须有人扶持，梯子不得放在通道口、通道拐弯口和门前使用，如需放置时应设专人看守，上下梯子时，不准手持物件攀登；作业人员必须面向梯子上下；梯子上作业人员应将安全带挂在牢固的构件上，不准将安全带挂在梯子上；不准两人同登一梯；人在梯子上作业时，不准移动梯子；作业人员必须登在距梯顶不少于 1m 的梯蹬上工作。 □A3（c） 高处作业应一律使用工具袋；较大的工具应用绳拴在牢固的构件上工器具和零部件不准上下抛掷，应使用绳系牢后往下或往上吊。 □A3（d） 现场拆下的零件、设备、材料等应定置摆放，禁止乱堆乱放；现场禁止放置大量材料；现场使用的材料做到随取随用。 □A3（e） 防止尖锐器物扎破、割伤电缆破坏绝缘；工作时检查电缆外观；保持安全距离，拆线时应逐根拆除，每根用绝缘胶布包好；连接线应设有防止相间短路的保护措施，应固定牢固；拆、装设备时，工具裸露的金属部分用绝缘带包扎，在拆装设备下方铺设绝缘材料进行隔离；低压不停电工作，应站在干燥的绝缘物上，使用有绝缘柄的工具，穿绝缘鞋和全棉长袖工作服，戴手套和护目眼镜；带电作业不得使用非绝缘绳索（如棉纱绳、白棕绳、钢丝绳）；工作时，应采取措施防止相间或接地短路。 □A3（f） 使用工具要均匀用力
4 料位开关整定 危险源：移动式电源盘 安全鉴证点 5-S1 □4.1 对有磨损严重或弯曲严重现象的料位计进行修复，无法修复的更换 □4.2 安装料位计应确保安装后法兰处石棉垫结合紧密、密封良好	□A4 工作中，离开工作场所、暂停作业以及遇临时停电时，须立即切断电源盘电源
5 调试 危险源：高温灰、高温水 安全鉴证点 6-S1 □5.1 根据实际料位调整料位计灵敏度	□A5（a） 调试前应将工作票押回，并经运行人员确认后方可进行；就地应有专人监护，远方操作人员与就地工作人员应保持联系；工作人员避免正对介质释放点
6 检修工作结束 危险源：施工废料 安全鉴证点 7-S1 □6.1 工作完毕做到工完料尽场地清	□A6 废料及时清理，做到工完、料尽、场地清
检 修 技 术 记 录	
数据记录：	

遗留问题及处理措施：				
记录人		年　月　日	工作负责人	年　月　日

检 修 工 序 卡

单位：＿＿＿＿＿＿＿＿＿　班组：＿＿＿＿＿＿＿＿＿　　　　　　　　　　　编号：＿＿＿＿＿＿＿＿

检修任务：**给煤机皮带秤检修**　　　　　　　　　　　　　　　　　　　风险等级：＿＿＿＿＿＿

编　号			工单号		
计划检修时间			计划工日		
安全鉴证点（S1）		4	安全鉴证点（S2、S3）		0
见证点（W）		0	停工待检点（H）		1
办 理 工 作 票					
工作票编号：					
检修单位			工作负责人		
工作组成员					

施 工 现 场 准 备

序号	安 全 措 施 检 查	确认符合
1	进入噪声区域、使用高噪声工具时正确佩戴合格的耳塞	□
2	进入粉尘较大的场所作业，作业人员必须戴防尘口罩	□
3	门口、通道、楼梯和平台等处，不准放置杂物	□
4	地面有油水、泥污等，必须及时清除，以防滑跌	□
5	工作前核对设备名称及编号，工作前验电，应将控制柜电源停电，并在电源开关上设置"禁止合闸，有人工作"标示牌	□

确认人签字：

工 器 具 准 备 与 检 查

序号	工具名称及型号	数量	完 好 标 准	确认符合
1	校准用砝码	2	砝码表面平整无明显机械损伤，挂钩完好无破损	□
2	标尺	1	标尺的测量面和侧面不应有划痕、碰伤和锈蚀	□
3	转速校准用探头	1	校准用探头型号正确，外观良好，无磕碰、划痕，延伸缆外皮无破损	□
4	校准用反光片	4	反光片表面平整无明显机械损伤，反光效果良好，卡扣完好无破损	□
5	万用表	1	万用表应在校验合格使用期内，不应有妨碍读数和影响正常工作的机械损伤、显示缺陷；接线柱、旋钮等无松动	□
6	螺丝刀	2	螺丝刀手柄应安装牢固，没有手柄的不准使用	□
7	扳手	2	活扳手开口平整无明显机械损伤，扳手与螺轮紧密配合，无松动现象，螺轮固定良好，无松动，螺轮螺纹无损伤	□
8	毛刷	2	毛刷手柄应安装牢固，没有手柄的不准使用	□
9	塞尺	1	塞尺的测量面和侧面不应有划痕、碰伤和锈蚀	□

确认人签字：

备 件 材 料 准 备

序号	材料名称	规　格	单位	数量	检查结果
1	无水酒精		瓶	1	□
2	棉签		包	1	□
3	防静电袋		个	2	□
4	抹布		块	3	□

检 修 工 序	
检修工序步骤及内容	安全、质量标准
1 给煤机检测装置检修 危险源：380V 交流电、粉尘 安全鉴证点　1-S1 □1.1 检查隔离措施，关给煤机入口门、给煤机密封风门，确定给煤机侧门及前后门均打开 □1.2 确认给煤机开关在"断开"位，将控制柜门打开，进行清洁，清洁前带好防静电手套并可靠的接地 □1.3 检查清洁给煤机出口堵煤传感器，将给煤机出口堵煤传感器连接处拆下，缓慢从测量孔拔出，检查外观应完好紧固，用毛刷清理表面的积粉 □1.4 检查清洁两个承重传感器，用毛刷清扫积粉 □1.5 检查给煤机给煤机各称重滚筒 □1.6 检查调整给煤机称重辊 □1.6.1 用水平检尺检查并调整称重辊和称重跨度辊的水平度 □1.6.2 将校准砝码挂在两个称重传感器上 □1.6.3 紧靠皮带的边上通过给煤机的入口端检修门插入检尺 □1.6.4 将一个的塞尺插在三个辊子之中的任意一个与检尺加工面之间 □1.6.5 松开锁紧螺母，转动调整块降低称重辊 □1.6.6 缓慢转动调整块升起称重辊，直到塞尺与检尺和称重辊两者接触，将螺母锁紧 □1.6.7 用同样方法调整另一侧的称重辊 □1.6.8 将两个校准砝码取下	□A1（a） 使用有绝缘柄的工具，其外裸的导电部位应采取绝缘措施，防止操作时相间或相对地短路；工作时，应穿绝缘鞋。 □A1（b） 进入粉尘较大的场所作业，作业人员必须戴防尘口罩。 1.2 控制柜内无尘土、杂物；各继电器、保险、各个插头接触良好，电路板的铜薄清晰可见，无过热和脱落，电子元件见本色，各连接插头固定良好。 1.4 传感器干净无锈，连接部件活动自由，信号线无破损。 1.6.4 保证塞尺滑动配合
2 给煤机皮带秤校验 危险源：电机、皮带、砝码、绊脚物 安全鉴证点　2-S1 □2.1 将反光纸贴在控制箱一侧主动滚筒、被动滚筒、称重轴、称重轴下方的回程皮带上 □2.2 安装两个转速标定探头 □2.2.1 拆下称重跨距辊上的两个丝堵 □2.2.2 将接近给煤机入煤口的转速探头位置接在 A，接近给煤机出煤口的转速探头位置接在 B □2.2.3 断开给煤机电源 □2.2.4 将两个转速标定探头 A、B 安装到给煤机测速预留孔，A 前 B 后，对应连接电缆按先后分别插到给煤机控制电源板的 CAL A 和 CAL B 上 □2.2.5 给煤机送电 □2.2.6 检查两侧称重探头测量数值，应小于 100 □2.3 按控制面板的 CALL1 键对皮带自重和电机转速与皮带速度的比值进行标定，记录偏差（DEV）值、皮重（TARE FACTOR）系数、速度（SPEED FACTOR）系数，连续做两次，见标定记录表 □2.4 安装标定砝码，将两个砝码分别挂在称重传感器的下部挂耳上 □2.5 按控制面板的 CALL2 键（标定 2）对称重传感器进行标定，并存储标定值。记录偏差 （DEV）值、量程（SPAN FACTOR）系数、给煤机转速；连续做两次，见标定记录表 □2.6 标定完成，将给煤机电源切除，拆除标定砝码、反光片和校验探头；回装称重跨距辊上的两个丝堵 质检点　1-H3	□A2（a） 确认电机开关在断开位置，严禁在皮带电机转动时安装、拆除检测反光片。 □A2（b） 校验时不准用手触碰转动的皮带。 □A2（c） 搬运砝码时注意脚下绊脚物。 □A2（d） 现场拆下的零件、设备、材料等应定置摆放，禁止乱堆乱放；现场禁止放置大量材料现场使用的材料做到随取随用。 2.3 检定完成屏幕应显示"GOOD VALUES 8"，零值稳定性：≤0.018。 2.5 检定完成屏幕应显示"GOOD VALUES 8"，计量精度误差：<0.25%

检修工序步骤及内容	安全、质量标准
3 给煤机系统传动调试 危险源：给煤机 安全鉴证点　3-S1　 □3.1 给煤机出口堵煤信号开关检查 □3.1.1 确认给煤机没有煤接触到堵煤传感器 □3.1.2 用合适的改锥逆时针将灵敏度电位器旋到限位处 □3.1.3 缓缓顺时针调整电位器，直到出口继电器动作 □3.1.4 再顺时针转动电位器转动 1 圈 □3.1.5 用专用的导电橡胶棒接触堵煤信号的测量头，对堵煤信号进行测试 □3.2 给煤机断煤欠煤信号试验 □3.2.1 用工具转动断煤信号的测量头，当测量板与垂直成 30°时，调整量程电位器，使断煤信号出现，LED 灯灭。 □3.3 联系司炉远方启动给煤机，并给远方指令，查看指令是否收到、给煤机是否加速正常、煤量显示是否正常	□A3 调试时就地应有专人监护，远方操作人员与就地工作人员应保持联系，工作人员应远离给煤机转动部分。 3.1.2 LED 熄灭。 3.1.3 LED 发光。 3.1.5 堵煤信号出现，LED 熄灭。 3.2.1 使断煤信号出现，LED 灯灭。 3.3 远方启动给煤机信号正常
4 清理现场 危险源：施工废料 安全鉴证点　4-S1　 □4.1 工作完毕，清理现场杂物	□A4 废料及时清理，做到工完、料尽、场地清

标定记录卡

质检点：1-H3 工序 3 给煤机标定

KKS		中文描述			
校验前值	Tare factor（皮重系数）		Span factor（量程系数）		
	Speed factor（速度系数）		称重系数	J1:	J2:
校验后值	CAL1（空转）		CAL2（挂砝码）		
第一次	Dev（偏差）		Dev（偏差）		
	Tare factor（皮重系数）		Span factor（量程系数）		
	Speed factor（速度系数）		Speed factor（速度系数）		
第二次	Dev（偏差）		Dev（偏差）		
	Tare factor（皮重系数）		Span factor（量程系数）		
	Speed factor（速度系数）		Speed factor（速度系数）		
第三次	Dev（偏差）		Dev（偏差）		
	Tare factor（皮重系数）		Span factor（量程系数）		
	Speed factor（速度系数）		Speed factor（速度系数）		
结　论	标定结果显示 "Good Values" ＿＿个。 皮重百分比变化（SELF TEST 01）为＿＿%、皮带行程百分比变化（SELF TEST 02）为＿＿%、跨距百分比变化（SELF TEST 03）为＿＿%，分别应在规定范围内（≤±0.25%）。校验数据＿＿				
标定过程					
标定结果					
工作人			工作时间		

续表

KKS			中文描述			
校验前值	Tare factor（皮重系数）			Span factor（量程系数）		
	Speed factor（速度系数）			称重系数	J1:	J2:
校验后值	CAL1（空转）			CAL2（挂砝码）		
第一次	Dev（偏差）			Dev（偏差）		
	Tare factor（皮重系数）			Span factor（量程系数）		
	Speed factor（速度系数）			Speed factor（速度系数）		
第二次	Dev（偏差）			Dev（偏差）		
	Tare factor（皮重系数）			Span factor（量程系数）		
	Speed factor（速度系数）			Speed factor（速度系数）		
第三次	Dev（偏差）			Dev（偏差）		
	Tare factor（皮重系数）			Span factor（量程系数）		
	Speed factor（速度系数）			Speed factor（速度系数）		
结 论	标定结果显示 "Good Values" ____个。 皮重百分比变化（SELF TEST 01）为____%、皮带行程百分比变化（SELF TEST 02）为____%、跨距百分比变化（SELF TEST 03）为____%，分别应在规定范围内（≤±0.25%）。校验数据____					
标定过程						
标定结果						
工作人				工作时间		

检 修 技 术 记 录
数据记录：
遗留问题及处理措施：

记录人		年 月 日	工作负责人		年 月 日

检 修 工 序 卡

单位：＿＿＿＿＿＿＿＿　班组：＿＿＿＿＿＿＿＿　　　　　　编号：＿＿＿＿＿＿

检修任务：**取样管定期吹扫工作检修**　　　　　　　　风险等级：＿＿＿＿＿＿

编　号			工单号		
计划检修时间			计划工日		
安全鉴证点（S1）	4		安全鉴证点（S2、S3）		0
见证点（W）	1		停工待检点（H）		0
检修单位			工作负责人		
工作组成员					
办 理 工 作 票					
工作票编号：					

施 工 现 场 准 备

序号	安 全 措 施 检 查	确认符合
1	进入噪声区域、使用高噪声工具时正确佩戴合格的耳塞	□
2	进入粉尘较大的场所作业，作业人员必须戴防尘口罩	□
3	门口、通道、楼梯和平台等处，不准放置杂物	□
4	发现盖板缺损及平台防护栏杆不完整时，应采取临时防护措施，设坚固的临时围栏	□
5	地面有油水、泥污等，必须及时清除，以防滑跌	□
6	在高温场所工作时，应为工作人员提供足够的饮水、清凉饮料及防暑药品。对温度较高的作业场所必须增加通风设备	□
7	工作前核对设备名称及编号，确认取样门关闭，并挂"禁止操作，有人工作"标示牌	□
确认人签字：		

工 器 具 准 备 与 检 查

序号	工具名称及型号	数量	完 好 标 准	确认符合
1	安全带	2	检查检验合格证应在有效期内，标识（产品标识和定期检验合格标识）应清晰齐全；各部件应完整，无缺失、无伤残破损，腰带、胸带、围杆带、围杆绳、安全绳应无灼伤、脆裂、断股、霉变；金属卡环（钩）必须有保险装置，且操作要灵活。钩体和钩舌的咬口必须完整，两者不得偏斜	□
2	脚手架	1	搭设结束后，必须履行脚手架验收手续，填写脚手架验收单，并在"脚手架验收单"上分级签字；验收合格后应在脚手架上悬挂合格证，方可使用；工作负责人每天上脚手架前，必须进行脚手架整体检查	□
3	梯子	1	检查梯子检验合格证在有效期内；使用梯子前应先检查梯子坚实、无缺损，止滑脚完好，不得使用有故障的梯子；人字梯应具有坚固的铰链和限制开度的拉链；各个连接件应无目测可见的变形，活动部件开合或升降应灵活	□
4	螺丝刀	2	螺丝刀手柄应安装牢固，没有手柄的不准使用	□
5	扳手	2	活扳手开口平整无明显机械损伤，扳手与螺轮紧密配合，无松动现象，螺轮固定良好，无松动，螺轮螺纹无损伤	□
6	钢丝钳	1	绝缘胶良好，没有破皮漏电等现象，钳口无磨损，无错口现象，手柄无潮湿，保持充分干燥	□
确认人签字：				

续表

<table>
<tr><th colspan="6">备 件 材 料 准 备</th></tr>
<tr><th>序号</th><th>材料名称</th><th>规　格</th><th>单位</th><th>数量</th><th>检查结果</th></tr>
<tr><td>1</td><td>塑料布</td><td></td><td>kg</td><td>5</td><td>□</td></tr>
<tr><td>2</td><td>绝缘胶带</td><td></td><td>筒</td><td>2</td><td>□</td></tr>
<tr><td>3</td><td>垫片</td><td></td><td>个</td><td>20</td><td>□</td></tr>
</table>

<table>
<tr><th colspan="2">检 修 工 序</th></tr>
<tr><th>检修工序步骤及内容</th><th>安全、质量标准</th></tr>
<tr>
<td>

1 设备取样管拆除、回装
危险源：手动扳手、绊脚物

| 安全鉴证点 | 1-S1 | |

□1.1 核对设备编号，并做好记录
□1.2 拆除测量装置与取样管连接部件，接口处用丝堵封堵防止异物进入，并对正负压测取样管标记
□1.3 取样管检查，取样管无堵塞、无泄漏
□1.4 取样管回装

</td>
<td>

□A1（a） 使用工具均匀用力。
□A1（b） 现场拆下的零件、设备、材料等应定置摆放，禁止乱堆乱放；现场禁止放置大量材料，现场使用的材料做到随取随用。

1.3 取样管路畅通、无堵塞。
1.4 取样管垫圈压接严密，无泄漏

</td>
</tr>
<tr>
<td>

2 取样管联接吹扫气源
危险源：高温烟气、粉尘

| 安全鉴证点 | 2-S1 | |

□2.1 关闭表计二次门
□2.2 使用扳手轻轻松开表计紧固锁母，将吹扫气源接入取样管路
□2.3 缓慢打开气源吹扫设备取样管路，吹扫 5min 左右拆除吹扫气源
□2.4 使用扳手轻轻紧固表计紧固锁母，打开表计二次门

</td>
<td>

□A2（a） 松开可能积存压力介质的法兰、锁母、螺丝时应避免正对介质释放点；吹扫时人员站在取样管路侧面。
□A2（b） 进入粉尘较大的场所作业，作业人员必须戴防尘口罩。

2.3 无泄漏、无堵塞，开启畅通，关闭严密

</td>
</tr>
<tr>
<td>

3 取样管投运
危险源：高温烟气

| 安全鉴证点 | 3-S1 | |

□3.1 确认安全措施已恢复
□3.2 与运行人员核对表计投运后指示是否正确

质检点	1-W2	一级	二级

</td>
<td>

□A3 检查确认现场安全措施、隔离措施正确恢复；投运时应先微开取样阀，确认无泄漏后再继续打开取样阀，并避免正对介质释放点。

3.2 取样测点显示正常

</td>
</tr>
<tr>
<td>

4 清理现场
危险源：施工废料

| 安全鉴证点 | 4-S1 | |

□4.1 工作完毕，清理现场杂物

</td>
<td>

□A4 废料及时清理，做到工完、料尽、场地清

</td>
</tr>
</table>

<table>
<tr><th>检 修 技 术 记 录</th></tr>
<tr><td>

数据记录：

</td></tr>
</table>

续表

遗留问题及处理措施：				
记录人		年　月　日	工作负责人	年　月　日

检 修 工 序 卡

单位：＿＿＿＿＿＿＿＿ 班组：＿＿＿＿＿＿＿＿ 编号：＿＿＿＿＿＿

检修任务：**炉膛火焰监视系统检修** 风险等级：＿＿＿＿＿

编 号		工单号	
计划检修时间		计划工日	
安全鉴证点（S1）	4	安全鉴证点（S2、S3）	0
见证点（W）	1	停工待检点（H）	0

办 理 工 作 票			
工作票编号：			
检修单位		工作负责人	
工作组成员			

施 工 现 场 准 备

序号	安 全 措 施 检 查	确认符合
1	进入噪声区域、使用高噪声工具时正确佩戴合格的耳塞	□
2	进入粉尘较大的场所作业，作业人员必须戴防尘口罩	□
3	在高温场所工作时，应为工作人员提供足够的饮水、清凉饮料及防暑药品，对温度较高的作业场所必须增加通风设备	□
4	门口、通道、楼梯和平台等处，不准放置杂物	□
5	设置安全围栏，并挂"高温部件、禁止靠近"标示牌	□
6	发现盖板缺损及平台防护栏杆不完整时，应采取临时防护措施，设坚固的临时围栏	□
7	地面有油水、泥污等，必须及时清除，以防滑跌	□
8	工作前核对设备名称及编号；检查确认阀门已关闭不漏气工作前验电，应将电源切断，并挂"禁止合闸，有人工作"标示牌	□

确认人签字：

工 器 具 准 备 与 检 查

序号	工具名称及型号	数量	完 好 标 准	确认符合
1	一字螺丝刀	1	一字螺丝刀手柄应安装牢固，没有手柄的不准使用	□
2	十字螺丝刀	1	十字螺丝刀手柄应安装牢固，没有手柄的不准使用	□
3	尖嘴钳	1	绝缘胶良好，没有破皮漏电等现象，钳口无磨损，无错口现象，手柄无潮湿，保持充分干燥	□
4	毛刷	2	毛刷手柄应安装牢固，没有手柄的不准使用	□
5	内六角扳手	1	内六角扳手表面平整无明显机械损伤	□
6	活扳手	1	活扳手开口平整无明显机械损伤，扳手与螺轮紧密配合，无松动现象，螺轮固定良好，无松动，螺轮螺纹无损伤	□
7	强光手电筒	1	强光手电筒检查检验合格证在有效期内	□
8	管钳	1	管钳开口平整无明显机械损伤，与螺轮紧密配合，无松动现象，螺轮固定良好，无松动，螺轮螺纹无损伤	□
9	对讲机	2	对讲机检查检验合格，电量充足	□
10	电源轴	1	产品标识及定期检验合格标识应清晰齐全；线盘、插座、插头应无松动，无缺损，无开裂；电源线应无灼伤、无破损、无裸露，且与线盘及插头的连接牢固；线盘架、拉杆、线盘架轮子及线盘摇动手柄应齐全完好	□
11	便携式吹风机	1	产品标识及定期检验合格标识应清晰齐全；吹风机各部件应完整齐全；外壳和手柄无裂缝、无破损、无影响；安全使用的灼伤电源线、电源插头均应完好无损伤；电源开关应动作正常、灵活	□

确认人签字：

<table>
<tr><th colspan="6">备 件 材 料 准 备</th></tr>
<tr><th>序号</th><th>材料名称</th><th>规　　格</th><th>单位</th><th>数量</th><th>检查结果</th></tr>
<tr><td>1</td><td>白布</td><td></td><td>kg</td><td>5</td><td>□</td></tr>
<tr><td>2</td><td>专用镜头纸</td><td></td><td>张</td><td>20</td><td>□</td></tr>
<tr><td>3</td><td>生料带</td><td></td><td>卷</td><td>2</td><td>□</td></tr>
<tr><td>4</td><td>记号笔</td><td></td><td>支</td><td>1</td><td>□</td></tr>
<tr><td>5</td><td>密封胶</td><td></td><td>筒</td><td>2</td><td>□</td></tr>
<tr><td>6</td><td>酒精</td><td></td><td>g</td><td>500</td><td>□</td></tr>
</table>

<table>
<tr><th colspan="2">检 修 工 序</th></tr>
<tr><th>检修工序步骤及内容</th><th>安全、质量标准</th></tr>
<tr>
<td>

1　火焰电视传动机构退出、检修、投入
危险源：高温烟、高温部件

| 安全鉴证点 | 1-S1 | |

□1.1　将火焰电视传动机构退出炉膛外部，确认阀门已关闭不漏气
□1.2　用电吹风吹扫输像系统及退膛系统的灰尘
□1.3　用毛刷扫除航空插头、视频头以及狭窄部位的灰尘，再用布将整个输像系统的表面擦拭干净
□1.4　拧下航空插头和视频头，并检查航空插头和视频头是否有损坏现象、连接线是否有虚焊现象
□1.5　用扳手拧下两个风管的连接头，并检查连接头是否完好
□1.6　松下锁紧环的螺栓、拆下输像系统，准备清洁输像系统

</td>
<td>

□A1（a）　火焰电视传动机构退出时工作人员站在火焰电视传动机构侧面。
□A1（b）　工作时工作人员应与高温部件保持适当距离。

1.3　表面清洁，无灰尘。

1.4　航空插头和视频头无损坏、焊点光滑无虚接，如有以上情况更换或重新焊接。

1.5　接头完好无损，如有破损要更换

</td>
</tr>
<tr>
<td>

2　火焰电视摄像头检查
危险源：高温部件、粉尘

| 安全鉴证点 | 2-S1 | |

□2.1　拆下摄像机保护罩，检查摄像机的保护镜及靶面是否清洁，如有污物可进行擦拭（此工作必须在清洁的工作室内进行）
□2.2　检查摄像机的成像是否符合标准；用摄像机上的调整按钮进行调整
□2.3　镜头、镜管检修
□2.3.1　拆下外护管，检查外护管是否有烧损现象，如有损坏考虑更换
□2.3.2　除去镜头和镜管上的各种附着物，拧下镜头，用专用镜头纸把镜头擦净，检查镜片和棱镜是否有损坏并擦拭干净，如有损坏必须更换
□2.3.3　检查镜管中的转向透镜是否有污物和损坏，如有用专用镜头纸擦拭干净，损坏必须更换
□2.3.4　回装，小心地将输像系统组装起来，用手电筒聚焦强光对准探头镜前沿照射应在 9″彩色监视器上有完整的符合要求的图像显示，调整合格后待现场条件满足后装到锅炉上

</td>
<td>

□A2（a）　工作时工作人员应与高温部件保持适当距离。
□A2（b）　进入粉尘较大的场所作业，作业人员必须戴防尘口罩。

2.2　图像清晰、色彩饱和，摄像机输出电平符合要求。

2.3.2　镜头无污物，镜片和棱镜无损坏。

2.3.3　转向透镜无污物、无损坏。

2.3.4　输像系统能够输出满足要求的图像

</td>
</tr>
<tr>
<td>

3　火焰电视调试
危险源：高温部件

| 安全鉴证点 | 3-S1 | |

</td>
<td>

□A3　工作人员应与高温部件保持适当距离。

</td>
</tr>
</table>

检修工序步骤及内容	安全、质量标准
□3.1 电接点压力表定值传动，慢慢地关电接点压力表前阀门直到电接点压力表示值达到定值，然后在慢慢地开电接点压力表前阀门直到电接点压力表示值高于定值，反复三次 □3.2 现场轮流推进、退出火焰电视，在单元控制室进行视频切换 质检点　1-W2　一级　二级	3.2 火焰电视图像显示清晰正常
4 清理现场 危险源：施工废料 安全鉴证点　4-S1 □4.1 工作完毕，清理现场杂物	□A4 废料及时清理，做到工完、料尽、场地清

检 修 技 术 记 录

数据记录：

遗留问题及处理措施：

记录人		年　月　日	工作负责人		年　月　日

检 修 工 序 卡

单位：＿＿＿＿＿＿＿＿ 班组：＿＿＿＿＿＿＿＿＿＿ 编号：＿＿＿＿＿＿＿

检修任务：**水位电视监视系统检修** 风险等级：＿＿＿＿＿

编 号		工单号	
计划检修时间		计划工日	
安全鉴证点（S1）	5	安全鉴证点（S2、S3）	0
见证点（W）	1	停工待检点（H）	0

办 理 工 作 票

工作票编号：

检修单位		工作负责人	
工作组成员			

施 工 现 场 准 备

序号	安 全 措 施 检 查	确认符合
1	进入噪声区域、使用高噪声工具时正确佩戴合格的耳塞	☐
2	进入粉尘较大的场所作业，作业人员必须戴防尘口罩	☐
3	在高温场所工作时，应为工作人员提供足够的饮水、清凉饮料及防暑药品，对温度较高的作业场所必须增加通风设备	☐
4	门口、通道、楼梯和平台等处，不准放置杂物	☐
5	设置安全围栏，并挂"高温部件、禁止靠近"标示牌	☐
6	发现盖板缺损及平台防护栏杆不完整时，应采取临时防护措施，设坚固的临时围栏	☐
7	地面有油水、泥污等，必须及时清除，以防滑跌	☐
8	工作前核对设备名称及编号；检查确认阀门已关闭不漏气工作前验电，应将电源切断，并挂"禁止合闸，有人工作"标示牌	☐

确认人签字：

工 器 具 准 备 与 检 查

序号	工具名称及型号	数量	完 好 标 准	确认符合
1	一字螺丝刀	1	一字螺丝刀手柄应安装牢固，没有手柄的不准使用	☐
2	十字螺丝刀	1	十字螺丝刀手柄应安装牢固，没有手柄的不准使用	☐
3	尖嘴钳	1	绝缘胶良好，没有破皮漏电等现象，钳口无磨损，无错口现象，手柄无潮湿，保持充分干燥	☐
4	毛刷	2	毛刷手柄应安装牢固，没有手柄的不准使用	☐
5	活扳手	1	活扳手开口平整，无明显机械损伤；扳手与螺轮紧密配合，无松动现象；螺轮固定良好，无松动，螺轮螺纹无损伤	☐
6	强光手电筒	1	强光手电筒检查检验合格证在有效期内	☐
7	对讲机	2	对讲机检查检验合格电量充足	☐
8	万用表	1	万用表应在校验合格使用期内，不应有妨碍读数和影响正常工作的机械损伤、显示缺陷；接线柱、旋钮等无松动	☐

确认人签字：

备 件 材 料 准 备

序号	材料名称	规 格	单位	数量	检查结果
1	白布		kg	5	☐
2	记号笔		支	1	☐
3	绝缘胶布		卷	2	☐
4	酒精		g	500	☐

续表

<table>
<tr><td colspan="2" align="center">检 修 工 序</td></tr>
<tr><td align="center">检修工序步骤及内容</td><td align="center">安全、质量标准</td></tr>
<tr>
<td>

1 水位电视电源线、信号线拆除、回装
危险源：220V 交流电、高温部件

安全鉴证点	1-S1	

□1.1 核对设备编号、信号线标识，并做好记录
□1.2 电源线、信号线拆除：检查电源线、信号线有无 220V 电压，确认安全无误后按照记录拆除接线
□1.3 用毛刷扫除接线端子、视频头以及狭窄部位的灰尘，再用布将整个输像系统的表面擦拭干净
□1.4 检查接线端子、视频头是否有损坏现象，连接线是否有虚焊现象
□1.5 回装电线、信号线
□1.6 松下锁紧环的螺栓、拆下输像系统，准备清洁输像系统

</td>
<td>

□A1（a） 使用有绝缘柄的工具，其外裸的导电部位应采取绝缘措施，防止操作时相间或相对地短路；工作时，应穿绝缘鞋，拆线时应逐根拆除，每根用绝缘胶布包好；连接线应设有防止相间短路的保护措施，应固定牢固；拆、装设备时，工具裸露的金属部分用绝缘带包扎。
□A1（b） 工作人员应与高温部件保持适当距离，使用工具均匀用力。

1.3 表面清洁，无灰尘。

1.4 接线端子和视频头无损坏、焊点光滑无虚接，如有以上情况更换或重新焊接。

1.5 接线按照图纸施工，端子紧固

</td>
</tr>
<tr>
<td>

2 水位电视摄像头检查
危险源：高温部件、粉尘

安全鉴证点	2-S1	

□2.1 拆下摄像机保护罩，检查摄像机的保护镜及靶面是否清洁，如有污物可进行擦拭（此工作必须在清洁的工作室内进行）
□2.2 检查摄像机的成像是否符合标准；用摄像机上的调整按钮进行调整

</td>
<td>

□A2（a） 工作时工作人员应与高温部件保持适当距离。
□A2（b） 进入粉尘较大的场所作业，作业人员必须戴防尘口罩。

2.2 图像清晰、色彩饱和，摄像机输出电平符合要求

</td>
</tr>
<tr>
<td>

3 水位电视及分配器检查
危险源：粉尘

安全鉴证点	3-S1	

□3.1 水位电视检查
□3.2 指示灯检查
□3.3 设备性能检查、调校显示器，图形清晰无抖动，能正常调整各功能

</td>
<td>

□A3 进入粉尘较大的场所作业，作业人员必须戴防尘口罩。

3.1 电视显示正常。
3.2 背景灯发光正常。
3.3 摄像头，完好能正常工作，图形清晰无抖动，能正常调整各功能

</td>
</tr>
<tr>
<td>

4 水位电视调试
危险源：高温部件

安全鉴证点	4-S1	

□4.1 用便携式电视机在就地观察水位显示情况，效果不好可调整摄像机参数，直到满意为止，确保汽侧为红色，水侧为绿色，界线分明
□4.2 在控制室进行云台动作操作，在控制室进行摄像机光圈、焦距、变倍功能操作

质检点	1-W2	一级	二级

</td>
<td>

□A4 工作人员应与高温部件保持适当距离。

4.2 水位电视图像显示清晰、红绿分明

</td>
</tr>
<tr>
<td>

5 清理现场
危险源：施工废料

鉴证点	5-S1	

□5.1 工作完毕，清理现场杂物

</td>
<td>

□A5 废料及时清理，做到工完、料尽、场地清

</td>
</tr>
</table>

续表

检 修 技 术 记 录			
数据记录:			
遗留问题及处理措施:			
记录人	年 月 日	工作负责人	年 月 日

检 修 工 序 卡

单位：＿＿＿＿＿＿＿＿ 班组：＿＿＿＿＿＿＿＿　　　　　　编号：＿＿＿＿＿＿＿

检修任务：**工业电视监控系统检修**　　　　　　　　　　风险等级：＿＿＿＿＿

编　号			工单号	
计划检修时间			计划工日	
安全鉴证点（S1）	3		安全鉴证点（S2、S3）	1
见证点（W）	1		停工待检点（H）	0

办 理 工 作 票				
工作票编号：				
检修单位			工作负责人	
工作组成员				

施 工 现 场 准 备

序号	安 全 措 施 检 查	确认符合
1	进入噪声区域、使用高噪声工具时正确佩戴合格的耳塞	□
2	进入粉尘较大的场所作业，作业人员必须戴防尘口罩	□
3	在高温场所工作时，应为工作人员提供足够的饮水、清凉饮料及防暑药品，对温度较高的作业场所必须增加通风设备	□
4	门口、通道、楼梯和平台等处，不准放置杂物	□
5	发现盖板缺损及平台防护栏杆不完整时，应采取临时防护措施，设坚固的临时围栏	□
6	地面有油水、泥污等，必须及时清除，以防滑跌	□
7	工作前核对设备名称及编号；检查确认阀门已关闭不漏气工作前验电，应将电源切断，并挂"禁止合闸，有人工作"标示牌	□

确认人签字：

工 器 具 准 备 与 检 查

序号	工具名称及型号	数量	完 好 标 准	确认符合
1	一字螺丝刀	1	一字螺丝刀手柄应安装牢固，没有手柄的不准使用	□
2	十字螺丝刀	1	十字螺丝刀手柄应安装牢固，没有手柄的不准使用	□
3	尖嘴钳	1	绝缘胶良好，没有破皮漏电等现象，钳口无磨损，无错口现象，手柄无潮湿，保持充分干燥	□
4	毛刷	2	毛刷手柄应安装牢固，没有手柄的不准使用	□
5	活扳手	1	活扳手开口平整无明显机械损伤，扳手与螺轮紧密配合，无松动现象，螺轮固定良好，无松动，螺轮螺纹无损伤	□
6	强光手电筒	1	强光手电筒检查检验合格证在有效期内	□
7	对讲机	2	对讲机检查检验合格、电量充足	□
8	万用表	1	万用表应在校验合格使用期内，不应有妨碍读数和影响正常工作的机械损伤、显示缺陷；接线柱、旋钮等无松动	□
9	冲击钻	1	检查检验合格证在有效期内；检查电源线、电源插头完好无破损；有漏电保护器；检查各部件齐全，外壳和手柄无破损；检查电源开关动作正常、灵活；检查转动部分转动灵活、轻快，无阻滞	□
10	电源轴	1	产品标识及定期检验合格标识应清晰齐全；线盘、插座、插头应无松动，无缺损，无开裂；电源线应无灼伤、无破损、无裸露，且与线盘及插头的连接牢固，线盘架、拉杆、线盘架轮子及线盘摇动手柄应齐全完好	□
11	便携式吹风机	1	产品标识及定期检验合格标识应清晰齐全；吹风机各部件应完整齐全；外壳和手柄无裂缝、无破损的电源线、电源插头均应完好无损伤电源开关应动作正常、灵活	□

确认人签字：

<table>
<tr><td colspan="6" align="center">备 件 材 料 准 备</td></tr>
<tr><td>序号</td><td>材料名称</td><td>规　　格</td><td>单位</td><td>数量</td><td>检查结果</td></tr>
<tr><td>1</td><td>白布</td><td></td><td>kg</td><td>5</td><td>□</td></tr>
<tr><td>2</td><td>专用镜头纸</td><td></td><td>张</td><td>20</td><td>□</td></tr>
<tr><td>3</td><td>绝缘胶布</td><td></td><td>卷</td><td>2</td><td>□</td></tr>
<tr><td>4</td><td>酒精</td><td></td><td>g</td><td>500</td><td>□</td></tr>
</table>

检 修 工 序

检修工序步骤及内容	安全、质量标准
1　摄像头安装、更换 危险源：安全带、梯子、脚手架、高空中的工器具、零部件、绊脚物、冲击钻、移动式电源盘、220V 交流电、氢气、氨、柴油 安全鉴证点　1-S2 □1.1　首先要确定所要监控的区域，从而确定监控摄像头的安装位置及监控摄像头镜头大小，以达到最佳的监控效果 □1.2　选择好合适的位置之后，先用监控摄像头支架在安装位置上标注需要打孔的位置，然后用冲击钻在墙面上打眼，如果是木质结构，可以直接用自攻丝将支架固定，在打好的眼里塞入涨塞，用自攻丝将监控摄像头支架固定在墙面上。要注意一定要固定牢固，否则安装上监控摄像头之后会出现画面抖动的情况 □1.3　监控摄像头支架固定完毕之后，将监控摄像头固定在支架万向节上，同时根据所要监控的区域初步调整监控摄像头的角度，监控摄像头安装完毕之后，开始进行接线，线路连接完毕之后，再到后端将硬盘录像机的线路连接好之后就可进行通电调试了 □1.4　检查摄像头，更换损坏的摄像头	□A1（a）　使用时安全带的挂钩或绳子应挂在结实牢固的构件上；安全带要挂在上方，高度不低于腰部（即高挂低用）；利用安全带进行悬挂作业时，不能将挂钩直接勾在安全绳上，应勾在安全带的挂环上。 □A1（b）　在梯子上工作时，梯与地面的斜角度，直梯和升降梯与地面夹角以 60°～70° 为宜，折梯使用时上部夹角以 35°～45° 为宜，梯子的止滑脚必须安全可靠，使用梯子时必须有人扶持，梯子不得放在通道口、通道拐弯口和门前使用，如需放置时应设专人看守上下梯子时，不准手持物件攀登；作业人员必须面向梯子上下，梯子上作业人员应将安全带挂在牢固的构件上，不准将安全带挂在梯子上；不准两人同登一梯；人在梯子上作业时，不准移动梯子，须登在距梯顶不少于 1m 的梯蹬上工作。 □A1（c）　从事高处作业的人员必须身体健康；患有精神病、癫痫病以及经医师鉴定患有高血压、心脏病等不宜从事高处作业病症的人员，不准参加高处作业；凡发现工作人员精神不振时，禁止登高作业，上下脚手架应走人行通道或梯子，不准攀登架体；不准站在脚手架的探头上作业；不准在架子上退着行走或跨坐在防护横杆上休息，脚手架上作业时不准蹬在木桶、木箱、砖及其他建筑材料上。 □A1（d）　高处作业应一律使用工具袋；较大的工具应用绳拴在牢固的构件上工器具和零部件不准上下抛掷，应使用绳系牢后往下或往上吊。 □A1（e）　现场拆下的零件、设备、材料等应定置摆放，禁止乱堆乱放，现场禁止放置大量材料，现场使用的材料做到随取随用。 □A1（f）　正确佩戴防护面罩、防护眼镜、耳塞； 使用冲击钻等电气工具时必须戴绝缘手套，禁止带线织手套，不准手提冲击钻的导线或转动部分，更换钻头前必须先切断电源，装卸钻头不应用锤子或其他金属敲击，严禁手持工件进行钻孔；钻孔时工件必须用钳子，夹具或压铁夹紧压牢；钻薄片工件时，下面要垫木板，钻孔时不宜用力过大过猛，以防止电钻过载，清除钻孔内金属碎屑时，必须先停止钻头的转动；不准用手直接清除铁屑，工作中，离开工作场所、暂停作业以及遇临时停电时，须立即切断冲击钻电源。 □A1（g）　使用有绝缘柄的工具，其外裸的导电部位应采取绝缘措施，防止操作时相间或相对地短路；工作时，应穿绝缘鞋；拆线前验电，确认无电，拆线时应逐根拆除，每根用绝缘胶布包好；连接线应设有防止相间短路的保护措施，应固定牢固；拆、装设备时，工具裸露的金属部分用绝缘带包扎。 □A1（h）　在氢气、氨、柴油区域工作应使用铜质等防止产生火花的专用工具，如必须使用钢制工具，应涂黄油或采取其他措施

检修工序步骤及内容	安全、质量标准
2 镜头清理 危险源：安全带、梯子、脚手架、粉尘 安全鉴证点　1-S1 □2.1 用电吹风吹扫输像系统的灰尘 □2.2 用毛刷扫除航空插头、视频头以及狭窄部位的灰尘，再用布将整个输像系统的表面擦拭干净 □2.3 拧下航空插头和视频头，并检查航空插头和视频头是否有损坏现象、连接线是否有虚焊现象 □2.4 拆下摄像机保护罩，检查摄像机的保护镜及靶面是否清洁，如有污物可进行擦拭（此工作必须在清洁的工作室内进行） □2.5 除去镜头的各种附着物，拧下镜头，用专用镜头纸把镜头擦净，检查镜片和棱镜是否有损坏并擦拭干净，如有损坏必须更换	□A2（a） 使用时安全带的挂钩或绳子应挂在结实牢固的构件上；安全带要挂在上方，高度不低于腰部（即高挂低用）；利用安全带进行悬挂作业时，不能将挂钩直接勾在安全绳上，应勾在安全带的挂环上。 □A2（b） 在梯子上工作时，梯与地面的斜角度，直梯和升降梯与地面夹角以 60°～70°为宜，折梯使用时上部夹角以 35°～45°为宜，梯子的止滑脚必须安全可靠，使用梯子时必须有人扶持梯子，不得放在通道口、通道拐弯口和门前使用，如需放置时应设专人看守上下梯子时，不准手持物件攀登；作业人员必须面向梯子上下，梯子上作业人员应将安全带挂在牢固的构件上，不准将安全带挂在梯子上；不准两人同登一梯；人在梯子上作业时，不准移动梯子，须登在距梯顶不少于1m的梯蹬上工作。 □A2（c） 从事高处作业的人员必须身体健康；患有精神病、癫痫病以及经医师鉴定患有高血压、心脏病等不宜从事高处作业病症的人员，不准参加高处作业；凡发现工作人员精神不振时，禁止登高作业，上下脚手架应走人行通道或梯子，不准攀登架体；不准站在脚手架的探头上作业；不准在架子上退着行走或跨坐在防护横杆上休息，脚手架作业时不准蹬在木桶、木箱、砖及其他建筑材料上。 □A2（d） 进入粉尘较大的场所作业，作业人员必须戴防尘口罩。 2.5 镜头无污物，镜片无损坏
3 控制机柜清扫 危险源：移动式电源盘、电吹风、粉尘 安全鉴证点　2-S1 □3.1 检查控制机柜的接线 □3.2 完善各端子柜标签及电缆整理 □3.3 检查机柜的接线端子是否有腐蚀，紧固接线 □3.4 控制机柜及卡件清灰 □3.5 工业电视整套系统传动 <table><tr><td>质检点</td><td>1-W2</td><td>一级</td><td>二级</td></tr></table>	□A3（a） 工作中，离开工作场所、暂停作业以及遇临时停电时，须立即切断电源盘电源。 □A3（b） 不准手提电吹风的导线或转动部分。 □A3（c） 进入粉尘较大的场所作业，作业人员必须戴防尘口罩。 3.5 工业电视图像显示清晰
4 清理现场 危险源：施工废料 安全鉴证点　3-S1 □4.1 工作完毕，清理现场杂物	□A4 废料及时清理，做到工完、料尽、场地清

安 全 鉴 证 卡		
风险点鉴证点：1-S2 工序 1 在氢气、氨、柴油区域工作，使用铜质工具		
一级验收		年　　月　　日
二级验收		年　　月　　日
一级验收		年　　月　　日
二级验收		年　　月　　日
一级验收		年　　月　　日
二级验收		年　　月　　日
一级验收		年　　月　　日
二级验收		年　　月　　日
一级验收		年　　月　　日

风险点鉴证点：1-S2　工序 1　在氢气、氨、柴油区域工作，使用铜质工具		
二级验收		年　　月　　日
一级验收		年　　月　　日
二级验收		年　　月　　日
一级验收		年　　月　　日
二级验收		年　　月　　日
一级验收		年　　月　　日
二级验收		年　　月　　日
一级验收		年　　月　　日
二级验收		年　　月　　日
一级验收		年　　月　　日
二级验收		年　　月　　日
一级验收		年　　月　　日
二级验收		年　　月　　日
一级验收		年　　月　　日
二级验收		年　　月　　日
检 修 技 术 记 录		

数据记录：

遗留问题及处理措施：

记录人	年　　月　　日	工作负责人	年　　月　　日

第二篇　消缺工序卡

1 锅 炉 检 修

消 缺 工 序 卡

单位：_____　　班组：_____　　　　　　　　　　编号：_____

检修任务：给煤机皮带划伤消缺　　　　　　　　　　　　　　　风险等级：_____

编　号		工单号	
计划检修时间		计划工日	
安全鉴证点（S1）	4	安全鉴证点（S2、S3）	0
见证点（W）	3	停工待检点（H）	0
办 理 工 作 票			

工作票编号：

检修单位		工作负责人	
工作组成员			

施 工 现 场 准 备

序号	安 全 措 施 检 查	确认符合
1	进入粉尘较大的场所作业，作业人员必须戴防尘口罩	□
2	进入噪声区域、使用高噪声工具时正确佩戴合格的耳塞	□
3	必须保证检修区域照明充足	□
4	开工前与运行人员共同确认检修的设备已可靠与运行中的系统隔断，检查相关阀门已关闭，电源已断开，挂"禁止操作，有人工作"标示牌	□
5	开工前确认现场安全措施、隔离措施正确完备，需检修的管道已可靠地与运行中的管道隔断，没有汽、水、烟或可燃气流入的可能	□

确认人签字：

设 备 故 障 原 因 分 析

序号	造成阀门卡涩的原因分析	检 查 部 位
1	磨损、利物划破	检查给煤机内部有无尖锐异物
2	侧裙板与皮带间隙过小	检查侧裙板与皮带间隙
3	给煤机从动滚筒变形	检查从动滚筒有无弯曲变形

工 器 具 检 查

序号	工具名称及型号	数量	完 好 标 准	确认符合
1	手锤	1	大锤的锤头须完整，其表面须光滑微凸，不得有歪斜、缺口、凹入及裂纹等情形。大锤和手锤的柄须用整根的硬木制成，并将头部用楔栓固定。楔栓宜采用金属楔，楔子长度不应大于安装孔的2/3	□
2	撬棍	1	必须保证撬杠强度满足要求。在使用加力杆时，必须保证其强度和嵌套深度满足要求，以防折断或滑脱	□
3	锉刀	1	锉刀手柄应安装牢固，没有手柄的不准使用	□
4	螺丝刀（150mm）	2	螺丝刀手柄应安装牢固，没有手柄的不准使用	□
5	临时电源及电源线	1	检查检验合格证在有效期内，检查电源盘电源线、电源插头、插座完好无破损；漏电保护器动作正确，检查电源盘线盘架、拉杆、线盘架轮子及线盘摇动手柄齐全完好	□
6	活扳手（300mm）	4	活动扳口应在扳体导轨的全行程上灵活移动；活扳手不应有裂缝、毛刺及明显的夹缝、氧化皮等缺陷，柄部平直且不应有影响使用性能的缺陷	□

序号	工具名称及型号	数量	完 好 标 准	确认符合
7	铜棒	1	铜棒无卷边、无裂纹、无弯曲	□
8	内六角扳手 （8~32mm）	2	表面应光滑，不应有裂纹、毛刺等影响使用性能的缺陷	□
9	梅花扳手 （10~32mm）	2	表面应光滑，不应有裂纹、毛刺等影响使用性能的缺陷	□
10	电焊机	1	（1）检查电焊机检验合格证在有效期内。 （2）检查电焊机电源线、电源插头、电焊钳等完好无损，电焊工作所用的导线必须使用绝缘良好的皮线。 （3）电焊机的裸露导电部分和转动部分以及冷却用的风扇，均应装有保护罩。 （4）电焊机金属外壳应有明显的可靠接地，且一机一接地。 （5）电焊机应放置在通风、干燥处，露天放置应加防雨罩。 （6）电焊机、焊钳与电缆线连接牢固，接地端头不外露。 （7）连接到电焊钳上的一端，至少有5m为绝缘软导线。 （8）每台焊机应该设有独立的接地，接零线，其接点应用螺丝压紧。 （9）电焊机必须装有独立的专用电源开关，其容量应符合要求，电焊机超负荷时，应能自动切断电源，禁止多台焊机共用一个电源开关。 （10）不准利用厂房的金属结构、管道、轨道或其他金属搭接起来作为导线使用	□

确认人签字：

备 件 材 料 准 备					
序号	材料名称	规 格	单位	数量	检查结果
1	擦机布		kg	0.5	□
2	清洗剂	350mL	瓶	1	□
3	计量输送胶带	HD-BSC26.1-1	套	1	□
4	轴承	UCFC218C、UCT209C、UCFC209C	套	2	□
5	砂纸	120 号	张	5	□
6	石棉布		kg	2	□
7	给煤机入口传动组件	GMJRK、1435mm×60mm×5mm	套	2	□

检 修 工 序	
检修工序步骤及内容	安全、质量标准
1 给煤机内部异物检查取出 □1.1 用 M19mm 扳手拆卸给煤机本体两侧的检修孔盖板，拆卸之前做好记号，并将盖板及螺栓妥善保存，用活扳手逆时针调松安装在给煤机尾部孔门处的皮带张紧装置 危险源：煤尘 安全鉴证点 1-S1	□A1.1 进入粉尘较大的场所作业，作业人员必须戴防尘口罩 1.1 检查给煤机内部无遗存尖锐异物。检查皮带无深度划痕。如发现缺陷，取出尖锐异物，校验皮带；如未发生缺陷继续检查。
2 检查给煤机各部件轴承有无损伤 □2.1 对皮带主、从动滚筒，清扫链主、从动轴，皮带托辊等部件轴承进行检查、清理，不合格轴承进行更换 危险源：重物 安全鉴证点 2-S1	□A2.1 两人以上抬运重物时，必须同一顺肩，换肩时重物必须放下；多人共同搬运、抬或装卸较大的重物时，应有一人担任指挥，搬运的步调应一致，前后扛应同肩，必要时还应有专人在旁监护 2.1 轴承应无腐蚀、裂纹、保持架完整，无积粉、油脂润滑良好；如未发生缺陷继续检查。

质检点	1-W2	一级	二级

续表

检修工序步骤及内容	安全、质量标准
3 皮带检查 □3.1 清理皮带的黏煤,对皮带表面、裙边等部位进行检查处理,不合格进行更换 质检点 | 2-W2 | 一级 | 二级	3.1 皮带表面及裙边无严重划伤、脱落、裂口;表面无龟裂、硬化等变质现象,如发生缺陷则转为解体大修、转为使用文件包
4 清洗并检查皮带主、被动滚筒 □4.1 对主、被动滚筒键槽、焊口、滚筒表面质量进行检查。并对内、外部清扫器进行检查	4.1 滚筒无弯曲、变形损伤,键槽完好、焊口无开焊、表面胶层无脱落;清扫器的刮板(橡胶条或尼龙条)露出其固定钢架装置不低于 5mm
5 给煤机回装 □5.1 利用专用工具和绳索将皮带、从动滚筒装入给煤机中,将皮带拖拽至主动滚筒处,安装各托辊后,再利用支撑皮带的专用导向板将皮带拖拽至最长位置后,将主动滚筒安装到位并回装骨架油封、密封 O 形圈及轴承 □5.2 通过给煤机尾部的调整螺栓调整皮带的涨紧度并对中皮带左右位置 质检点 | 3-W2 | 一级 | 二级	5.1 皮带按箭头方向安装,箭头方向与皮带转向一致。 5.2 经检查合格的皮带安装调整后,上部皮带的裙边与下煤口钢板之间间隙均匀,偏差小于 10mm;下部裙边与清扫链支撑筋板目测有 50mm 间隙
6 给煤机试运 □6.1 给煤机带载启动运行时,需检修人员线程跟踪检查,对重载运行工况下有跑偏现象的皮带进行随时调整。调整方法参照给煤机设备本体尾部孔门上粘贴的皮带调整说明 危险源:电机、转动的链条皮带 安全鉴证点 | 3-S1	□6.1 皮带运行平稳,带煤量及落煤正常;皮带基本处于滚筒中间位置,皮带裙边与原煤斗出口钢板间隙均匀。 □A6.1(a) 转动机械检修完毕后,应恢复防护装置,否则不准启动。 □A6.1(b) 不准在转动中的机器上装卸和校正皮带
7 现场清理 □7.1 修后设备见本色,周围设备无污染 □7.2 工完、料尽、场地清 危险源:孔、洞、废料 安全鉴证点 | 4-S1	□A7.2 临时打的孔、洞,施工结束后,必须恢复原状;废料及时清理,做到工完、料尽、场地清

检 修 技 术 记 录

数据记录:

遗留问题及处理措施:

记录人		年 月 日	工作负责人		年 月 日

消 缺 工 序 卡

单位：_____ 班组：_____　　　　　　　　　编号：_____

检修任务：**离心式一次风机轴承过热消缺**　　　　　　　　　　　　　　风险等级：_____

编　　号			工单号	
计划检修时间			计划工日	
安全鉴证点（S1）		1	安全鉴证点（S2、S3）	2
见证点（W）		1	停工待检点（H）	2

办 理 工 作 票

工作票编号：

检修单位		工作负责人	
工作组成员			

施 工 现 场 准 备		
序号	安 全 措 施 检 查	确认符合
1	进入噪声区域正确佩戴合格的耳塞	□
2	进入粉尘较大的场所作业，作业人员必须戴防尘口罩	□
3	开工前与运行人员共同确认检修的设备已可靠与运行中的系统隔断，检查相关阀门已关闭，电源已断开，挂"禁止操作，有人工作"标示牌	□
4	转动设备检修时应采取防转动措施	□
5	对现场检修区域设置围栏、铺设胶皮，进行有效的隔离，有人监护	□

确认人签字：

设 备 故 障 原 因 分 析		
序号	离心式一次风机轴承过热的原因分析	检 查 部 位
1	轴承损坏	轴承
2	异物进入	轴承箱
3	轴承与轴承箱的间隙超标	轴承箱
4	润滑油老化变质	油站

工 器 具 准 备 与 检 查				
序号	工具名称及型号	数量	完 好 标 准	确认符合
1	梅花板手（24~27mm）	1	扳手不应有裂缝、毛刺及明显的夹缝、切痕、氧化皮等缺陷，柄部应平直	□
2	呆扳手（75、55mm）	2	扳手不应有裂缝、毛刺及明显的夹缝、切痕、氧化皮等缺陷，柄部应平直	□
3	手锤（2p）	2	手锤的锤头须完整，其表面须光滑微凸，不得有歪斜、缺口、凹入及裂纹等情形。手锤的柄须用整根的硬木制成，并将头部用楔栓固定。楔栓宜采用金属楔，楔子长度不应大于安装孔的2/3	□
4	手拉葫芦（3t）	2	链节无严重锈蚀及裂纹，无打滑现象；齿轮完整，轮杆无磨损现象，开口销完整；吊钩无裂纹变形；链扣、蜗母轮及轮轴发生变形、生锈或链索磨损严重时，均应禁止使用；检查检验合格证在有效期内	□
5	大锤（8p）	1	大锤的锤头须完整，其表面须光滑微凸，不得有歪斜、缺口、凹入及裂纹等情形；大锤的柄须用整根的硬木制成，并将头部用楔栓固定；楔栓宜采用金属楔，楔子长度不应大于安装孔的2/3	□

序号	工具名称及型号	数量	完 好 标 准	确认符合
6	行车	1	经检验检测监督机构检验合格;使用前应做无负荷起落试验一次,检查制动器及传动装置应良好无缺陷,制动器灵活良好	
7	塞尺 (150mm)	1	塞尺的测量面和侧面不应有划痕、碰伤和锈蚀	

确认人签字:

备 件 材 料 准 备

序号	材料名称	规 格	单位	数量	检查结果
1	擦机布		kg	4	□
2	滑动轴承	220mm×220mm	套	1	□
3	滑动轴承	300mm×383mm	套	1	□
4	机械油	N46	kg	2210	□

检 修 工 序

检修工序步骤及内容	安全、质量标准
1 轴瓦解体 危险源:吊具、轴瓦;手拉葫芦;行车;润滑油 安全鉴证点 1-S2 □1.1 拆卸轴瓦供回油管路,将轴瓦上部供油管及侧面的回油管拆除,拆除过程中准备抹布并配合接油盒,防止润滑油滴落污染地面	□A1(a) 悬挂链式起重机的架梁或建筑物,必须经过计算,否则不准悬挂禁止用链式起重机长时间悬吊重物。 □A1(b) 工作负荷不准超过铭牌规定。 □A1(c) 起重物品必须绑牢,吊钩应挂在物品的重心上,吊钩钢丝绳应保持垂直禁止使吊钩斜着拖吊重物。 □A1(d) 起重机械只限于熟悉使用方法并经有关机构业务培训考试合格、取得操作资格证的人员操作。 □A1(e) 起吊重物不准让其长期悬在空中有重物暂时悬在空中时,严禁驾驶人员离开驾驶室或做其他工作。 □A1(f) 起吊重物不准让其长期悬在空中有重物暂时悬在空中时,严禁驾驶人员离开驾驶室或做其他工作。 □A1(g) 吊具及配件不能超过其额定起重量,起重吊具、吊索不得超过其相应吊挂状态下的最大工作载荷。 □A1(h) 不准将油污、油泥、废油等(包括沾油棉纱、布、手套、纸等)倒入下水道排放或随地倾倒,应收集放于指定的地点,妥善处理,以防污染环境及发生火灾。
□1.2 拆卸电机轴瓦两侧油挡连接螺栓,取下油挡并检查,测量油挡间隙 □1.3 拆除轴瓦上盖螺栓,顺时针旋动将定位销取下	1.2 检查油挡外环齿封无损坏,内环无磨损。
□1.4 取下轴瓦上盖,测量轴瓦顶部间隙并记录 □1.4.1 先检查轴瓦结合面的间隙是否均匀相等再取下轴瓦上盖,用千分尺量出已被压扁的软铅丝的厚度 □1.4.2 测量记录瓦顶间隙数值 □1.5 拆下轴瓦紧固螺栓,取上瓦,测量轴瓦间隙并记录。用压铅丝和塞尺测量的工艺检查原始间隙 □1.6 1号轴瓦带油环检查 □1.7 吊起电机轴,滑出下瓦 □1.8 使用天车并挂上10t手拉葫芦,将转子轴打起,翻出下瓦,进行1号轴瓦检查、刮研	1.4 轴与轴瓦顶部间隙应为轴颈的1.5/1000~3/1000,较大数值用于较小直径,瓦顶间隙为0.05~0.095mm。 1.6 带油环直径为350mm,检查带油环椭圆度偏差不超过1mm,带油环无明显磨损,中间连接螺栓、铆钉无松动,连接筋板无裂纹。 1.8(a) 检查乌金瓦工作面光洁呈银亮色光泽,无黄色、斑点、杂质、气孔、裂纹、脱皮、分离等缺陷。

检修工序步骤及内容	安全、质量标准

<table>
<tr><td>质检点</td><td>1-H3</td><td>一级</td><td>二级</td><td>三级</td></tr>
<tr><td></td><td></td><td></td><td></td><td></td></tr>
</table>

1.8（b）　乌金瓦完好，无裂纹损伤，脱胎现象。

1.8（c）　轴瓦接触角为 60°～90°、接触点两侧 4～5 点/cm²，逐渐向中间过渡至不少于 2 点/cm²。

1.8（d）　轴瓦球面与轴承座接触面在 75% 以上，无晃动、偏摆现象，接触点分布均匀，不少于 2 点/cm²，不许在接合面处加垫

2　轴瓦回装
危险源：吊具、轴瓦；手拉葫芦；行车；润滑油

安全鉴证点	2-S2	

□A2（a）　悬挂链式起重机的架梁或建筑物，必须经过计算，否则不准悬挂禁止用链式起重机长时间悬吊重物。

□A2（b）　工作负荷不准超过铭牌规定。

□A2（c）　起重物品必须绑牢，吊钩应挂在物品的重心上，吊钩钢丝绳应保持垂直，禁止使吊钩斜着拖吊重物。

□A2（d）　起重机械只限于熟悉使用方法并经有关机构业务培训考试合格、取得操作资格证的人员操作。

□A2（e）　起吊重物不准让其长期悬在空中有重物暂时悬在空中时，严禁驾驶人员离开驾驶室或做其他工作。

□A2（f）　起吊重物不准让其长期悬在空中有重物暂时悬在空中时，严禁驾驶人员离开驾驶室或做其他工作。

□A2（g）　吊具及配件不能超过其额定起重量，起重吊具、吊索不得超过其相应吊挂状态下的最大工作载荷。

□A2（h）　不准将油污、油泥、废油等（包括沾油棉纱、布、手套、纸等）倒入下水道排放或随地倾倒，应收集放于指定的地点，妥善处理，以防污染环境及发生火灾。

□2.1　回装下瓦，轴瓦球面上涂上润滑油后将下瓦滑入，将电机轴轻轻落下，测量检查瓦口间隙、推力间隙并记录

□2.2　回装上瓦，测量轴顶间隙记录，回装定位销并紧固轴瓦盖螺栓

□2.3　检查轴承箱内部，箱体内部清洁，用面团粘净

□2.4　回装轴瓦盖，压铅丝测量轴瓦顶部间隙并记录，回装定位销并紧固轴瓦盖螺栓

□2.5　回装油挡并测量间隙并记录

2.1　瓦口间隙为轴顶间隙的 1/2，轴瓦端面与轴肩间隙均匀，轴瓦侧部间隙为 0.102～0.14mm，轴瓦推力间隙为 17mm。

2.2　轴瓦顶部间隙为 0.204～0.279mm。螺栓螺纹完好，紧固、定位销安全到位，上下瓦口接触面平整光滑，用螺栓紧固后两端无错位。

2.4　瓦顶间隙为 0.05～0.095mm。螺栓螺纹完好，紧固、定位销安全到位。

2.5　油挡内外环与轴径配合间隙下部为 0～0.05mm，上部为 0.1～0.2mm，两侧间隙是上部的一半。

<table>
<tr><td>质检点</td><td>2-H3</td><td>一级</td><td>二级</td><td>三级</td></tr>
<tr><td></td><td></td><td></td><td></td><td></td></tr>
</table>

□2.6　回装轴瓦供回油管路

2.6　供回油管路及连接处应无渗漏

3　润滑油站油质更换
危险源：润滑油

安全鉴证点	1-S1	

□A3　不准将油污、油泥、废油等（包括沾油棉纱、布、手套、纸等）倒入下水道排放或随地倾倒，应收集放于指定的地点，妥善处理，以防污染环境及发生火灾。

□3.1　将油箱内存油抽出

□3.2　用煤油清洗油箱内部，用白面粘净

3.2　油箱内无油污垢及杂物。

<table>
<tr><td>质检点</td><td>1-W2</td><td>一级</td><td>二级</td></tr>
<tr><td></td><td></td><td></td><td></td></tr>
</table>

□3.3　清洗、检查油位计
□3.4　清理油箱滤网
□3.5　使用滤油机将润滑油加至正常油位

3.3　油位计无渗漏，标识齐全、正确。
3.4　过滤器内清洁干净，无杂物

4　现场清理
□4.1　修后设备见本色，周围设备无污染
□4.2　工完料净场地清

4.2　废料及时清理，做到工完、料净、场地清

安 全 鉴 证 卡

风险点鉴证点：1-S2　工序 1　轴瓦解体

一级验收		年　月　日

续表

风险点鉴证点：1-S2 工序1 轴瓦解体		
二级验收		年 月 日
一级验收		年 月 日
二级验收		年 月 日
一级验收		年 月 日
二级验收		年 月 日
一级验收		年 月 日
二级验收		年 月 日
一级验收		年 月 日
二级验收		年 月 日
一级验收		年 月 日
二级验收		年 月 日
安 全 鉴 证 卡		
风险点鉴证点：2-S2 工序2 轴瓦回装		
一级验收		年 月 日
二级验收		年 月 日
一级验收		年 月 日
二级验收		年 月 日
一级验收		年 月 日
二级验收		年 月 日
一级验收		年 月 日
二级验收		年 月 日
一级验收		年 月 日
二级验收		年 月 日
检 修 技 术 记 录		

数据记录：

遗留问题及处理措施：

记录人		年 月 日	工作负责人		年 月 日

消 缺 工 序 卡

单位：＿＿＿＿＿＿＿　　班组：＿＿＿＿＿＿＿　　　　　　　　　　　编号：＿＿＿＿＿＿＿

检修任务：一次风燃烧器卡涩（四个角摆动不同步）消缺　　　　　　风险等级：＿＿＿＿＿＿

编　号		工单号	
计划检修时间		计划工日	
安全鉴证点（S1）	5	安全鉴证点（S2、S3）	0
见证点（W）	3	停工待检点（H）	1
办 理 工 作 票			
工作票编号：			
检修单位		工作负责人	
工作组成员			

施 工 现 场 准 备

序号	安 全 措 施 检 查	确认符合
1	进入噪声区域时正确佩戴合格的耳塞	□
2	进入粉尘较大的场所作业，作业人员必须戴防尘口罩	□
3	进入高温环境作业时，保证周围通风良好	□
4	必须保证检修区域照明充足	□
5	开工前与运行人员共同确认检修的设备已可靠与运行中的系统隔断。检查确认1号炉再热器减温水电动调节阀前后电动截止阀已关闭，电源已断开，挂"禁止合闸，有人工作"标示牌；检查确认1号炉再热器减温水电动调节阀电源已断开，挂"禁止合闸，有人工作"标示牌；检查确认1号炉再热器减温水电动调节阀处疏水阀已打开；检查确认1号炉再热器减温水电动调节阀温度已降至50℃以下	□

确认人签字：

设 备 故 障 原 因 分 析

序号	原 因 分 析	检 查 部 位
1	燃烧器积灰、结焦	检查清理燃烧器上的积灰、结焦
2	调节连杆变形	检查调整燃烧器调节连杆
3	调节连杆销子脱落	检查燃烧器调节连杆销子
4	执行器气缸活塞环损坏	检查燃烧器调节执行器气缸活塞环

工 器 具 检 查

序号	工具名称及型号	数量	完 好 标 准	确认符合
1	大锤、手锤	1	大锤的锤头须完整，其表面须光滑微凸，不得有歪斜、缺口、凹入及裂纹等情形。大锤和手锤的柄须用整根的硬木制成，并将头部用楔栓固定。楔栓宜采用金属楔，楔子长度不应大于安装孔的2/3	□
2	撬棍	1	必须保证撬杠强度满足要求。在使用加力杆时，必须保证其强度和嵌套深度满足要求，以防折断或滑脱	□
3	锉刀	1	锉刀手柄应安装牢固，没有手柄的不准使用	□
4	螺丝刀（150mm）	2	螺丝刀手柄应安装牢固，没有手柄的不准使用	□
5	活扳手（300mm）	2	活动扳口应在扳体导轨的全行程上灵活移动；活扳手不应有裂缝、毛刺及明显的夹缝、氧化皮等缺陷，柄部平直且不应有影响使用性能的缺陷	□
6	铜棒	1	铜棒端部无卷边、无裂纹，铜棒本体无弯曲	□
7	内六角扳手（8～32mm）	1	表面应光滑，不应有裂纹、毛刺等影响使用性能的缺陷	□

续表

序号	工具名称及型号	数量	完 好 标 准	确认符合
8	梅花扳手（10～32mm）	2	表面应光滑，不应有裂纹、毛刺等影响使用性能的缺陷	□
9	手拉葫芦	2	链节无严重锈蚀及裂纹，无打滑现象；齿轮完整，轮杆无磨损现象，开口销完整；吊钩无裂纹变形；链扣、蜗母轮及轮轴发生变形、生锈或链索磨损严重时，均应禁止使用	□
10	临时电源及电源线	1	检查电源盘电源线、电源插头、插座完好无破损；漏电保护器动作正确，检查电源盘线盘架、拉杆、线盘架轮子及线盘摇动手柄齐全完好，检查检验合格证在有效期内	□

确认人签字：

备 件 材 料 准 备

序号	材料名称	规 格	单位	数量	检查结果
1	燃烧器摆角执行器气缸密封组件	CU-300GX-M110-S	套	1	□
2	销子	$\phi 24 \times 80mm$	件	2	□
3	擦机布		kg	1	□
4	松动剂	350mL	瓶	1	□
5	砂纸	120目	张	5	□

检 修 工 序

检 修 工 序 步 骤 及 内 容	安全、质量标准
□1 检查清理燃烧器上的积灰、结焦 危险源：脚手架、高温物体、手锤、撬棍 安全鉴证点 1-S1 质检点 1-W2 一级 二级	□A1（a） 进入高温环境作业时，保证周围通风良好。 □A1（b） 接触高温物体必须戴隔热手套。 □A1（c） 禁止戴手套使用手锤。 □A1（d） 脚手板要满铺于架子的横杆上，在斜道两边和脚手架工作面的外侧，应设1.2m高的栏杆，并在其下部加设18cm高的护板；必要时在脚手板上铺设苫布，动火时铺设石棉布；脚手架验收签字后方可使用。 □A1（e） 安全带使用时挂钩或绳子应挂在结实牢固的构件上；安全带要挂在上方，高度不低于腰部（即高挂低用）；安全带严禁打结使用，使用中要避开尖锐的构件。 1 清理干净燃烧器上的积灰、结焦
2 检查调整燃烧器调节连杆 危险源：手拉葫芦、大锤 □2.1 用手拉葫芦上下固定燃烧器拐臂 □2.2 拆除燃烧器调节连杆，用大锤校正连杆，回装连杆 安全鉴证点 2-S1 质检点 2-W2 一级 二级	□A2（a） 使用手拉葫芦前必须检查完好，拉力不得超限，绑扎悬挂牢固。 □A2（b） 禁止戴手套使用大锤。 2 连杆弯曲度不小于0.02mm
3 检查更换燃烧器调节连杆销子 危险源：连杆 安全鉴证点 3-S1 □3.1 调整燃烧器摆角行程，使其销孔对中，安装脱落的销子	□A3（a） 调整时不能将手指放在连杆销孔中，防止挤伤手指
4 检查燃烧器调节执行器气缸活塞环 危险源：手拉葫芦、大锤 安全鉴证点 4-S1 □4.1 用手拉葫芦上下固定燃烧器拐臂	□A4（a） 使用手拉葫芦前必须检查完好，拉力不得超限，绑扎悬挂牢固。 □A4（b） 禁止戴手套使用大锤。 4 气缸活塞环无损伤，与气缸内部接触良好，气缸无漏气现象

检修工序步骤及内容	安全、质量标准
□4.2 拆除燃烧器调节执行器气缸 □4.3 拆除气缸端盖螺栓，清理气缸筒壁，更换气缸活塞环 □4.4 回装气缸 质检点 / 3-W2 / 一级 / 二级	
□5 一次风燃烧器传动 安全鉴证点 / 5-S1 质检点 / 1-H3 / 一级 / 二级	□A5（a） 传动前送电调试检查电动执行机构绝缘及接地装置良好。 □A5（b） 调整执行机构行程的同时不得用手触摸气缸、连杆，避免挤伤手指 5 开关灵活，无卡涩，四角同步

检 修 技 术 记 录
数据记录：
遗留问题及处理措施：

记录人		年　月　日	工作负责人		年　月　日

2 电气检修

消缺工序卡

单位：＿＿＿＿＿＿＿＿　班组：＿＿＿＿＿＿＿＿＿　　　　　　编号：＿＿＿＿＿＿

检修任务：**闭式冷却水泵开关拒合消缺**　　　　　　　　　风险等级：＿＿＿＿

编　号		工单号	
计划检修时间		计划工日	
安全鉴证点（S1）	4	安全鉴证点（S2、S3）	0
见证点（W）	2	停工待检点（H）	0

办 理 工 作 票	
工作票编号：	
检修单位	工作负责人
工作组成员	

施 工 现 场 准 备

序号	安 全 措 施 检 查	确认符合
1	与带电设备保持 0.7m 安全距离	□
2	门口、通道、楼梯和平台等处，不准放置杂物	□
3	与运行人员共同确认现场安全措施、隔离措施正确完备；确认开关断开并拉至"试验"或"检修"位置，操作电源、动力电源断开，验明检修设备确无电压；确认"禁止合闸、有人工作""在此工作"等标示牌按措施要求悬挂；围栏按措施要求设置齐备；明确相邻带电设备及带电部位	□
4	工作前核对设备名称及编号；工作前验电	□
5	清理检修现场；地面使用胶皮铺设；检修工器具、材料备件、图纸按定置摆放	□
6	检修管理文件已准备齐全	□

确认人签字：

设 备 故 障 原 因 分 析

序号	造成开关拒合的原因分析	检查部位
1	直流控制电源失去	检查开关直流控制电源开关及其回路
2	DCS 系统控制故障	检查 DCS 控制系统（设备）
3	断路器二次插头与插座断裂或插接不良	检查断路器二次接插件
4	合闸回路二次接线松动、断线	检查合闸回路二次接线
5	控制保护单元、控制按钮、中间继电器、断路器行程开关及辅助接点等电气元器件故障	检查控制保护单元、控制按钮、中间继电器、断路器行程开关及辅助接点等电气元器件
6	合闸线圈断线、匝间短路	检查合闸线圈
7	储能机构及其电机等部件失效导致未储能	检查储能机构
8	合闸执行机构卡涩、变形、配合不当，连接件或弹簧松动、断裂	检查合闸执行机构

工 器 具 准 备 与 检 查

序号	工具名称及型号	数量	完 好 标 准	确认符合
1	万用表	1	检查检验合格证在有效期内；塑料外壳具有足够的机械强度，不得有缺损和开裂、划伤和污迹，不允许有明显的变形，按键、按钮应灵活可靠，无卡死和接触不良的现象	□

序号	工具名称及型号	数量	完 好 标 准	确认符合
2	绝缘表	1	检查检验合格证在有效期内；外表应整洁美观，不应有变形、缩痕、裂纹、划痕、剥落、锈蚀、油污、变色等缺陷。文字、标志等应清晰无误。绝缘表的零件、部件、整件等应装配正确，牢固可靠。绝缘表的控制调节机构和指示装置应运行平稳，无阻滞和抖动现象	□
3	十字螺丝刀	2	螺丝刀手柄应安装牢固，没有手柄的不准使用	□
4	平口螺丝刀	2	螺丝刀手柄应安装牢固，没有手柄的不准使用	□
5	尖嘴钳	1	钢丝钳等手柄应安装牢固，没有手柄的不准使用	□
6	活扳手	2	活扳手开口平整无明显机械损伤，扳手与螺轮紧密配合，无松动现象，螺轮固定良好，无松动，螺轮螺纹无损伤	□

确认人签字：

备 件 材 料 准 备

序号	材料名称	规 格	单位	数量	检查结果
1	塑料布		kg	2	□
2	绝缘胶布		盘	1	□
3	绑扎带	100mm	根	10	□
4	静摩擦片		根	2	□
5	塑铜线	1m	根	1	□

检 修 工 序

检修工序步骤及内容	安全、质量标准
□1 断路器处于工作位置时外观检查断路器控制保护单元	1 外观检查断路器控制保护单元报警及保护动作情况，不应有保护跳闸及报警情况。如未发现异常则继续检查
2 断路器处于工作位置时外观检查断路器状态指示及灯指示，排除因断路器合闸后反馈接点未动作导致远方（DCS系统）判断失误的故障 □2.1 检查断路器状态指示 □2.2 检查断路器指示灯	2.1 外观检查断路器状态指示应在分闸后位置。 2.2 外观检查断路器指示灯，"停运"指示灯正常点亮、"储能"指示灯正常点亮。如未发现异常则继续检查
3 断路器处于工作位置时检查直流控制电源开关及其回路 □3.1 外观检查断路器控制电源开关 □3.2 带电测量断路器本体端子排接线处直流控制电压 危险源：220V直流电 安全鉴证点 1-S1	3.1 外观检查断路器控制电源开关合入应正常。 □A3.2（a） 带电工作时应戴手套、使用有绝缘柄的工器具，穿绝缘靴并站在干燥的绝缘物上进行。 □A3.2（b） 使用万用表带电测试时，不得转动万用表旋钮，同时操作时还应防止万用表测试笔误碰短路或接地。 3.2 带电测量断路器本体端子排接线处直流控制电压应正常。如未发现异常则继续检查
□4 将断路器"远方/就地"转换开关切至"就地"位置、断路器置于"试验"位置进行传动试验	4 断路器"远方/就地"转换开关切至"就地"位置、断路器置于"试验"位置传动。若合、跳闸正常，则在确认"远方/就地"转换开关转换正常、"远方"接点闭合良好的情况下与热工专业沟通，进行DCS系统与断路器之间合闸控制线路的检查。若断路器"试验"位置传动试验中合、跳闸不正常，则确认控制保护单元定值正确后继续检查断路器本体及其二次接线
□5 将处于"分闸后"状态的断路器拉至"检修"位置并移下，进行进一步检查 危险源：框架断路器 安全鉴证点 2-S1	□A5（a） 手搬物件时应量力而行，不得搬运超过自己能力的物件。 □A5（b） 两人以上抬运重物时，必须同一顺肩，换肩时重物必须放下；多人共同搬运、抬运或装卸较大的重物时，应有一人担任指挥，搬运的步调应一致，前后扛应同肩，必要时还应有专人在旁监护

续表

检修工序步骤及内容	安全、质量标准
□6 断路器二次插头与插座检查	6 二次插头与插座对位正确，无断裂、变形及放电痕迹，插头插针无退针变形。接线紧固、线芯压接正确。如未发现异常则继续检查
□7 合闸回路二次接线检查	7 检查合闸回路二次接线与图纸相符，各端子接线应紧固无松动，压接线芯露出长度应合适、无压接到线芯绝缘皮甚至压断的现象。如未发现异常则继续检查
□8 控制保护单元、控制按钮、中间继电器、断路器行程开关及辅助接点等电气元器件检查	8 各电气元器件本体完整，无断裂、变形及放电痕迹，动作应正常，触头接触良好。线圈直阻与铭牌比较变化不超±10%。如未发现异常则继续检查
□9 合闸线圈检查	9 合闸线圈引线良好、接线紧固，线圈直阻与铭牌比较变化不超±10%。如未发现异常则继续检查
□10 储能机构及其电机检查	10 储能机构部件无损坏、断裂脱落现象，动作到位、灵活无卡涩，紧固件无松动。储能电机电刷和转子接触良好，电刷无断裂，转子清洁，线圈直阻与铭牌比较变化不超±10%。如未发现异常则继续检查
□11 合闸执行机构检查	11 合闸执行机构无损坏、断裂脱落现象，动作到位、灵活，无卡涩、变形、配合不当现象，连接件或弹簧动作正常，无松动、断裂问题

检修工序步骤及内容	安全、质量标准
□12 问题解决后，断路器本体绝缘电阻测试 危险源：500V 直流试验电压 安全鉴证点　3-S1 质检点　1-W2　一级　二级	□A12（a） 两人在一起工作。 □A12（b） 测量人员和绝缘电阻表安放位置，应选择适当，保持安全距离，以免绝缘电阻表引线或引线支持物触碰带电部分；移动引线时，应注意监护，防止工作人员触电。 □A12（c） 试验结束将所试设备对地放电，释放残余电压。 12 用绝缘电阻表 500V 挡测量绝缘电阻：≥0.5MΩ
13 确认断路器在"分闸后"状态，将其回装至断路器底座上，摇至"试验"位置进行传动试验 危险源：框架断路器 安全鉴证点　4-S1 □13.1 将转换开关切换至"就地"位置，从配电柜处进行断路器合、分闸试验 □13.2 将转换开关切换至"远方"位置，从中控室 DCS 控制系统中进行断路器合闸、分闸试验 质检点　2-W2　一级　二级	□A13（a） 手搬物件时应量力而行，不得搬运超过自己能力的物件。 □A13（b） 两人以上抬运重物时，必须同一顺肩，换肩时重物必须放下；多人共同搬运、抬运或装卸较大的重物时，应有一人担任指挥，搬运的步调应一致，前后扛应同肩，必要时还应有专人在旁监护。 13.1 断路器合、分闸动作正常、到位，状态指示、指示灯显示与 DCS 画面显示一致 13.2 断路器合、分闸动作正常、到位，状态指示、指示灯显示与 DCS 画面显示一致
14 现场清理 □14.1 修后设备见本色，周围设备无污染 □14.2 工完、料净、场地清	14.2 废料及时清理，做到工完、料净、场地清

检 修 技 术 记 录

数据记录：

续表

检 修 技 术 记 录				
遗留问题及处理措施：				
记录人		年　月　日	工作负责人	年　月　日

消 缺 工 序 卡

单位：＿＿＿＿＿＿＿＿　　班组：＿＿＿＿＿＿＿＿　　　　　　　　编号：＿＿＿＿＿＿＿

检修任务：**闭式水冷却水泵电动机振动大消缺**　　　　　　　　风险等级：＿＿＿＿＿＿

编　号		工单号	
计划检修时间		计划工日	
安全鉴证点（S1）	19	安全鉴证点（S2、S3）	0
见证点（W）	4	停工待检点（H）	1

办 理 工 作 票			
工作票编号：			
检修单位		工作负责人	
工作组成员			

施 工 现 场 准 备

序号	安 全 措 施 检 查	确认符合
1	进入噪声区域、使用高噪声工具时正确佩戴合格的耳塞	☐
2	增加临时照明	☐
3	发现盖板缺损及平台防护栏杆不完整时，应采取临时防护措施，设坚固的临时围栏	☐
4	进入粉尘较大的场所作业，作业人员必须戴防尘口罩	☐
5	电气设备的金属外壳应实行单独接地；电气设备金属外壳的接地与电源中性点的接地分开；拆下的电缆三相短路并接地	☐
6	与带电设备保持 0.7m 安全距离	☐
7	与运行人员共同确认现场安全措施、隔离措施正确完备；确认开关拉开，开关拉至"试验"或"检修"位置，控制方式在"就地"位置，操作电源、动力电源断开，验明检修设备确无电压；确认"禁止合闸、有人工作""在此工作"等警告标示牌按措施要求悬挂；明确相邻带电设备及带电部位	☐
8	工作前核对设备名称及编号；工作前验电	☐
9	清理检修现场；设置检修现场定制图；地面使用胶皮铺设，并设置围栏及警告标识牌；检修工器具、材料备件定置摆放	☐
10	检修管理文件、原始记录本已准备齐全	☐

确认人签字：

设 备 故 障 原 因 分 析

序号	造成温度显示异常的原因分析	检 查 部 位
1	基础开裂松动	检查基础
2	基础地脚螺栓松动	检查地脚螺栓
3	联轴器损坏、联轴器连接松动、联轴器找中心不准	检查联轴器，测量联轴器中心值
4	叶轮开裂或局部变形	检查冷却风扇
5	叶轮在转轴上不紧固	检查冷却风扇
6	电动机拖动的负载传导振动	通过电动机空载运行，判断故障源
7	轴承保持架损伤、内外环断裂、滚珠失圆、滚道面剥离等	检查轴承
8	轴承游隙过大、端盖与轴间配合公差过大、轴承与轴间配合公差过大	测量轴承游隙、配合公差
9	转子不平衡、转轴弯曲、转子铁芯变椭圆或偏心或松动、鼠笼条与端环开焊、鼠笼条断裂、定/转子气隙不均、定/转子磁力中心不一致	检查转子

序号	造成温度显示异常的原因分析	检 查 部 位
10	定子铁芯变椭圆或偏心或松动、定子绕组发生断线、接地击穿、匝间短路、三相电流不平衡	检查定子

工 器 具 检 查				
序号	工具名称及型号	数量	完 好 标 准	确认符合
1	临时电源及电源线	1	安装、维修或拆除临时用电工作，必须由电工完成。电工必须持有效证件上岗；电源箱箱体接地良好，接地、接零标志清晰；工作前核算用电负荷在电源最高负荷内，并在规定负荷内用电	□
2	吊具	4	起重工具使用前，必须检查完好、无破损；所选用的吊索具应与被吊工件的外形特点及具体要求相适应，在不具备使用条件的情况下，决不能使用；作业中应防止损坏吊索具及配件，必要时在棱角处应加护角防护；具及配件不能超过其额定起重量，起重吊具、吊索不得超过其相应吊挂状态下的最大工作载荷	□
3	轴承加热器		加热器各部件完好齐全，数显装置无损伤且显示清晰；轭铁表面无可见损伤，放在主机的顶端面上，应与其吻合紧密平整；电源线及磁性探头连线无破损、无灼伤；控制箱上各个按钮完好且操作灵活	□
4	手拉葫芦		检查检验合格证在有效期内；链节无严重锈蚀及裂纹，无打滑现象；齿轮完整，轮杆无磨损现象，开口销完整；吊钩无裂纹变形；链扣、蜗母轮及轮轴发生变形、生锈或链索磨损严重时，均应禁止使用；撑牙灵活能起刹车作用；撑牙平面垫片有足够厚度，加荷后不会拉滑；使用前应做无负荷的起落试验一次，检查其煞车以及传动装置是否良好，然后再进行工作	□
5	电动葫芦		经（或检验检测监督机构）检验检测合格；检查钢丝绳磨无严重磨损现象，钢丝绳断裂根数在规程规定限度以内；接扣可靠，无松动现象；吊钩放至最低位置时，滚筒上至少剩有 5 圈绳索；吊钩滑轮杆无磨损现象，开口销完整；开口度符合标准要求；吊钩无裂纹或显著变形，无严重腐蚀、磨损现象；销子及滚珠轴承良好；使用前应做无负荷起落试验一次，检查制动器及传动装置应良好无缺陷，制动器灵活良好；检查导绳器和限位器灵活正常，卷扬限制器在吊钩升起距起重构架 300mm 时自动停止；保证控制手柄的外观完整，绝缘良好	□
6	移动式电源盘		检查检验合格证在有效期内；检查电源盘电源线、电源插头、插座完好无破损；漏电保护器动作正确；检查电源盘线盘架、拉杆、线盘架轮子及线盘摇动手柄齐全完好	□
7	电吹风		检查检验合格证在有效期内；检查电吹风电源线、电源插头完好无破损	□
8	撬杠		必须保证撬杠强度满足要求。在使用加力杆时，必须保证其强度和嵌套深度满足要求，以防折断或滑脱	□
9	手锤、大锤		手锤的锤头须完整，其表面须光滑微凸，不得有歪斜、缺口、凹入及裂纹等情形。手锤的柄须用整根的硬木制成，并将头部用楔栓固定。楔栓宜采用金属楔，楔子长度不应大于安装孔的 2/3	□
10	螺丝刀		螺丝刀手柄应安装牢固，没有手柄的不准使用	□
11	润滑油		储存中避免靠近火源和高温	□
12	叉车		经（或检验检测监督机构）检验检测合格	□
13	清洁剂		高压灌装清洁剂远离明火、高温热源	□
14	无水酒精		领用、暂存时量不能过大，一般不超过 500mL	□
15	氧气、乙炔	各 1	禁止使用没有防震胶圈和保险帽的气瓶；氧气瓶和乙炔气瓶应垂直放置并固定，氧气瓶和乙炔气瓶的距离不得小于 5m； 在工作地点，最多只许有两个氧气瓶（一个工作，一个备用）；	□

续表

序号	工具名称及型号	数量	完 好 标 准	确认符合
15	氧气、乙炔	各1	安放在露天的气瓶，应用帐篷或轻便的板棚遮护，以免受到阳光曝晒；乙炔气瓶禁止放在高温设备附近，应距离明火10m以上；禁止装有气体的气瓶与电线相接触；只有经过检验合格的氧气表、乙炔表才允许使用；氧气表、乙炔表的连接螺纹及接头必须保证氧气表、乙炔表安在气瓶阀或软管上之后连接良好、无任何泄漏；氧气表、乙炔表在气瓶上应安装合理、牢固；采用螺纹连接时，应拧足五个螺扣以上；采用专门的夹具压紧时，装卡应平整牢固；乙炔气瓶上应有阻火器，防止回火并经常检查，以防阻火器失灵；橡胶软管须具有足以承受气体压力的强度，并采用异色软管；氧气软管须用1.961MPa的压力试验，乙炔软管须用0.490MPa的压力试验；氧气软管与乙炔软管不准混用；在连接橡胶软管前，应先将软管吹净，并确定管中无水后，才许使用；不准用氧气吹乙炔气管；乙炔和氧气软管在工作中应防止沾上油脂或触及金属溶液；禁止把乙炔及氧气软管放在高温管道和电线上，不应将重的或热的物体压在软管上，也不准把软管放在运输道上，不准把软管和电焊用的导线敷设在一起	☐
16	梅花扳手	1	扳手不应有裂缝、毛刺及明显的夹缝、切痕、氧化皮等缺陷，柄部应平直	☐
17	活扳手	2	活动扳口在扳体导轨的全行程上灵活移动；活扳手不应有裂缝、毛刺及明显的夹缝、氧化皮等缺陷，柄部平直且不应有影响使用性能的缺陷	☐
18	錾子	2	工作前应对錾子外观检查，不准使用不完整工器具；錾子被敲击部分有伤痕不平整、沾有油污等，不准使用	☐
19	铜棒	2	无油污、表面须光滑微凸，不得有歪斜、缺口、凹入及裂纹等情形	☐
20	内六角扳手	2	表面应光滑，不应有裂纹、毛刺等影响使用性能的缺陷	☐
21	绝缘电阻表	1	绝缘电阻表的外表应整洁美观，不应有变形、缩痕、裂纹、划痕、剥落、锈蚀、油污、变色等缺陷。文字、标志等应清晰无误。绝缘电阻表的零件、部件、整件等应装配正确，牢固可靠。绝缘电阻表的控制调节机构和指示装置应运行平稳，无阻滞和抖动现象	☐
22	游标卡尺	1	检查测定面是否有毛头；检查卡尺的表面应无锈蚀、碰伤或其他缺陷，刻度和数字应清晰、均匀，不应有脱色现象，游标刻线应刻至斜面下缘；卡尺上应有刻度值、制造厂商、工厂标志和出厂编号	☐
23	塞尺	2	检查测定面是否有毛头；检查表面应无锈蚀、碰伤或其他缺陷，刻度和数字应清晰、均匀，不应有脱色现象，刻线应刻至斜面下缘；塞尺上应有刻度值、制造厂商、工厂标志和出厂编号	☐

确认人签字：

备 件 材 料 准 备					
序号	材料名称	规　格	单位	数量	检查结果
1	轴承		套	2	☐
2	抹布		kg	5	☐
3	塑料布		kg	3	☐
4	毛刷	25、50mm	把	各1	☐
5	记号笔	粗白、红	支	各1	☐
6	砂纸	400目	张	10	☐
7	无水酒精	500mL	瓶	1	☐
8	机电清洗剂	DX-25	桶	0.5	☐
9	高效清洗剂	JF-55	瓶	5	☐

序号	材料名称	规　　格	单位	数量	检查结果
10	螺栓松动剂	JF-51	瓶	10	□
11	竹签		根	10	□

检　修　工　序	
检修工序步骤及内容	安全、质量标准
1　电动机基础检查 □1.1　外观检查电动机基础	1.1　基础完整，无开裂、松动，如未发现缺陷继续检查
2　地脚螺栓松动检查 □2.1　紧固地脚螺栓 危险源：大锤 安全鉴证点　1-S1	□A2.1　锤把上不可有油污；严禁单手抡大锤；使用大锤时，周围不得有人靠近。 2.1　地脚螺栓紧固，如未发现缺陷继续检查
3　联轴器、联轴器中心找正检查 □3.1　拆除联轴器连接螺栓，检查联轴器 □3.2　测量对轮中心数值	3.1　检查联轴器完好，安装紧固。 3.2　记录并核对对轮中心数值，如未发现超标继续检查
4　电动机风扇检查 □4.1　拆除风扇护罩 □4.2　检查风扇完整度	4.1　拆卸的螺丝要及时进行回收，并记录，以防遗失。 4.2　风扇无变形、无裂纹、无损伤；风扇在转轴上安装紧固，无位移现象；如无发现缺陷将护罩回装，继续检查
5　振源排查 □5.1　空载试转电动机 危险源：转动机械 安全鉴证点　2-S1	□A5.1　转动设备试运行时所有人员应先远离，站在转动机械的轴向位置。 5.1　测量、记录、核对电动机空载运行时负荷侧、非负荷侧振动值（水平、垂直、轴向），如发现超标继续检查
6　电动机电缆引线拆除 □6.1　使用梅花扳手将电缆引线拆除 危险源：400V 交流电压 安全鉴证点　3-S1 □6.2　将电缆引线从接线盒内抽出，三相接地并短路	□A6.1　工作前验电；拆下的电缆三相短路并接地。 6.1　拆除引线前，做好相序标记。按接线位置，使用红或白色记号笔分别在电缆和对应电动机引出线作 A、B、C、O 标记。 6.2　接地短路线采用铜编织线，截面积不小于 10mm²，并用 M8 螺栓与电缆鼻子固定，以免突然来电造成人员伤害
7　电动机移至检修现场 □7.1　拆除地脚螺栓 □7.2　电动机移位，运至检修现场 危险源：手动工具、起重工具、起吊物 安全鉴证点　4-S1	□A7.1　锤把上不可有油污；严禁单手抡大锤；使用大锤时，周围不得有人靠近。 □A7.2（a）　吊钩要挂在电动机的重心上，当被吊电动机起吊后有可能摆动或转动时，应采用绳牵引方法，防止物件摆动伤人或碰坏设备；选择牢固可靠、满足载荷的吊点。 □A7.2（b）　使用手拉葫芦前应做无负荷起落试验一次，检查手拉是否有裂纹、链轮转动是否卡涩、吊钩是否无防脱保险装置，以确保完好。 □A7.2（c）　使用手拉葫芦时工作负荷不准超过铭牌规定。 □A7.2（d）　任何人不准在起吊重物下逗留和行走。 7.2　起吊电动机时严格执行起重要求，人员资质符合要求，人员站位符合要求，起重钩下不准站人；电动机吊走后，将找正用垫片做好编号并妥善保管
8　修前电动机试验 □8.1　测量电动机修前绝缘阻值 危险源：500V 直流试验电压 安全鉴证点　5-S1	□A8.1　试验后立即放电，然后将被试设备可靠接地，再断开试验设备与被试设备的连接。 8.1　使用检验合格的 500V 绝缘电阻表；测量电动机相间绝缘和对地绝缘，并做好记录；如未发现异常继续查找

检修工序步骤及内容	安全、质量标准
9 电动机解体检查 □9.1 拆除联轴器 危险源：易燃易爆物质、加热零部件、联轴器 安全鉴证点　6-S1	□A9.1（a）　现场可燃物品已清理干净。 □A9.1（b）　动火现场准备好灭火器材。 □A9.1（c）　工作人员穿戴好防护手套；应用专用测温工具测量高温部件温度，不准用手臂直接接触判断。 □A9.1（d）　联轴器拆卸过程中做好防止联轴器突然落下砸伤手脚措施。 9.1　拆卸电动机联轴器时做好联轴器与转轴的相对位置尺寸，使用专用工具和烤把加热联轴器时要防止变形，拉马三个爪子受力平衡。
□9.2 拆除风扇 □9.3 拆除前后端盖 □9.4 端盖检查	9.2　拆除尾侧风扇叶时要小心，使用撬棍将扇叶撬出过程中用力要均匀，以免损坏风扇叶。 9.3　电动机解体前做好前后端盖、油盖的位置标记，使用红色或白色记号笔作前、后字样。 9.4　端盖及油盖等附件外形良好无变形裂纹；螺孔无脱扣；测量端盖轴承孔与轴外套间隙配合尺寸符合标准（0～＋0.03mm），如未发现异常继续检查。
9.5　轴承检查及润滑脂检查 □9.5.1　检查润滑脂 □9.5.2　清洗、检查轴承 危险源：清洁剂 安全鉴证点　7-S1	9.5.1　润滑脂内无杂质、无变质现象。 □A9.5.2（a）　清洗剂使用时保持现场通风避免过多吸入化学微粒，戴防护口罩。 □A9.5.2（b）　地面有油水必须及时清除，以防滑跌；不准将油污、油泥、废油等（包括沾油棉纱、布、手套、纸等）倒入下水道排放或随地倾倒，应收集放于指定的地点，妥善处理，以防污染环境及发生火灾。 9.5.2　轴承转动顺畅，无保持架损伤、内外环断裂、滚珠失圆、滚道面剥离等损坏现象；若未发现缺陷，跳过9.5.3项，继续检查。
□9.5.3　更换轴承 清洗轴承；检查压轴间隙，加润滑脂；更换轴承时应测量轴承内套与电动机轴颈配合尺寸 危险源：清洁剂、高温零部件、易燃易爆物质、220V 交流电压 安全鉴证点　8-S1	□A9.5.3（a）　清洗剂使用时保持现场通风避免过多吸入化学微粒，戴防护口罩。 □A9.5.3（b）　操作人员必须使用隔热手套。 □A9.5.3（c）　检查加热设备绝缘良好，工作人员离开现场应切断电源。 □A9.5.3（d）　轴承未放置轭铁前，严禁按启动按钮开关。 □A9.5.3（e）　地面有油水必须及时清除，以防滑跌；不准将油污、油泥、废油等（包括沾油棉纱、布、手套、纸等）倒入下水道排放或随地倾倒，应收集放于指定的地点，妥善处理，以防污染环境及发生火灾。 □A9.5.3（f）　工作中，离开工作场所、暂停作业以及遇临时停电时，须立即切断电源盘电源。 9.5.3（a）　轴承应清洗清洁无异物，滚珠及滑道应光滑无麻点、锈斑，保持架无变形，铆钉无松动，轴承转动灵活，轴承加润滑油油量为轴承室容量的1/2～2/3，轴承内油盖加满润滑油，外油盖严禁添加润滑脂，润滑油应清洁无杂物，质量可靠，轴承内套与转子轴颈过盈配合尺寸符合标准（－0.02～－0.04mm），轴承外套与轴承室配合尺寸符合标准（0～＋0.03mm）。 9.5.3（b）　扒轴时，火焰对准轴承内圈，不要损伤轴径。 9.5.3（c）　换好的轴承冷却后检查前后轴承与轴肩应无间隙（与拆前进行比较）。
□9.6　抽转子 危险源：转子、起重工具 安全鉴证点　9-S1	□A9.6（a）　悬挂链式起重机的架梁或建筑物，必须经过计算，否则不准悬挂；禁止用链式起重机长时间悬吊重物。 □A9.6（b）　工作负荷不准超过铭牌规定。 □A9.6（c）　起重物品必须绑牢，吊钩应挂在物品的重心上。 □A9.6（d）　吊钩钢丝绳应保持垂直；禁止使吊钩斜着拖吊重物。 □A9.6（e）　工作负荷不准超过铭牌规定。 □A9.6（f）　必须将物件牢固、稳妥地绑住。 □A9.6（g）　滚动物件必须加设垫块并捆绑牢固。 9.6　抽转子过程应平稳，转子在定子腔内四周间隙应保持均匀；专人监测、转子间隙；将转子位置调整好，严禁转

续表

检修工序步骤及内容	安全、质量标准
9.7 电动机转子检查 □9.7.1 清扫、清洗转子各部 □9.7.2 转子铁芯，笼条检查 □9.7.3 转子检查、处理后验收。 质检点 1-W2 一级 二级	子在抽出过程中发生定转子磕碰现象，以防止造成其铁芯及线圈损坏。抽出的转子放在道木上，并做好防滑等相应的防护措施。 　9.7.1　各部位无灰尘、油污、杂物。 　9.7.2（a）　铁芯紧固无松动、损坏。 　9.7.2（b）　笼条完好无断裂、损坏，短路环无裂纹，平衡块紧固。 　9.7.2（c）　转子轴颈无损伤、变形。
9.8 电动机定子检查 □9.8.1 吹灰清扫，将定子各部位清理干净 危险源：灰尘、清洁剂、施工废料、手动工具 安全鉴证点 10-S1 □9.8.2 定子铁芯进行详细检查 □9.8.3 定子绕组检查 □9.8.4 槽楔检查 □9.8.5 引线和接线盒检查；仔细检查电动机引出线绝缘和接线柱 □9.8.6 定子检查、处理后验收 质检点 2-W2 一级 二级	□A9.8.1（a）　作业时正确佩戴合格防尘口罩。 □A9.8.1（b）　清洗剂使用时保持现场通风，避免过多吸入化学微粒，戴防护口罩。 □A9.8.1（c）　废料及时清理，做到工完、料尽、场地清。 □A9.8.1（d）　锉刀、手锯、螺丝刀、钢丝钳等手柄应安装牢固没有手柄的不准使用。 　9.8.1　各部位无灰尘、油污、杂物。 　9.8.2　铁芯紧固、平整，无毛刺和锈斑现象；无定、转子擦痕；铁芯压紧和固定机构良好，焊口无裂纹。 　9.8.3　绕组表面漆膜良好，无变色裂纹，端部固定良好，绑线无断裂松动；线棒出槽口处无磨损；端部过线绝缘及固定应良好，端部绕组绑扎紧固。 　9.8.4　槽楔无松动、无损伤、变色及多层损坏现象。 　9.8.5　引出线绝缘良好，无损伤，电动机内部引线固定良好，直接与金属部件接触部件的防护完好；接线柱无脱扣烧伤现象引线鼻子无过热、断裂痕迹。 　9.8.6　定子各部清洁、无异物；检查、修理记录齐全；试验记录完整
10 电气试验 □10.1 测量绝缘电阻和直流电阻符合要求 危险源：500V 直流试验电压 安全鉴证点 11-S1	□A10.1 试验后立即放电，然后将被试设备可靠接地，再断开试验设备与被试设备的连接。 　10.1　测量电动机绝缘电阻和直阻符合要求；对地绝缘电阻大于 0.5MΩ/500V 绝缘电阻表，直阻三相不平衡值小于 2%
11 电动机回装 □11.1 穿转子 危险源：起重工具、转子 安全鉴证点 12-S1 □11.2 回装电动机端盖 质检点 1-H2 一级 二级 □11.3 回装轴承盖 □11.4 回装联轴器 危险源：易燃易爆物质、加热零部件、联轴器	□A11.1（a）　悬挂链式起重机的架梁或建筑物，必须经过计算，否则不准悬挂；禁止用链式起重机长时间悬吊重物。 □A11.1（b）　工作负荷不准超过铭牌规定。 □A11.1（c）起重物品必须绑牢，吊钩应挂在物品的重心上。 □A11.1（d）　吊钩钢丝绳应保持垂直；禁止使吊钩斜着拖吊重物。 □A11.1（e）　工作负荷不准超过铭牌规定。 □A11.1（f）　必须将物件牢固、稳妥地绑住。 □A11.1（g）　滚动物件必须加设垫块并捆绑牢固。 　11.1　穿转子过程应平稳，转子在定子腔内四周间隙应保持均匀；专人监测定、转子间隙；定、转子间隙上下左右位置应保持均匀，严禁转子在穿进过程中磕碰定转子铁芯及线圈，造成损坏。 　11.2　检查端盖内、电动机腔室内无异物。勿碰定子线圈；按标记进行回装；端盖进止口前需提起转子轴；紧固端盖螺栓应对角进行，用力均匀。 　11.3　按标记进行回装；紧固轴承盖螺栓应对应进行，用力均匀；回装后检查端盖止口、外油盖与端盖密封处无间隙。 □A11.4（a）　现场可燃物品清理干净。 □A11.4（b）　动火现场准备好灭火器材。

续表

检修工序步骤及内容	安全、质量标准
安全鉴证点　13-S1	□A11.4（c）　工作人员穿戴好防护手套；应用专用测温工具测量高温部件温度，不准用手臂直接接触判断。 □A11.4（d）　联轴器拆卸过程中做好防止联轴器突然落下砸伤手脚措施。 11.4　将联轴器键与键槽配合组装好；将联轴器加热180℃左右用铜棒或枕木打入。
□11.5　电动机刷漆	11.5　油漆覆盖均匀，无漆瘤现象
12　电动机就位找中心（机务人员执行机械标准） □12.1　电动机就位 危险源：吊具、起吊物、手拉葫芦 安全鉴证点　14-S1 □12.2　联轴器找中心 危险源：撬棍、手锤 安全鉴证点　15-S1	□A12.1（a）　吊钩要挂在电动机的重心上，当被吊电动机起吊后有可能摆动或转动时，应采用绳牵引方法，防止物件摆动伤人或碰坏设备；选择牢固可靠、满足载荷的吊点。 □A12.1（b）　使用手拉葫芦前应做无负荷起落试验一次，检查手拉是否有裂纹、链轮转动是否卡涩、吊钩是否无防脱保险装置，以确保完好。 □A12.1（c）　使用手拉葫芦时工作负荷不准超过铭牌规定。 □A12.1（d）　任何人不准在起吊重物下逗留和行走。 12.1　垫片清理干净，按原位置将垫片垫好。严格控制所垫垫片数量，一般不超过三片。找中心时人员要避免将手指塞在电动机地脚下，造成伤害。 □A12.2　电动机找正时正确使用撬棍、手锤，做好人身防护。 12.2　对轮中心数值符合机械标准要求
□13　电动机接线和电缆检查 危险源：400V交流电、手动工具、500V直流试验电压 安全鉴证点　16-S1	□A13（a）　检查前复查安全措施，并验电。 □A13（b）　锉刀、手锯、螺丝刀、钢丝钳等手柄应安装牢固，没有手柄的不准使用。 □A13（c）　试验后立即放电，然后将被试设备可靠接地，再断开试验设备与被试设备的连接。 13（a）　引线螺栓紧固齐全无松动；接线板完好无裂纹、损坏。 13（b）　测量电缆、引线绝缘对地绝缘电阻大于0.5MΩ/500V绝缘电阻表，接线标记与拆前记录一致。 13（c）　电缆绝缘套安装牢固，齐全；电缆孔洞封堵完好
14　试转电动机 □14.1　空载试转电动机 危险源：转动机械 安全鉴证点　17-S1	□A14.1　转动设备试运行时所有人员应先远离，站在转动机械的轴向位置。 14.1（a）　电动机转向正确；各部温升正常；声音良好；振动值不超过0.01mm。三相电流平衡。 14.1（b）　转动部分无摩擦；试运时间不少于1h。
质检点　3-W2　一级　二级	
□14.2　安装联轴器连接螺栓 □14.3　带载试转电动机 危险源：转动机械 安全鉴证点　18-S1	□A14.3　转动设备试运行时所有人员应先远离，站在转动机械的轴向位置。 14.3（a）　电动机转向正确；各部温升正常；声音良好；振动值不超过0.04mm。三相电流平衡。 14.3（b）　转动部分无摩擦；试运时间不少于1h
质检点　4-W2　一级　二级	
□15　工作结束，达到设备"四保持"标准 危险源：施工废料 安全鉴证点　19-S1	□A15（a）　废料及时清理，做到工完、料尽、场地清。 □A15（b）　检查现场安全设施已恢复齐全

检 修 技 术 记 录				
数据记录：				
遗留问题及处理措施：				
记录人		年　月　日	工作负责人	年　月　日

消 缺 工 序 卡

单位：＿＿＿＿＿＿ 班组：＿＿＿＿＿＿ 编号：＿＿＿＿＿＿

检修任务：循环水泵电源开关进、出车操作失灵消缺 风险等级：＿＿＿＿

编 号		工单号	
计划检修时间		计划工日	
安全鉴证点（S1）	3	安全鉴证点（S2、S3）	0
见证点（W）	3	停工待检点（H）	0
办 理 工 作 票			
工作票编号：			
检修单位		工作负责人	
工作组成员			

施 工 现 场 准 备

序号	安 全 措 施 检 查	确认符合
1	与带电设备保持 0.7m 安全距离；使用警戒遮拦对检修与运行区域进行隔离，悬挂“止步、高压危险”标示牌，防止人员误入带电运行设备区域	□
2	电气设备的金属外壳应实行单独接地；电气设备金属外壳的接地与电源中性点的接地分开	□
3	增加临时照明	□
4	与运行人员共同确认现场安全措施、隔离措施正确完备；确认隔离开关拉开，手车开关拉至“试验”或“检修”位置，控制方式在“就地”位置，操作电源、动力电源断开，验明检修设备确无电压；确认“禁止合闸、有人工作”“在此工作”等标示牌按措施要求悬挂；明确相邻带电设备及带电部位；确认三相短路接地刀闸或三相短路接地线是否按措施要求合闸或悬挂，三相短路接地刀闸机械状态指示应正确，三相短路接地线悬挂位置正确且牢固可靠	□
5	工作前核对设备名称及编号；工作前验电	□
6	与带电设备保持 0.7m 安全距离；使用警戒遮拦对检修与运行区域进行隔离，悬挂“止步、高压危险”标示牌，防止人员误入带电运行设备区域	□
7	检修管理文件、原始记录本已准备齐全	□

确认人签字：

设 备 故 障 原 因 分 析

序号	造成温度显示异常的原因分析	检 查 部 位
1	动/静触头中心不对	检查开关本体动触头
2	轨道弯曲、变形	检查进出车轨道
3	进出机构变形、卡涩	检查开关本体进出机构
4	滑动接地装置断裂、脱落	检查断路器本体接地部件
5	接地刀闸机械闭锁故障	检查闭锁装置

工 器 具 检 查

序号	工具名称及型号	数量	完 好 标 准	确认符合
1	活扳手（200、250mm）	各 1	活动扳口应在扳体导轨的全行程上灵活移动；活扳手不应有裂缝、毛刺及明显的夹缝、氧化皮等缺陷，柄部平直且不应有影响使用性能的缺陷	□
2	梅花扳手	套 1	梅花扳手不应有裂缝、毛刺及明显的夹缝、切痕、氧化皮等缺陷，柄部应平直	□
3	手电筒	1	外观完整、电量充足、亮度满足现场检修	□
4	克丝钳	1	钢丝钳等手柄应安装牢固，没有手柄的不准使用	□
5	尖嘴钳	1	钢丝钳等手柄应安装牢固，没有手柄的不准使用	□

序号	工具名称及型号	数量	完 好 标 准	确认符合
6	螺丝刀	1	螺丝刀手柄应安装牢固，没有手柄的不准使用	□
7	临时电源及电源线	1	安装、维修或拆除临时用电工作，必须由电工完成。电工必须持有效证件上岗；电源箱箱体接地良好，接地、接零标志清晰；工作前核算用电负荷在电源最高负荷内，并在规定负荷内用电	
8	移动电源盘	1	检查检验合格证在有效期内；检查电源盘电源线、电源插头、插座完好无破损；漏电保护器动作正确；检查电源盘线盘架、拉杆、线盘架轮子及线盘摇动手柄齐全完好	□
9	电吹风	1	检查检验合格证在有效期内；检查电吹风电源线、电源插头完好无破损	□
10	电动扳手	套1	检查检验合格证在有效期内；检查电动扳手电源线、电源插头完好无破损；有漏电保护器；检查手柄、外壳部分、驱动套筒完好无损伤；进出风口清洁干净无遮挡；检查正反转开关完好且操作灵活可靠	□
11	酒精	1	领用、暂存时量不能过大，一般不超过500mL	□
12	绝缘电阻表	1	绝缘电阻表的外表应整洁美观，不应有变形、缩痕、裂纹、划痕、剥落、锈蚀、油污、变色等缺陷。文字、标志等应清晰无误。绝缘电阻表的零件、部件、整件等应装配正确，牢固可靠。绝缘电阻表的控制调节机构和指示装置应运行平稳，无阻滞和抖动现象	□

确认人签字：

备 件 材 料 准 备

序号	材料名称	规　　格	单位	数量	检查结果
1	包布		袋	1	□
2	导电膏		kg	1	□
3	低温润滑脂		kg	1	□
4	绝缘胶布		盘	1	□
5	无水酒精	500mL	瓶	1	□
6	尼龙扎带		袋	1	□
7	砂纸	240目	张	2	□
8	塑料布	2m	kg	1	□
9	毛刷	50mm	把	1	□

检 修 工 序

检修工序步骤及内容	安全、质量标准
1 断路器触头检查 危险源：开关 安全鉴证点　1-S1 □1.1 梅花触头、触指、环状张力弹簧检查 □1.2 绝缘部件、触头座检查 □1.3 触头清洁后涂导电膏 质检点　1-W2　一级　二级	□A1（a） 工作中正确操作手车，及时调整位置，勿挤伤人员。 □A1（b） 多人共同搬运、抬运或装卸较大的重物时，应有1人担任指挥，搬运的步调应一致，必要时还应有专人在旁监护。 　1.1 触头无磨损腐蚀过热灼伤、弹簧无变形压紧良好，无变形。 　1.2 触头座用25Nm力矩紧固；绝缘部件无裂纹、放电痕迹。 　1.3 均匀涂抹薄薄一层，大约0.2mm厚的导电膏

续表

检修工序步骤及内容	安全、质量标准
□2 进出车轨道检查	2 轨道无弯曲、变形，如未发现缺陷继续检查
3 进出车机构及辅助开关检修 □3.1 检查柜内导轨左右两侧移动滑块前后位置 □3.2 检查柜内传动链条 □3.3 检查柜内辅助开关 □3.4 机构润滑 质检点 2-W2 一级 二级	3.3 辅助开关直阻 1Ω
□4 滑动接地装置检查	4 滑动接地装置无变形、断裂、松动、脱落现象
□5 防误闭锁检查 质检点 3-W2 一级 二级	5（a） 螺丝紧固无松动。 5（b） 机构润滑、灵活，无变形，断路器与地刀、柜体闭锁完好
6 电气试验 □6.1 测量绝缘电阻符合要求 危险源：2500V 直流试验电压 安全鉴证点 2-S1	□A6.1 试验后立即放电，然后将被试设备可靠接地，再断开试验设备与被试设备的连接。 6.1 测量电动机绝缘电阻符合要求；相间和对地绝缘电阻大于 1200MΩ/2500V 绝缘电阻表
□7 调试开关进、出车 危险源：开关 安全鉴证点 3-S1	□A7（a） 多人共同搬运、抬运或装卸较大的重物时，应有 1 人担任指挥，搬运的步调应一致，必要时还应有专人在旁监护。 □A7（b） 工作中正确操作手车，及时调整位置，勿挤伤人员。 7 开关进出车顺畅、无卡涩
□8 工作结束，达到设备"四保持"标准	8 废料及时清理，做到工完、料尽、场地清

检 修 技 术 记 录

数据记录：

遗留问题及处理措施：

记录人		年 月 日	工作负责人		年 月 日

消 缺 工 序 卡

单位：＿＿＿＿＿＿＿　班组：＿＿＿＿＿＿＿　　　　　　　　编号：＿＿＿＿＿＿＿

检修任务：**主变压器脏污渗漏点处理消缺**　　　　　　　风险等级：＿＿＿＿＿

编　号		工单号	
计划检修时间		计划工日	
安全鉴证点（S1）	4	安全鉴证点（S2、S3）	1
见证点（W）	7	停工待检点（H）	0

办 理 工 作 票

工作票编号：

检修单位		工作负责人	
工作组成员			

施 工 现 场 准 备

序号	安 全 措 施 检 查	确认符合
1	与带电设备保持 3m 安全距离	□
2	使用警戒遮栏对检修与运行区域进行隔离，并对内悬挂"止步、高压危险"标示牌，防止人员误入带电运行设备区域	□
3	在 5 级及以上的大风以及暴雨、雷电、冰雹、大雾等恶劣天气，应停止露天高处作业	□
4	电气设备的金属外壳应实行单独接地；电气设备金属外壳的接地与电源中性点的接地分开	□
5	与运行人员共同确认现场安全措施、隔离措施正确完备；确认隔离开关拉开，机械状态指示应正确，控制方式在"就地"位置，操作电源、动力电源断开，验明检修设备确无电压；确认"禁止合闸、有人工作""在此工作"等标示牌按措施要求悬挂；明确相邻带电设备及带电部位；确认三相短路接地刀闸是否按措施要求合闸，三相短路接地刀闸机械状态指示应正确	□
6	工作前核对设备名称及编号；工作前验电	□
7	设置电气专人进行监护及安全交底	□
8	变压器油储存中避免靠近火源和高温，油桶上要用防火石棉毯覆盖严密	□
9	清理检修现场；设置检修现场定制图；地面使用胶皮铺设，并设置围栏及警告标示牌；检修工器具、材料备件定置摆放	□
10	检修管理文件、原始记录本已准备齐全	□

确认人签字：

设 备 故 障 原 因 分 析

序号	原 因 分 析	检 查 部 位
1	本体焊缝、砂眼、密封垫老化、结合面螺栓松动	壳体
2	冷却装置及阀门、油泵、管道连接处密封不良，管道砂眼	冷却装置及阀门、油泵、管道
3	套管各部密封处、电容式套管电容屏末端接地套管密封处密封不良	套管
4	分接开关、压力释放阀、气体继电器密封部位密封不良	分接开关、压力释放阀、气体继电器

工器具准备与检查

序号	工具名称及型号	数量	完 好 标 准	确认符合
1	移动式电源盘	2	检查检验合格证在有效期内；检查电源盘电源线、电源插头、插座完好无破损；漏电保护器动作正确；检查电源盘线盘架、拉杆、线盘架轮子及线盘摇动手柄齐全完好	□

续表

序号	工具名称及型号	数量	完 好 标 准	确认符合
2	内六角扳手 （3、4、5、6、8、10、12mm）	1	不应有裂缝、毛刺及明显的夹缝、切痕、氧化皮等缺陷，柄部应平直	☐
3	手锤 （2p）	1	手锤的锤头须完整，其表面须光滑微凸，不得有歪斜、缺口、凹入及裂纹等情形。手锤的柄须用整根的硬木制成，并将头部用楔栓固定。楔栓宜采用金属楔，楔子长度不应大于安装孔的2/3	☐
4	活扳手 （300mm）	2	活动扳口应在扳体导轨的全行程上灵活移动；活扳手不应有裂缝、毛刺及明显的夹缝、氧化皮等缺陷，柄部平直且不应有影响使用性能的缺陷	☐
5	安全带	5	检查检验合格证应在有效期内，标识（产品标识和定期检验合格标识）应清晰齐全；各部件应完整无缺失、无伤残破损，腰带、胸带、围杆带、围杆绳、安全绳应无灼伤、脆裂、断股、霉变；金属卡环（钩）必须有保险装置，且操作要灵活。钩体和钩舌的咬口必须完整，两者不得偏斜	☐
6	绝缘手套	1	检查绝缘手套在使用有效期及检测合格周期内，产品标识及定期检验合格标识应清晰齐全，出厂年限满5年的绝缘手套应报废；使用前检查绝缘手套有无漏气（裂口）等，手套表面必须平滑，无明显的波纹和铸模痕迹；手套内外面应无针孔、无疵点、无裂痕、无砂眼、无杂质、无霉变、无划痕损伤、无夹紧痕迹、无黏连、无发脆、无染料污染痕迹等各种明显缺陷	☐
7	验电器	1	检查验电器在使用有效期及检测合格周期内，产品标识及定期检验合格标识应清晰齐全；严格执行《电业安全工作规程》，根据检修设备的额定电压选用相同电压等级的验电器；工作触头的金属部分连接应牢固，无放电痕迹，验电器的绝缘杆表面应清洁光滑、干燥、无裂纹、无破损、无绝缘层脱落、无变形及放电痕迹等明显缺陷；握柄应无裂纹、无破损、无有碍手握的缺陷；验电器（触头、绝缘杆、握柄）各处连接应牢固可靠；验电前应将验电器在带电的设备上验电，证实验电器声光报警等是否良好	☐
8	绝缘靴	1	检查绝缘靴在使用有效期及检测合格周期内，产品标识及定期检验合格标识应清晰齐全；严格执行《电业安全工作规程》，使用电压等级5kV或7kV的绝缘靴；使用前检查绝缘靴整体各处应无裂纹、无漏洞、无气泡、无灼伤、无划痕等损伤；靴底的防滑花纹磨损不应超过50%，不能磨透露出绝缘层	☐
9	脚手架	1	搭设结束后，必须履行脚手架验收手续，填写脚手架验收单，并在"脚手架验收单"上分级签字；验收合格后应在脚手架上悬挂合格证，方可使用；工作负责人每天上脚手架前，必须进行脚手架整体检查	☐
10	梯子	1	检查梯子检验合格证在有效期内；使用梯子前应先检查梯子坚实、无缺损，止滑脚完好，不得使用有故障的梯子；人字梯应具有坚固的铰链和限制开度的拉链；各个连接件应无目测可见的变形，活动部件开合或升降应灵活	☐
11	尖嘴钳	2	尖嘴钳手柄应安装牢固，没有手柄的不准使用	☐
12	梅花扳手	5	扳手不应有裂缝、毛刺及明显的夹缝、切痕、氧化皮等缺陷，柄部应平直	☐
13	套筒扳手 （8～32mm²）	2	扳手不应有裂缝、毛刺及明显的夹缝、切痕、氧化皮等缺陷，柄部应平直	☐
14	开口扳手	5	扳手不应有裂缝、毛刺及明显的夹缝、切痕、氧化皮等缺陷，柄部应平直	☐
15	十字螺丝刀	4	螺丝刀手柄应安装牢固，没有手柄的不准使用	☐
16	平口螺丝刀	4	螺丝刀手柄应安装牢固，没有手柄的不准使用	☐
确认人签字：				

		备 件 材 料 准 备			
序号	材料名称	规　　格	单位	数量	检查结果
1	白布		kg	1	□
2	酒精	500mL	瓶	1	□
3	毛刷	25、50mm	把	2	□
4	清洗剂	500mL	瓶	2	□
5	导电膏		盒	1	□
6	砂纸	120目	张	5	□
7	油瓶	500mL	只	2	□
8	密封胶	586	支	7	□
9	硅胶		瓶	7	□
10	绝缘胶布		盘	2	□
11	绳子	$7mm^2$	m	7	□
12	低温润滑油		kg	1	□

检 修 工 序	
检修工序步骤及内容	安全、质量标准

检修工序步骤及内容	安全、质量标准
□1　高低压套管清扫检查 危险源：脚手架、安全带、高空工器具、零部件 安全鉴证点　1-S2	□A1（a）　上下脚手架应走人行通道或梯子，不准攀登架体；不准站在脚手架的探头上作业；不准在架子上退着行走或跨坐在防护横杆上休息；脚手架上作业时不准蹲在木桶、木箱、砖及其他建筑材料上；工作过程中，不准随意改变脚手架的结构，必要时，必须经过搭设脚手架的技术负责人同意，并再次验收合格后方可使用。 □A1（b）　安全带使用时，挂钩或绳子应挂在结实牢固的构件上；安全带要挂在上方，高度不低于腰部（即高挂低用）；安全带严禁打结使用，使用中要避开尖锐的构件。 □A1（c）　高处作业应一律使用工具袋，较大的工具应用绳拴在牢固的构件上；工器具和零部件不准上下抛掷，应使用绳系牢后往下或往上吊；不允许交叉作业，特殊情况必须交叉作业时，中间隔层必须搭设牢固、可靠的防护隔板或防护网；工作前套牢引线，引线设专人牵引，防止碰撞作业人员。
□1.1　打开低压套管橡胶伸缩节 □1.2　拆下低压套管引线 □1.3　用包布将套管擦净 □1.4　检查低压套管清洁无裂纹，排气塞无渗漏 □1.5　检查低压套管末屏螺丝固定牢固 □1.6　拆下高压套管引线 □1.7　检查将军帽有无过热、玻璃油标密封垫是否老化，油标窗口除垢，将军帽刷色漆 □1.8　用包布将高压套管擦净 □1.9　检查高压套管清洁无裂纹、无渗漏 □1.10　检查高压套管法兰螺栓、末屏螺丝固定牢固	1.4　低压套管清洁无裂纹、无渗漏。 1.5　螺栓固定良好无松动。 1.6　拆除的高压引线牢固固定。 1.8　高压套管清洁无裂纹、无渗漏。 1.9　螺栓固定良好

质检点	1-W2	一级	二级

检修工序步骤及内容	安全、质量标准
2　潜油泵、冷却器风扇和电机回路检修 □2.1　冷却器控制箱清扫 □2.2　冷却器控制箱内元件检查	2.1　清洁无灰尘。 2.2　元件完好无破损。

续表

检修工序步骤及内容	安全、质量标准
□2.3　控制、动力回路接线紧固 □2.4　风扇电机及潜油泵电机接线检查紧固，接线盒密封胶垫检查 □2.5　风扇电机及潜油泵电机绝缘电阻、直阻测试 危险源：试验电压 安全鉴证点　1-S1 □2.6　检查风扇叶片与轮壳的铆接情况，松动时用铁锤铆紧 □2.7　继电器、转换开关接点检查 □2.8　回路绝缘测量 □2.9　冷却器传动试验/温度自动启停试验 □2.10　控制箱密封性检查 □2.11　箱柜除锈后刷油漆 质检点　2-W2　一级　二级	2.3　接线无过热，引线螺丝紧固。 □A2.5（a）测量人员和绝缘电阻表安放位置应选择适当，保持安全距离，以免绝缘电阻表引线或引线支持物触碰带电部分；移动引线时，应注意监护，防止工作人员触电。 □A2.5（b）试验结束将所试设备对地放电，释放残余电压。 2.5　500V绝缘电阻表测电机绝缘：>0.5MΩ。 测电机三相直阻互差：<2%。 2.7　接触电阻：<5Ω。 2.8　绝缘电阻：>1MΩ。 2.9　信号灯指示正常、双路电源及各组冷却器试运正常。 2.10　密封良好无老化。 2.11　外观无锈蚀
3　压力释放阀检查 □3.1　打开压力释放阀上盖 □3.2　压力释放阀清扫 □3.3　检查接点动作正常 □3.4　紧固地脚螺丝 □3.5　密封圈检查 质检点　3-W2　一级　二级	3.2　清洁无渗漏。 3.3　压力接点动作正确。 3.5　密封良好无渗漏
4　呼吸器硅胶检查更换 □4.1　呼吸器解体，更换变色的硅胶 □4.2　呼吸器安装 □4.3　油杯补油	4.1　密封点螺栓紧固良好，密封垫无老化。 4.2　渗漏部位经处理后清洁无渗漏
5　气体继电器检查 危险源：安全带 安全鉴证点　2-S1 □5.1　检查气体继电器无渗漏 □5.2　气体继电器进行排气 □5.3　气体继电器传动试验 □5.4　气体继电器防雨检查 □5.5　二次接线检查 质检点　4-W2　一级　二级	□A5　使用时安全带的挂钩或绳子应挂在结实牢固的构件上；安全带要挂在上方，高度不低于腰部（即高挂低用）；安全带严禁打结使用，使用中要避开尖锐的构件。 5.1　清洁无油污。 5.2　继电器室无气体。 5.3　接点信号动作正确。 5.4　防雨罩安装牢固。 5.5　接线紧固电缆无破损
6　变压器油枕检查 □6.1　打开油枕与呼吸器的连接法兰 □6.2　用铁丝或细木棒缠上白布带检查胶囊内是否进油 □6.3　回装上法兰 □6.4　油枕油位表检查、接线盒防水检查 质检点　6-W2　一级　二级	6.2　胶囊内应清洁、无油污，否则更换胶囊。 6.3　密封良好。 6.4　密封良好、指示正确

续表

检修工序步骤及内容	安全、质量标准
7 分接开关检查 □7.1 打开分接开关操作机构外罩 □7.2 检查分接开关机构密封 □7.3 检查分接开关位置指示器 □7.4 紧固各部分螺栓 □7.5 上好分接开关外罩 质检点 7-W2 一级 二级	7.2 操作机构清洁、无漏油。 7.3 分接位置指示正确
8 本体冷却器清扫检修 危险源:安全带 安全鉴证点 3-S1 □8.1 做好电气防水措施 □8.2 清洗散热片上污渍 □8.3 检查冷却器无渗漏 □8.4 清洗变压器本体污渍 质检点 8-W2 一级 二级	□A8 使用时安全带的挂钩或绳子应挂在结实牢固的构件上;安全带要挂在上方,高度不低于腰部(即高挂低用);安全带严禁打结使用,使用中要避开尖锐的构件。 8.2 冷却器清洁、无污渍。 8.4 变压器清洁、无污渍
9 消缺工作结束 危险源:施工废料、废油 安全鉴证点 4-S1 □9.1 清点检修使用的工器具、备件数量应符合使用前的数量要求,出现丢失等及时进行查找 □9.2 清理工作现场 □9.3 同运行人员按照规定程序办理结束工作票手续	□A9 废料及时清理,做到工完、料尽、场地清;不准将油污、油泥、废油等(包括沾油棉纱、布、手套、纸等)倒入下水道排放或随地倾倒,应收集放于指定的地点,妥善处理,以防污染环境及发生火灾。 9.1 回收的工器具应齐全、完整

安 全 鉴 证 卡

风险点鉴证点:1-S2 工序 1 高低压套管清扫检查

一级验收		年 月 日
一级验收		年 月 日
一级验收		年 月 日
一级验收		年 月 日
二级验收		年 月 日

检 修 技 术 记 录

数据记录:

遗留问题及处理措施：					
记录人		年　　月　　日	工作负责人		年　　月　　日

3 汽 轮 机 检 修

消 缺 工 序 卡

单位：_____ 班组：_____ 编号：_____

检修任务：**8 号高压加热器水位调节阀 RN554 阀门卡涩消缺**		风险等级：_____

编　号		工单号	
计划检修时间		计划工日	
安全鉴证点（S1）	2	安全鉴证点（S2、S3）	0
见证点（W）	2	停工待检点（H）	0

办 理 工 作 票

工作票编号：

检修单位		工作负责人	
工作组成员			

施 工 现 场 准 备

序号	安 全 措 施 检 查	确认符合
1	进入噪声区域正确佩戴合格的耳塞	□
2	发生的跑、冒、滴、漏，要及时清除处理	□
3	开工前确认检修的设备已可靠与运行中的系统隔断，检查临机相关阀门已关闭，电源已断开，挂"禁止操作，有人工作"标示牌；待管道内介质放尽，压力为零方可开始工作	□

确认人签字：

设 备 故 障 原 因 分 析

序号	造成阀门卡涩的原因分析	检 查 部 位
1	阀门连接件松脱或上、下阀杆连接螺纹损坏	检查阀门连接件及上下阀杆连接部位
2	传动装置损坏	检查阀门传动装置
3	上阀杆弯曲变形	测量阀门上阀杆弯曲度并修复（或更换）
4	上阀杆螺纹磨损或变形	检查、修复（或更换）阀门上阀杆螺纹
5	轴承损坏或阀杆螺母磨损	检查阀门轴承室组件
6	填料压盖与阀杆间隙过小，造成阀门卡涩	检查阀门填料压盖与阀杆间隙
7	下阀杆弯曲变形；阀芯组件卡涩	检查、修复（或更换）阀门阀杆；检查阀芯组件

工器具准备与检查

序号	工具名称及型号	数量	完 好 标 准	确认符合
1	手锤	1	手锤的锤头须完整，其表面须光滑微凸，不得有歪斜、缺口、凹入及裂纹等情形。手锤的柄须用整根的硬木制成，并将头部用楔栓固定。楔栓宜采用金属楔，楔子长度不应大于安装孔的2/3	□
2	撬棍	1	必须保证撬杠强度满足要求。在使用加力杆时，必须保证其强度和嵌套深度满足要求，以防折断或滑脱	□
3	锉刀	1	锉刀手柄应安装牢固，没有手柄的不准使用	□
4	螺丝刀（150mm）	2	螺丝刀手柄应安装牢固，没有手柄的不准使用	□

序号	工具名称及型号	数量	完 好 标 准	确认符合
5	临时电源及电源线	1	检查检验合格证在有效期内，检查电源盘电源线、电源插头、插座完好、无破损，漏电保护器动作正确，检查电源盘线盘盘架、拉杆、线盘架轮子及线盘摇动手柄齐全完好	□
6	手拉葫芦 （2t）	2	链节无严重锈蚀及裂纹，无打滑现象；齿轮完整，轮杆无磨损现象，开口销完整，吊钩无裂纹变形；链扣、蜗母轮及轮轴发生变形、生锈或链索磨损严重时，均应禁止使用；检查检验合格证在有效期内	□
7	铜棒	1	铜棒端部无卷边、无裂纹，铜棒本体无弯曲	□
8	游标卡尺 （150mm）	1	检查测定面是否有毛头；检查卡尺的表面应无锈蚀、碰伤或其他缺陷，刻度和数字应清晰、均匀，不应有脱色现象，游标刻线应刻至斜面下缘；卡尺上应有刻度值、制造厂商和定期检验合格证	□

确认人签字：

备 件 材 料 准 备					
序号	材料名称	规　　格	单位	数量	检查结果
1	擦机布		kg	0.5	□
2	清洗剂	350mL	瓶	1	□
3	高强石墨垫片	190mm×210mm×4.5mm	套	1	□
4	CXB组合填料	35mm×50mm	套	1	□
5	砂纸	120目	张	5	□

检 修 工 序	
检修工序步骤及内容	安全、质量标准
1　阀门解体，查找阀门缺陷原因并处理 □1.1　松开阀门上、下阀杆之间的连接件螺栓，取下阀门上、下阀杆之间的连接件 □1.2　松开阀架上部连接盘的4根立杆螺母，取下传动装置 危险源：电动装置 安全鉴证点　1-S1 □1.3　松开铜螺母轴承室上部压盖螺栓，依次取出连接盘内部蝶簧、铜螺母、轴承和上阀杆 质检点　1-W2　一级　二级 □1.4　松开阀门填料螺栓，拆除阀门填料压盖，检查阀杆与填料压盖的间隙和填料室与填料压盖之间的间隙 质检点　2-W2　一级　二级	1.1　检查阀门连接件无松脱现象。检查上、下阀杆连接螺纹无损坏的地方。如发现缺陷，处理后传动阀门；如未发生缺陷继续检查。 □A1.2（a）　使用手拉葫芦工作负荷不准超过铭牌规定。 □A1.2（b）　当重物无固定死点时，必须按规定选择吊点并捆绑牢固，使重物在吊运过程中保持平衡和吊点不发生移动。工件或吊具起吊时必须捆绑牢靠；吊拉时两根钢丝绳之间的夹角一般不得大于90°。 1.2　拆除传动装置后，盘动阀门铜螺母，检查阀门是否有卡涩现象或开关力矩过大现象。如阀门开关轻松，说明阀门电动装置发生故障。 1.3（a）　检查阀门蝶簧有无裂纹。 1.3（b）　检查铜螺母螺纹完好，无断扣、咬扣现象，螺纹磨损不大于原齿厚的1/3。 1.3（c）　检查阀门轴承无损坏，用肉眼观察轴承，滚道应没有剥落痕迹和严重磨损，并且呈一条圆弧沟槽状；所有滚动体表面应无斑点、裂纹和剥皮现象；保持架应不松散、无破损、未磨穿，与滚动体间隙不过大。 1.3（d）　检查阀门上阀杆螺纹螺纹无断扣、咬扣现象，手旋可将铜螺母旋至上阀杆螺纹底部。螺纹磨损不大于原齿厚的1/3。 1.3（e）　阀杆弯曲度不超过0.1mm 1.4（a）　阀杆与填料压盖间隙为0.1～0.3mm。 1.4（b）　填料室与填料压盖间隙要适当，间隙为0.2～0.4mm。 1.4（c）　如发现缺陷，处理后传动阀门；如未发生缺陷则阀门转为解体大修，转为使用文件包

检修工序步骤及内容	安全、质量标准
2 阀门回装 □2.1 填料按要求填满阀门填料室,套入填料压圈及压盖,铰链螺栓均匀紧固 □2.2 将阀杆螺母、推力轴承、蝶簧依次放入阀架轴承室内并旋紧锁定索母 □2.3 安装传动装置 危险源:电动装置 安全鉴证点　2-S1	2.1 阀门填料组装。填料接口角度为 45°,每相邻两圈填料接口处应错开 90°～180°,填料放入填料室长短应适宜,不应有间隙或叠加现象。用标准扳手(梅花扳手 17～19mm)旋紧填料压兰螺栓,压盖内径与门杆周围间隙一致。填料符合要求;螺栓涂抹抗咬合剂。 □A2.3(a) 使用手拉葫芦工作负荷不准超过铭牌规定。 □A2.3(b) 当重物无固定死点时,必须按规定选择吊点并捆绑牢固,使重物在吊运过程中保持平衡和吊点不发生移动。工件或吊物起吊时必须捆绑牢靠;吊拉时两根钢丝绳之间的夹角一般不得大于 90°;使用单吊索起吊重物挂钩时应打"挂钩结";使用吊环时螺栓必须拧到底;使用卸扣时,吊索与其连接的一个索扣必须扣在销轴上,一个索扣必须扣在扣顶上,不准两个索扣分别扣在卸扣的扣体两侧上;吊拉捆绑时,重物或设备构件的锐边快口处必须加装衬垫物
3 现场清理 □3.1 修后设备见本色,周围设备无污染 □3.2 工完、料净、场地清	3.2 废料及时清理,做到工完、料净、场地清

检 修 技 术 记 录				
数据记录:				
遗留问题及处理措施:				
记录人	年　月　日	工作负责人		年　月　日

消 缺 工 序 卡

单位：＿＿＿＿＿＿　班组：＿＿＿＿＿＿　　　　　　　　　编号：＿＿＿＿＿＿

检修任务：**8号高压加热器水位调节气动执行机构136Y001拒动消缺**　　风险等级：＿＿＿＿＿

编 号		工 单 号	
计划检修时间		计划工日	
安全鉴证点（S1）	4	安全鉴证点（S2、S3）	0
见证点（W）	1	停工待检点（H）	0

办 理 工 作 票			
工作票编号：			
检修单位		工作负责人	
工作组成员			

施 工 现 场 准 备		
序号	安 全 措 施 检 查	确认符合
1	进入噪声区域正确佩戴合格的耳塞	☐
2	作业人员必须戴防尘口罩	☐
3	门口、通道、楼梯和平台等处不准放置杂物	☐
4	发生的跑、冒、滴、漏，要及时清除处理	☐
5	地面有油水、泥污等必须及时清除，以防滑跌	☐
6	发现平台防护栏杆不完整时，应采取临时防护措施，设坚固的临时围栏	☐
7	工作前核对设备名称及编号	☐
8	工序卡、记录本已准备齐全	☐
9	开工前确认消缺检修的设备已停止运行,关闭1号机8号高压加热器水位调节气动执行机构136Y001定位器供气气源二次门，并在其门轮上挂"禁止操作，有人工作"标示牌	☐

确认人签字：

设 备 故 障 原 因 分 析		
序号	造成温度显示异常的原因分析	检 查 部 位
1	电磁阀线圈绝缘降低或击穿	检查调节气动执行机构电磁阀
2	电磁阀阀芯卡涩	检查调节气动执行机构电磁阀
3	过滤器堵塞、漏气	检查阀门过滤器
4	接头松动，垫片变形造成漏气	检查、紧固气源接头
5	元器件性能下降	检查、处理定位器
6	接线端子松动	检查、处理定位器
7	定位器喷嘴、滤网进杂物堵	检查、处理定位器

工器具准备与检查				
序号	工具名称及型号	数量	完 好 标 准	确认符合
1	安全带	2	检查检验合格证应在有效期内，标识（产品标识和定期检验合格标识）应清晰齐全；各部件应完整，无缺失、无伤残破损，腰带、胸带、围杆带、围杆绳、安全绳应无灼伤、脆裂、断股、霉变；金属卡环（钩）必须有保险装置，且操作要灵活。钩体和钩舌的咬口必须完整，两者不得偏斜	☐
2	脚手架	1	搭设结束后，必须履行脚手架验收手续，填写脚手架验收单，并在"脚手架验收单"上分级签字；验收合格后应在脚手架上悬挂合格证，方可使用；工作负责人每天上脚手架前，必须进行脚手架整体检查	☐

序号	工具名称及型号	数量	完 好 标 准	确认符合
3	螺丝刀	2	螺丝刀手柄应安装牢固,没有手柄的不准使用	□
4	扳手	2	活扳手开口平整无明显机械损伤,扳手与螺轮紧密配合,无松动现象,螺轮固定良好,无松动,螺纹螺纹无损伤	□
5	钢丝钳	2	绝缘胶良好,没有破皮漏电等现象,钳口无磨损,无错口现象,手柄无潮湿,保持充分干燥	□
6	万用表	1	塑料外壳具有足够的机械强度,不得有缺损和开裂、划伤和污迹,不允许有明显的变形,按键、按钮应灵活可靠,无卡死和接触不良的现象	□

确认人签字:

备 件 材 料 准 备

序号	材料名称	规 格	单位	数量	检查结果
1	塑料布		kg	2	□
2	塑料丝堵		个	2	□
3	绝缘胶带		筒	1	□
4	绑扎带		根	10	□
5	垫片		个	5	□

检 修 工 序

检修工序步骤及内容	安全、质量标准
1 消缺处理 □1.1 核对设备编号、信号线标识,并做好记录 □1.2 拆除气动执行机构接线及气源管路 危险源:压缩空气 安全鉴证点　1-S1 □1.3 电磁阀检查、处理 危险源:带电导线 安全鉴证点　2-S1 □1.4 过滤器检查、处理 □1.5 接头检查、处理 □1.6 定位器检查、处理	□A1.1 核对设备编号,防止误碰其他运行设备。 □A1.2(a) 使用工具均匀用力,松开可能积存压力介质锁母、螺丝时应避免正对介质释放点。 □A1.2(b) 使用有绝缘柄的工具,工具裸露的金属部分用绝缘带包扎,防止操作时短路或接地。 □A1.3(a) 使用有绝缘柄的工具,工具裸露的金属部分用绝缘带包扎,防止操作时短路或接地。 □A1.3(b) 电磁阀供电电源为220VAC,停掉其电磁阀供电电源,并在其开关上挂"禁止合闸,有人工作"标示牌,工作时要执行停电、验电工序。 1.3(a) 检查电磁阀线圈绝缘应正常,有无击穿现象。 1.3(b) 检查电磁阀电磁阀阀芯无卡涩。 1.4 检查过滤器无堵塞、漏气现象。 1.5 检查接头无松动,垫片无变形。 1.6(a) 检查定位器元件性能正常。 1.6(b) 接线端子无松动。 1.6(c) 定位器喷嘴、滤网无进杂物堵塞
2 气动执行机构连接气源、回装调试 □2.1 回装气动执行机构连接气源管路,检查管道及接头无泄漏,气源压力按电-气转换器、定位器、执行器要求调整 危险源:压缩空气 安全鉴证点　3-S1 □2.2 零位调整 危险源:压缩空气 安全鉴证点　4-S1 □2.3 量程调整	□A2.1 接入压缩空气管时将锁母拧紧,防止气源外泄或蓄能喷溅伤害。 □A2.2 调试时就地应有专人监护,远方操作人员与就地工作人员应保持联系,工作人员应远离执行器转动部分,防止挤压伤害。 2.2 机械零位正常,控制站信号置为0%时,执行器为0%行程位置。 2.3 控制站信号置为100%时,执行器为100% 行程位置,在整个行程中,执行器动作平滑。

续表

检修工序步骤及内容	安全、质量标准
□2.4 线性检查 □2.5 全开、全关时间记录。 □2.6 开、关状态检查 <table><tr><td>质检点</td><td>1-W2</td><td>一级</td><td>二级</td></tr><tr><td></td><td></td><td></td><td></td></tr></table>	2.4 气动执行器整组调试 0%、25%、50%、75%、100%指令与反馈成线性关系。 2.5 全开、全关时间符合要求。 2.6 开、关信号正确
□3 清理现场	3 修后设备见本色，周围设备无污染，工完料净场地清

检 修 技 术 记 录
数据记录：   遗留问题及处理措施：

记录人		年 月 日	工作负责人		年 月 日

消 缺 工 序 卡

单位：_____ 班组：_____ 编号：_____

检修任务：<u>高压自动主汽门消缺</u> 风险等级：_____

编　号		工单号	
计划检修时间		计划工日	
安全鉴证点（S1）	5	安全鉴证点（S2、S3）	0
见证点（W）	7	停工待检点（H）	0
办 理 工 作 票			

工作票编号：

检修单位		工作负责人	
工作组成员			

施 工 现 场 准 备

序号	安 全 措 施 检 查	确认符合
1	进入噪声区域正确佩戴合格的耳塞	□
2	作业人员必须戴防尘口罩	□
3	门口、通道、楼梯和平台等处不准放置杂物	□
4	发生的跑、冒、滴、漏，要及时清除处理	□
5	地面有油水、泥污等必须及时清除，以防滑跌	□
6	开工前确认检修的设备已可靠与运行中的系统隔断，检查临机相关阀门已关闭，电源已断开，挂"禁止操作，有人工作"标示牌；待管道内介质放尽，压力为零方可开始工作	□
7	工作前核对设备名称及编号	□
8	工序卡、记录本已准备齐全	□

确认人签字：

设 备 故 障 原 因 分 析

序号	造成温度显示异常的原因分析	检 查 部 位
1	操纵座弹簧变形弹力不足	检查弹簧变形量
2	操纵座连接件或油动机活塞杆发生卡涩	检查操纵座连接件和油动机活塞杆、活塞环
3	油质不良导致卸荷阀套发生卡涩	油质化验、卸荷阀检查（或更换）
4	蒸汽品质不良导致主汽门结垢卡涩	检查并测量主汽门阀杆及阀杆套
5	主汽门套筒与主阀间隙小卡涩	检查并测量主阀及导向套
6	预启阀套筒与阀杆间隙小卡涩	检查预启阀套筒与阀杆

工 器 具 检 查

序号	工具名称及型号	数量	完 好 标 准	确认符合
1	大锤（8p）、手锤（4p）	2	手锤的锤头须完整，其表面须光滑微凸，不得有歪斜、缺口、凹入及裂纹等情形。手锤的柄须用整根的硬木制成，并将头部用楔栓固定。楔栓宜采用金属楔，楔子长度不应大于安装孔的2/3	□
2	撬棍（1.5m）	1	必须保证撬杠强度满足要求。在使用加力杆时，必须保证其强度和嵌套深度满足要求，以防折断或滑脱	□
3	角磨机、切割机	2	检查电源线、电源插头完好无破损、防护罩完好无破损；检验合格证在有效期内	□
4	螺丝刀	2	螺丝刀手柄应安装牢固，没有手柄的不准使用	□

序号	工具名称及型号	数量	完 好 标 准	确认符合
5	临时电源及电源线	1	检查检验合格证在有效期内，检查电源盘电源线、电源插头、插座完好无破损；漏电保护器动作正确，检查电源盘线盘架、拉杆、线盘架轮子及线盘摇动手柄齐全完好	□
6	手拉葫芦（2t）	2	链节无严重锈蚀及裂纹，无打滑现象；齿轮完整，轮杆无磨损现象，开口销完整；吊钩无裂纹变形；链扣、蜗母轮及轮轴发生变形、生锈或链索磨损严重时，均应禁止使用；检查检验合格证在有效期内	□
7	铜棒	2	铜棒端部应无卷边，棒体无裂纹、无弯曲	□
8	脚手架		搭设结束后，必须履行脚手架验收手续，填写脚手架验收单，并在"脚手架验收单"上分级签字；验收合格后应在脚手架上悬挂合格证，方可使用	□
9	外径千分尺（0~25mm）	1	检查测定面是否有毛头；检查千分尺的表面应无锈蚀、碰伤或其他缺陷，刻度和数字应清晰、均匀，不应有脱色现象，游标刻线应刻至斜面下缘；卡尺上应有刻度值、制造厂商和定期检验合格证	□
10	内径量表	1	检查内径量表是否检验合格，表针转动灵活，应无碰伤或其他缺陷	□
11	撬杠（1.5m）	2	必须保证撬杠强度满足要求。在使用加力杆时，必须保证其强度和嵌套深度满足要求，以防折断或滑脱	□
12	游标卡尺（200mm）	1	检查测定面是否有毛头；检查卡尺的表面应无锈蚀、碰伤或其他缺陷，刻度和数字应清晰、均匀，不应有脱色现象，游标刻线应刻至斜面下缘；卡尺上应有刻度值、制造厂商和定期检验合格证	□

确认人签字：

备 件 材 料 准 备					
序号	材料名称	规　格	单位	数量	检查结果
1	擦机布		kg	0.5	□
2	清洗剂	350mL	瓶	1	□
3	刚性垫片		套	1	□
4	油石		套	1	□
5	砂纸	120 号	张	5	□

检 修 工 序	
检修工序步骤及内容	安全、质量标准
1 操纵座解体，查找操纵座缺陷原因并处理 □1.1 拆除弹簧座壳体。先用扳手拆除弹簧座盖上的三个 M27×108 的双头螺栓。然后均匀地松开三个 M27×350 螺栓至弹簧自由状态为止。取下弹簧，吊出弹簧座壳体，起吊过程中扶稳，并放在指定的位置。 危险源：脚手架；高空的工器具、零部件 | 安全鉴证点	1-S1 | □1.2 测量主汽门弹簧自由高度 | 质检点	1-W2	一级	二级		□A1.1（a） 不准在脚手架和脚手板上聚集人员或放置超过计算荷重的材料；脚手架上的堆置物应摆放整齐和牢固，不准超高摆放；脚手架上的大物件应分散堆放，不得集中堆放；脚手架上的废弃物应及时清理，并用绳子系牢后溜放到地面。 A1.1（b） 工器具必须使用防坠绳；工器具和零部件应用绳拴在牢固的构件上，不准随便乱放；工器具和零部件不准上下抛掷。 1.1 检查操纵座连接件无松脱现象。检查操纵座弹簧连接螺杆螺纹无损坏的地方。如发现缺陷，处理修复；如未发生缺陷继续检查。 1.2 将拆下的弹簧放在水平地面上，用钢板尺（卷尺）测量弹簧自由高度，如自由高度变小，说明弹簧变形预紧力不足，主汽门关闭力量不够，应对弹簧进行更换
2 油动机活塞杆清理检查 □2.1 解体油动机，对活塞及活塞杆进行检查 □2.2 测量活塞及活塞杆配合间隙	2.1 检查油封、活塞及活塞杆应无腐蚀、老化、磨损、毛刺。 2.2 对活塞及活塞杆的配合间隙进行测量，间隙为 0.2~0.4mm。

续表

检修工序步骤及内容	安全、质量标准

□2.3 打磨清理油动机各部件

质检点	2-W2	一级	二级

2.3 用细油石对活塞及活塞杆有毛刺、锈蚀部分进行打磨，并用工业酒精清洗干净

3 阀门解体

□3.1 吊出阀芯及阀套。拧紧吊环，起吊阀芯及阀套。起吊过程中扶稳阀芯，防止阀芯摆动碰伤密封面。将阀芯放至指定地点，密封面部位包裹胶皮，防止磕碰损伤。

□3.2 拆除门盖接合面螺栓。将 M64 的螺栓加热到一定温度，开始拆。等拆完就开始起吊主汽门门盖，并放在指定的位置

危险源：行车；手拉葫芦；起吊油动机、门盖、门杆

安全鉴证点	2-S1

□A3.1（a） 起重机械只限于熟悉使用方法并经有关机构业务培训考试合格、取得操作资格证的人员操作；行车司机在工作中应始终随时注意指挥人员信号，不准同时进行与行车操作无关的其他工作；工作负荷不准超过铭牌规定；起吊重物不准让其长期悬在空中。有重物暂时悬在空中时，严禁驾驶人员离开驾驶室或做其他工作。

□A3.1（b） 使用前应做无负荷的起落试验一次，检查其煞车以及传动装置是否良好，然后再进行工作；使用手拉葫芦时工作负荷不准超过铭牌规定。

□A3.2（a） 起重机在起吊大的或不规则的构件时，应在构件上系以牢固的拉绳，使其不摇摆不旋转；选择牢固可靠、满足载荷的吊点；起重物品必须绑牢，吊钩要挂在物品的重心上，吊钩钢丝绳应保持垂直；必须按规定选择吊点并捆绑牢固，使重物在吊运过程中保持平衡和吊点不发生移动；工件或吊物起吊时必须捆绑牢靠，吊拉两根钢丝绳之间的夹角一般不得大于90°；使用单吊索起吊重物挂钩时应打"挂钩结"；使用吊环时螺栓必须拧到底；使用卸扣时，吊索与其连接的一个索扣必须扣在销轴上，一个索扣必须扣在扣顶上，不准两个索扣分别扣在卸扣的扣体两侧上；吊拉捆绑时，重物或设备构件的锐边快口处必须加装衬垫物。

3.1 作业前，应对吊索具及其配件进行检查，确认完好，方可使用；由特种设备作业人员检查行车完好；检查行车检验合格证在有效期内。

3.1（a） 起重前必须将物件牢固、稳妥地绑住。

3.2 打锤人不得戴手套；抡大锤时，周围不得有人，不得单手抡大锤。

3.2（a） 蒸汽入口及各法兰口处用堵板封堵严密，避免工器具及零部件落入

4 阀门部件清理检查

□4.1 清理检查阀芯及阀体氧化皮，阀体使用油石及砂布进行清理

□4.2 清理检查阀杆及阀套氧化皮，阀杆使用油石及砂布进行清理

危险源：抛光轮

安全鉴证点	1-S1

质检点	4-W2	一级	二级

□4.3 门杆弯曲测量

质检点	5-W2	一级	二级

□A4.1（a） 工作前做好安全区隔离、悬挂"当心辐射"标示牌；使用前检查角磨机钢丝轮完好无缺损；操作人员必须正确佩戴防护面罩、防护眼镜。

□A4.1（b） 禁止手提电动工具的导线或转动部分；更换钢丝轮前必须切断电源。

4.1 清理检查过程中戴好防护手套，防止部件锋利部位划伤手。

4.1（a） 阀体、阀芯及阀套表面光滑无氧化皮、无毛刺。

4.1（b） 氧化皮清理后，要将阀体打磨光滑，主阀与阀套间隙为 0.5～0.55mm。

4.2 氧化皮清理后，要将阀杆打磨光滑，阀杆与汽封套间隙为 0.26～0.33mm。

4.2（a） 汽封套、阀套光滑无毛刺、无锈蚀，划痕用油石打磨光滑，表面用压缩空气吹净。

4.3 门杆弯曲值不大于 0.05mm

续表

检修工序步骤及内容	安全、质量标准
5　阀门回装 □5.1　按拆卸相反的顺序进行组装	□A5.1（a）　起重机械只限于熟悉使用方法并经有关机构业务培训考试合格、取得操作资格证的人员操作；行车司机在工作中应始终随时注指挥人员信号，不准同时进行与行车操作无关的其他工作；工作负荷不准超过铭牌规定；起吊重物不准让其长期悬在空中。有重物暂时悬在空中时，严禁驾驶人员离开驾驶室或做其他工作。 □A5.1（b）　使用前应做无负荷的起落试验一次，检查其煞车以及传动装置是否良好，然后再进行工作；使用手拉葫芦时工作负荷不准超过铭牌规定。 □A5.1（c）　起重机在起吊大的或不规则的构件时，应在构件上系以牢固的拉绳，使其不摇摆、不旋转；选择牢固可靠、满足载荷的吊点。起重物品必须绑牢，吊钩要挂在物品的重心上，吊钩钢丝绳应保持垂直；必须按规定选择吊点并捆绑牢固，使重物在吊运过程中保持平衡和吊点不发生移动。工件或吊物起吊时必须捆绑牢靠；吊拉两根钢丝绳之间的夹角一般不得大于90°；使用单吊索起吊重物挂钩时应打"挂钩结"；使用吊环时螺栓必须拧到底；使用卸扣时，吊索与其连接的一个索扣必须扣在销轴上，一个索扣必须扣在扣顶上，不准两个索扣分别扣在卸扣的扣体两侧；吊拉捆绑时，重物或设备构件的锐边快口处必须加装衬垫物。 5.1　打锤人不得戴手套。抡大锤时，周围不得有人，不得单手抡大锤。 □A5.2（a）　操作人员必须使用隔热手套；使用后加热棒要存放在专用支架上并做好隔离。 □A5.2（b）　使用后加热棒要存放在专用支架上并做好隔离；螺栓加热过程中清理可燃物并严禁使用螺栓松动剂等易燃易爆物品。 □A5.2（c）　操作人与员必须穿绝缘鞋、戴绝缘手套；检查加热设备绝缘良好，工作人员离开现场应切断电源。
□5.2　复装时，热紧阀盖螺栓前应冷紧，冷紧采用力矩扳手，不得用锤击法，冷紧力矩 680Nm。热紧螺栓参考转角94.5°，伸长量 0.42mm。 □5.3　焊接门盖漏汽导管。检查门杆漏汽导管材质，选用同型号焊条焊接。回装前编写焊接工艺卡，并审核批准后可焊接恢复。焊接后的焊口进行探伤 危险源：行车；手拉葫芦；起吊油动机、门盖、门杆；加热紧固螺丝 安全鉴证点　5-S1 质检点　5-W2　一级　二级	5.2　作业前，应对吊索具及其配件进行检查，确认完好，方可使用。 5.3　起重前必须将物件牢固、稳妥地绑住
6　阀门装复后行程测量 □6.1　测量预启阀、主汽阀行程。理阀芯，阀体使用油石及砂布进行清理 质检点　6-W2　一级　二级	6.1　主伐行程：102mm（104.6～98.6mm）； 阀杆密封行程：15.5mm（17.2～14.2mm）； 小阀行程：3.0mm±0.5mm。
7　油动机回装 □7.1　装复油动机。按拆除标记回装油动机，检查确认油动机安装到位 □7.2　EH 油管道及油动机接头安装，并检查安装到位 质检点　7-W2　一级　二级	7.1　回装油动机时，油孔用酒精清洗干净，作业时禁止戴手套。 7.2　EH 油管道及油动机接头所有密封 O 形圈要更换新的，并安装到位

检修工序步骤及内容	安全、质量标准
8　结束工作 □8.1　恢复阀体保温 □8.2　将现场设备卫生、检修场地卫生清理干净，做到工完、料尽、场地清 □8.3　办理工作票终结手续，写好检修交代，撤离工作区 　安全鉴证点　4-S1	□A8.1　废料及时清理，做到工完、料尽、场地清

检 修 技 术 记 录

数据记录：

遗留问题及处理措施：

记录人	年　月　日	工作负责人	年　月　日

消 缺 工 序 卡

单位：_____ 班组：_____ 编号：_____

检修任务：**凝结水泵振动大消缺** 风险等级：_____

编　　号			工单号		
计划检修时间			计划工日		
安全鉴证点（S1）	3		安全鉴证点（S2、S3）	0	
见证点（W）	3		停工待检点（H）	0	
办 理 工 作 票					
工作票编号：					
检修单位			工作负责人		
工作组成员					

	施 工 现 场 准 备	
序号	安 全 措 施 检 查	确认符合
1	进入噪声区域、使用高噪声工具时正确佩戴合格的耳塞	□
2	工作前核对设备名称及编号，转动设备检修时应采取防转动措施	□
3	发现盖板缺损及平台防护栏杆不完整时，应采取临时防护措施，设坚固的临时围栏	□
4	设置安全隔离围栏并设置警告标志	□
5	开工前与运行人员共同确认检修的设备已可靠与运行中的系统隔断，检查凝结水泵进、出口电动门电源已断开，挂"禁止操作，有人工作"标示牌；待管道内介质放尽，压力为零，温度适可后方可开始工作	□

确认人签字：

	设 备 故 障 原 因 分 析	
序号	造成凝结水泵振动大的原因分析	检 查 部 位
1	对轮损坏；对轮安装不正；凝结泵和电机不同心	检查凝结水泵对轮中心及对轮是否完好
2	立式泵支撑刚度不足	检查电机支架刚度及支撑架螺栓
3	上轴承损坏	检查电机上轴承是否损坏
4	导轴承间隙超标	检查轴承是否完好
5	轴系质量不平衡	检查转子轴系
6	泵轴弯曲	检查泵轴弯曲度

	工 器 具 准 备 与 检 查			
序号	工具名称及型号	数量	完 好 标 准	确认符合
1	手锤、大锤	2	手锤的锤头须完整，其表面须光滑微凸，不得有歪斜、缺口、凹入及裂纹等情形。手锤的柄须用整根的硬木制成，并将头部用楔栓固定。楔栓宜采用金属楔，楔子长度不应大于安装孔的2/3	□
2	撬棍	1	必须保证撬杠强度满足要求。在使用加力杆时，必须保证其强度和嵌套深度满足要求，以防折断或滑脱	□
3	锉刀	1	锉刀手柄应安装牢固、没有手柄的不准使用	□
4	手拉葫芦（2t）	2	链节无严重锈蚀及裂纹，无打滑现象；齿轮完整，轮杆无磨损现象，开口销完整，吊钩无裂纹变形；链扣、蜗母轮及轮轴发生变形、生锈或链索磨损严重时，均应禁止使用；检查检验合格证在有效期内	□
5	铜棒	1	铜棒端部无卷边、无裂纹，铜棒本体无弯曲	□
6	游标卡尺（150mm）	1	检查测定面是否有毛头；检查卡尺的表面应无锈蚀、碰伤或其他缺陷，刻度和数字应清晰、均匀，不应有脱色现象，游标刻线应刻至斜面下缘；卡尺上应有刻度值、制造厂商和定期检验合格证	□

确认人签字：

	备 件 材 料 准 备				
序号	材料名称	规 格	单位	数量	检查结果
1	擦机布		kg	0.5	□
2	清洗剂	350mL	瓶	1	□
3	轴承	7416M	套	2	□
4	机械密封	SJD/IIN-95	套	1	□

检 修 工 序	
检修工序步骤及内容	安全、质量标准
1　1号机组12号一级凝结泵RM842泵中心复查 □1.1　用M36敲击扳手松开对轮螺栓，拆除螺栓 危险源：联轴器销孔 　安全鉴证点　1-S1 □1.2　用三块0~10mm百分表检查对轮中心 　质检点　1-W2　一级　二级 □1.3　拆除电机冷却水管道，将电机吊走 危险源：重物、撬杠、手拉葫芦 　安全鉴证点　2-S1 □1.4　检查电机侧及凝结水泵侧对轮是否有裂纹、损坏部分 □1.5　检查电机侧上部导轴承间隙	□A1.1　联轴器对孔时严禁将手指放入销孔内。 　1.2　中心复查标准：面≤0.03mm，圆≤0.03mm；如不满足标准，在检修记录本中进行标注。 □A1.3（a）　使用行车工作负荷不准超过铭牌规定。 □A1.3（b）　电机起吊时必须捆绑牢靠；吊拉时两根钢丝绳之间的夹角一般不得大于90°；使用吊环时螺栓必须拧到底吊拉捆绑时，重物或设备构件的锐边快口处必须加装衬垫物。 □A1.3（c）　撬动过程中应采取防止被撬物倾斜或滚落的措施。 □A1.3（d）　使用撬棍过程中应保证支撑物可靠。 □A1.3（e）　使用前应做无负荷的起落试验一次，检查其刹车以及传动装置是否良好，然后再进行工作
2　凝结水泵RM842泵检查上轴承 □2.1　在对轮上装百分表用撬棍撬动转子，测量推力间隙后取下泵侧联轴器，传动键 □2.2　用M24梅花扳手松开轴承压盖螺栓，测半窜 □2.3　使用手锤，铜棒松开提轴锁母拉出轴承，测量总窜 □2.4　用M24梅花拆下轴承座紧固螺栓，吊出轴承座 □2.5　检查电机支架是否有损坏及电机支架螺栓是否有松动现象	2.1　推力间隙0.20~0.30mm。 2.2　半窜4~5.5mm。 2.3　总窜8~11mm
3　凝结水泵RM842泵回装 危险源：手动工器具 　安全鉴证点　3-S1 □3.1　将两轴承装入轴承套，装入轴承室内，锁紧锁母后测转子总窜 □3.2　装上提轴锁母用专用工具紧固并提至半窜，通过调整轴承套与轴肩之间的垫片厚度，确保半窜数值合格 □3.3　用调整轴承座的调整螺栓的方法使转子盘动灵活，没有卡涩、摩擦现象 □3.4　通过调整轴承压盖上垫片的厚度确定推力间隙后，装上轴承压盖 　质检点　2-W2　一级　二级	□A3　必须保证撬杠强度满足要求。在使用加力杆时，必须保证其强度和嵌套深度满足要求，以防折断或滑脱。 3.1　在轴头部位架一块百分表，表杆垂直轴头部位，用撬棍垂直撬起转子记录总窜值标准为8~11mm。 3.2　在轴头部位架一块百分表，表杆垂直轴头部位，用撬棍垂直撬起转子记录值标准半窜为4~5.5mm。 3.3　使转子盘动灵活，没有卡涩、摩擦、偏重现象。 3.4　在轴头部位架一块百分表，表杆垂直轴头部位，用撬棍垂直撬起转子测量推力间隙0.20~0.30mm。

续表

检修工序步骤及内容	安全、质量标准
□3.5　将对轮键及对轮回装到位 □3.6　将电机吊回，安装电机冷却水管道 危险源：重物、撬杠、手拉葫芦 表格：安全鉴证点 | 4-S1 |	□A3.6（a）　使用行车工作负荷不准超过铭牌规定。 □A3.6（b）　电机起吊时必须捆绑牢靠；吊拉时两根钢丝绳之间的夹角一般不得大于90°；使用吊环时螺栓必须拧到底吊拉捆绑时，重物或设备构件的锐边快口处必须加装衬垫物。 □A3.6（c）　撬动过程中应采取防止被撬物倾斜或滚落的措施。 □A3.6（d）　使用撬棍过程中应保证支撑物可靠。 □A3.6（e）　使用前应做无负荷的起落试验一次，检查其刹车以及传动装置是否良好，然后再进行工作
4　凝结水泵与电机找中心 □4.1　将泵与电机对轮按照拆前编号对准，并穿入一条销钉，使用三块百分表进行找中心工作 表格：质检点 | 3-W2 | 一级 | 二级 |	4.1　泵与电机中心标准：圆≤0.03mm，面≤0.03mm。
□4.2　按照解体前标注的记号，将对轮螺栓穿入，并用M24敲击扳手紧固 危险源：联轴器销孔 表格：安全鉴证点 | 1-S1 |	□A4.2　联轴器对孔时严禁将手指放入销孔内。
□4.3　轴承室加油至正常油位	4.3　油位不宜过高应保持在1/3～1/2处，并应缓慢加入
5　现场清理 □5.1　修后设备见本色，周围设备无污染 □5.2　工完、料净、场地清	5.2　废料及时清理，做到工完、料净、场地清

检 修 技 术 记 录

数据记录：

遗留问题及处理措施：

记录人		年　　月　　日	工作负责人		年　　月　　日

消 缺 工 序 卡

单位：_____ 班组：_____ 编号：_____

检修任务：**空冷风机减速机消缺**

风险等级：_____

编　号		工单号	
计划检修时间		计划工日	
安全鉴证点（S1）	4	安全鉴证点（S2、S3）	0
见证点（W）	5	停工待检点（H）	0

办 理 工 作 票

工作票编号：

检修单位		工作负责人	
工作组成员			

施 工 现 场 准 备

序号	安 全 措 施 检 查	确认符合
1	进入噪声区域正确佩戴合格的耳塞	□
2	作业人员必须戴防尘口罩	□
3	门口、通道、楼梯和平台等处不准放置杂物	□
4	发生的跑、冒、滴、漏，要及时清除处理	□
5	地面有油水、泥污等必须及时清除，以防滑跌	□
6	发现平台防护栏杆不完整时，应采取临时防护措施，设坚固的临时围栏	□
7	工作前核对设备名称及编号	□
8	工序卡、记录本已准备齐全	□

确认人签字：

设 备 故 障 原 因 分 析

序号	造成温度显示异常的原因分析	检 查 部 位
1	减速机漏油	减速机密封垫
2	减速机润滑油差压高	减速机润滑油滤网
3	空冷风机有异声或振动大	减速机轴承、齿轮

工器具准备与检查

序号	工具名称及型号	数量	完 好 标 准	确认符合
1	安全带	2	检查检验合格证应在有效期内，标识（产品标识和定期检验合格标识）应清晰齐全；各部件应完整，无缺失、无伤残破损；腰带、胸带、围杆带、围杆绳、安全绳应无灼伤、脆裂、断股、霉变；金属卡环（钩）必须有保险装置，且操作要灵活。钩体和钩舌的咬口必须完整，两者不得偏斜	□
2	螺丝刀	2	螺丝刀手柄应安装牢固，没有手柄的不准使用	□
3	力矩扳手	2	扳手开口平整无明显机械损伤，扳手与螺轮紧密配合，无松动现象，螺轮固定良好，无松动，螺轮螺纹无损伤	□
4	敲击扳手	2	扳手开口平整无明显机械损伤，扳手与螺轮紧密配合，无松动现象	□
5	黄油枪	1	检查检验合格证应在有效期内，标识（产品标识和定期检验合格标识）应清晰齐全；各部件应完整，无缺失、无伤残破损	
6	测振仪	1	检查检验合格证应在有效期内，标识（产品标识和定期检验合格标识）应清晰齐全；各部件应完整无缺失	

确认人签字：

续表

<table>
<tr><td colspan="6" align="center">备 件 材 料 准 备</td></tr>
<tr><td>序号</td><td>材料名称</td><td>规 格</td><td>单位</td><td>数量</td><td>检查结果</td></tr>
<tr><td>1</td><td>油过滤器</td><td>HC-9</td><td>个</td><td>1×30</td><td>□</td></tr>
<tr><td>2</td><td>润滑油</td><td>顶级合成工业齿轮油 220 壳牌</td><td>L</td><td>33×30</td><td>□</td></tr>
<tr><td>3</td><td>润滑脂</td><td>锂基</td><td>g</td><td>50×30</td><td>□</td></tr>
<tr><td>4</td><td>破布</td><td>—</td><td>kg</td><td>10</td><td>□</td></tr>
<tr><td>5</td><td>胶皮</td><td>3mm</td><td>m²</td><td>5</td><td>□</td></tr>
</table>

<table>
<tr><td colspan="2" align="center">检 修 工 序</td></tr>
<tr><td align="center">检修工序步骤及内容</td><td align="center">安全、质量标准</td></tr>
<tr>
<td>
1 减速机齿轮箱检查
□1.1 检查齿轮箱是否存在漏油情况，如存在因密封件老化原因、应更换密封垫消除渗漏点
□1.2 放尽齿轮箱内润滑油，所有废油集中回收、退库
危险源：润滑油

安全鉴证点	1-S1

质检点	1-W2	一级	二级

</td>
<td>
□A1.1（a） 待管道内介质放尽，压力为零在开始工作。
□A1.1（b） 放油时排空，放油不出需静置 2h 后再次打开放油门确认油已排完。

1.1 检查减速机密封垫如存在因密封件老化原因、应更换密封垫消除渗漏点
</td>
</tr>
<tr>
<td>
2 减速机润滑油滤网检查
□2.1 检查、更换减速机润滑油过滤器，使用扳手缓慢拧开减速机滤网接头，检查滤网有无破损，若有破损更换垫片
□2.2 检查更换完毕，回装时注意油过滤器和齿轮箱壳体结合面处的密封 O 形圈

质检点	2-W2	一级	二级

</td>
<td>
2.1 检查油过滤器，如损坏应进行更换。

2.2 过滤器和齿轮箱壳体结合面处的密封 O 形圈要安装到位，安装时不能造成密封 O 形圈损坏
</td>
</tr>
<tr>
<td>
3 减速机齿轮、轴承检查
□3.1 打开齿轮箱放油阀门，打开齿轮箱检修孔封盖，清洗轴承箱内部，清洗干净

□3.2 检查齿轮箱内部齿轮及齿轮齿和磨损情况

□3.3 检查轴承

□3.4 封闭（胶粘）齿轮箱检修孔封盖，加注润滑油
□3.5 轴承加注润滑脂
危险源：润滑油、酒精、手锤、减速机各部件

安全鉴证点	3-S1

质检点	3-W2	一级	二级

</td>
<td>
□A3.1（a） 润滑油彻底清理，避免工作面光滑造成人员滑倒。
□A3.1（b） 使用含有抗菌成分的清洁剂时，戴上手套，避免灼伤皮肤。
3.1 减速机齿轮箱内部的油要排放、清洗干净。
□A3.2（a） 手锤锤把上不可有油污。
□A3.2（b） 手搬物件时应量力而行，不得搬运超过自己能力的物件。
3.2 检查齿轮箱内部齿轮是否存在磨损严重、断裂等缺陷，如发现上述缺陷及时上报，更换、返厂检修。

3.3 检查轴承转动灵活，无异声、损伤、卡涩等，如损坏应及时更换。
3.4 齿轮箱加注润滑油至油尺中位线。
3.5 轴承加注润滑脂，重约 50g
</td>
</tr>
</table>

续表

检修工序步骤及内容	安全、质量标准
4　减速机回装 □4.1　按拆除标记回装减速机，检查确认减速机安装 危险源：撬杠、减速机各部件 安全鉴证点　4-S1 质检点　4-W2　一级　二级	□A4.1（a）　应保证支撑物可靠；撬动过程中应采取防止被撬物倾斜或滚落的措施。 □A4.1（b）　手搬物件时应量力而行，不得搬运超过自己能力的物件。 4.1　清理电机与齿轮箱结合面，回装时要保证结合面处的凹凸部分安装正确
5　检修工作结束 □5.1　清理现场 危险源：施工废料、废油 安全鉴证点　5-S1 质检点　5-W2　一级　二级	□A5.1（a）　废料及时清理，做到工完、料尽、场地清。 □A5.1（b）　废油收集在废油桶，集中进行处理。 5.1　修后设备见本色，周围设备无污染。 5.2　工完、料尽、场地清

检 修 技 术 记 录

数据记录：

遗留问题及处理措施：

记录人		年　月　日	工作负责人		年　月　日

259

消 缺 工 序 卡

单位：＿＿＿＿＿＿＿ 班组：＿＿＿＿＿＿＿＿ 编号：＿＿＿＿＿＿

检修任务：**反渗透泄漏消缺** 风险等级：＿＿＿＿＿

编　号		工单号	
计划检修时间		计划工日	
安全鉴证点（S1）	4	安全鉴证点（S2、S3）	0
见证点（W）	1	停工待检点（H）	0

办 理 工 作 票		
工作票编号：		
检修单位		工作负责人	
工作组成员		

施 工 现 场 准 备		
序号	安 全 措 施 检 查	确认符合
1	进入噪声区域正确佩戴合格的耳塞	□
2	工作前核对设备名称及编号	□
3	开工前与运行人员共同确认设备已可靠与运行中的系统隔断，检查进、出口相关阀门已关闭，挂"禁止操作，有人工作"标示牌，待管道内介质放尽，压力为零方可开始工作	□

确认人签字：

设 备 故 障 原 因 分 析	
序号	造成反渗透泄漏的原因分析	检 查 部 位
1	反渗透装置壳体破裂	外观检查反渗透装置壳体
2	反渗透装置堵头损坏	检查反渗透装置堵头
3	反渗透端面密封圈老化、损坏	检查反渗透端面密封圈

工 器 具 检 查				
序号	工具名称及型号	数量	完 好 标 准	确认符合
1	手锤	2	手锤的锤头须完整，其表面须光滑微凸，不得有歪斜、缺口、凹入及裂纹等情形大锤、手锤的柄须用整根的硬木制成，并将头部用楔栓固定楔栓宜采用金属楔，楔子长度不应大于安装孔的2/3	□
2	凿子	2	凿子被敲击部分有伤痕不平整、沾有油污等，不准使用	□
3	螺丝刀	2	螺丝刀手柄应安装牢固，没有手柄的不准使用	□
4	活扳手	2	活动扳口应与扳体导轨的全行程上灵活移动；活扳手不应有裂缝、毛刺及明显的夹缝、氧化皮等缺陷，柄部平直且不应有影响使用性能的缺陷	□

确认人签字：

备 件 材 料 准 备				
序号	材料名称	规　格	单位	数量	检查结果
1	塑料布		kg	5	□
2	端面密封圈		个	1	□
3	堵头		个	1	□

检 修 工 序	
检修工序步骤及内容	安全、质量标准
1 反渗透装置壳体检查	□A1.1 进入噪声区域时正确佩戴合格的耳塞。

续表

检修工序步骤及内容	安全、质量标准
□1.1 外观检查 □1.2 目视、手摸反渗透装置壳体 危险源：噪声 安全鉴证点　　1-S1	□1.1 目视、手摸反渗透装置壳体有无裂纹、破损现象，如未发生缺陷继续检查
2 反渗透装置堵头检查 □2.1 松开堵头检查 □2.2 缓慢松开堵头 危险源：噪声、手锤、凿子 安全鉴证点　　2-S1	□A2.1（a） 进入噪声区域时正确佩戴合格的耳塞。 □A2.1（b） 手锤的锤头须完整，其表面须光滑微凸，不得有歪斜、缺口、凹入及裂纹等情形，手锤的柄须用整根的硬木制成，并将头部用楔栓固定楔栓宜采用金属楔，楔子长度不应大于安装孔的2/3。 □A2.1（c） 工作前应对凿子外观检查，不准使用不完整工器具；凿子被敲击部分有伤痕不平整、沾有油污等，不准使用。 □A2.1（d） 待膜元件内介质放尽，压力为零，温度适合后方可开始工作。 □2.1 松开堵头时应缓慢拆卸并避免正对介质释放点，如有介质渗出，则停止松懈，待没有介质渗出，再缓慢松懈堵头，直到完全松开。 □2.2 检查堵头处有无渗漏，检查堵头有无破损，若有破损更换堵头，如未发生缺陷继续检查。 □2.3 现场拆下的零件、材料等应定置摆放，禁止乱堆乱放，地面用塑料布铺垫
3 反渗透端面密封圈检查 □3.1 取出反渗透端面密封圈 危险源：噪声、手锤、凿子 安全鉴证点　　3-S1	□A3.1（a） 进入噪声区域时，正确佩戴合格的耳塞 □A3.2（b） 手锤的锤头须完整，其表面须光滑微凸，不得有歪斜、缺口、凹入及裂纹等情形，手锤的柄须用整根的硬木制成，并将头部用楔栓固定楔栓宜采用金属楔，楔子长度不应大于安装孔的2/3。 □A3.1（c） 工作前应对凿子外观检查，不准使用不完整工器具；凿子被敲击部分有伤痕不平整、沾有油污等，不准使用。 □3.1 检查反渗透端面密封圈处有无渗漏，检查端面密封圈无老化、破损现象；若有破损更换端面密封圈。 □3.2 现场拆下的零件、材料等应定置摆放，禁止乱堆乱放，地面用塑料布铺垫
4 反渗透泄漏部位检修更换 □4.1 反渗透端面端面密封圈、加堵头拧紧 质检点　1-W2　一级　二级 危险源：噪声、手锤、凿子 安全鉴证点　　4-S1	□A4.1 进入噪声区域时，正确佩戴合格的耳塞。 □A4.2 手锤的锤头须完整，其表面须光滑微凸，不得有歪斜、缺口、凹入及裂纹等情形，手锤的柄须用整根的硬木制成，并将头部用楔栓固定楔栓宜采用金属楔，楔子长度不应大于安装孔的2/3。 □A4.3 工作前应对凿子外观检查，不准使用不完整工器具；凿子被敲击部分有伤痕不平整、沾有油污等，不准使用。 □4.1 回装前应将拆下的零件表面污垢清洗干净后回装。 □4.2 安装前应仔细检查反渗透装置内部无任何遗留物
5 检修工作结束 □5.1 工作完毕做到工完料尽场地清	□A5.1 废料及时清理，做到工完、料尽、场地清
检 修 技 术 记 录	

数据记录：

遗留问题及处理措施:				
记录人		年 月 日	工作负责人	年 月 日

续表

消 缺 工 序 卡

单位：_____　班组：_____　　　　　　编号：_____

检修任务：**制氢站送水泵流量不足消缺**　　　　　　　　　风险等级：_____

编　号			工单号	
计划检修时间			计划工日	
安全鉴证点（S1）	4		安全鉴证点（S2、S3）	0
见证点（W）	2		停工待检点（H）	0

办 理 工 作 票

工作票编号：

检修单位		工作负责人	
工作组成员			

施 工 现 场 准 备

序号	安 全 措 施 检 查	确认符合
1	进入噪声区域正确佩戴合格的耳塞	□
2	进入氢站工作人员应关闭移动通信设备、交出携带火种，禁止穿可能产生静电的衣服和带铁钉的鞋	□
3	现场通风机检验合格证必须在有效期内；现场通风机应为防爆型风机	□
4	工作前核对设备名称及编号	□
5	开工前与运行人员共同确认设备已停运断电，前、后手动门已关闭，挂"禁止操作，有人工作"标示牌，待管道内介质放尽，压力为零方可开始工作	□

确认人签字：

设 备 故 障 原 因 分 析

序号	造成送水泵流量不足的原因分析	检 查 部 位
1	进、出口止回阀阀球或阀锥损坏	检查进出口止回阀
2	出、入口阀泄漏	检查出、入口阀
3	隔膜损坏	检查隔膜
4	吸入或排出阀内有杂物	检查吸入或排出阀
5	过滤器或管路堵塞	检查过滤器及管路

工 器 具 检 查

序号	工具名称及型号	数量	完 好 标 准	确认符合
1	铜制螺丝刀	2	螺丝刀手柄应安装牢固，没有手柄的不准使用	□
2	铜制活扳手	2	活动扳口应与扳体导轨的全行程上灵活移动；活扳手不应有裂缝、毛刺及明显的夹缝、氧化皮等缺陷，柄部平直且不应有影响使用性能的缺陷	□
3	活扳手	2	活动扳口应与扳体导轨的全行程上灵活移动；活扳手不应有裂缝、毛刺及明显的夹缝、氧化皮等缺陷，柄部平直且不应有影响使用性能的缺陷	□

确认人签字：

备 件 材 料 准 备

序号	材料名称	规　格	单位	数量	检查结果
1	塑料布		kg	2	□
2	黄油		筒	1	□
3	氮气		瓶	1	□

续表

检 修 工 序	
检修工序步骤及内容	安全、质量标准
1 阀门检查	□A1（a） 进入氢站应先触摸静电释放装置，消除人体静电，并按规定进行登记。 □A1（b） 无关人员禁止进入氢站，工作人员应关闭移动通信设备、交出携带火种，禁止穿可能产生静电的衣服和带铁钉的鞋进入氢站。 □A1（c） 与运行人员共同确认设备已停运断电，前、后手动门已关闭，挂"禁止操作，有人工作"标示牌。 □A1（d） 与运行人员共同确认送水泵及管道内部无介质，内部压力为零。 □A1（e） 工作前检测工作区域内空气中含氢量小于3%；工作中应至少每4h测定空气中的含氢量并符合标准。 □A1（f） 工作中开启制氢间的防爆风机。 □A1（g） 现场拆下的零件、材料等应定置摆放，禁止乱堆乱放。
□1.1 将泵的行程调至50%，用铜制扳手或涂抹黄油的铁质扳手拆开出入口法兰或连接锁母 □1.2 拧开接头压盖，从泵头上拧下入口单向阀，取出入口阀球 □1.3 拧开接头压盖，从泵头上拧下出口单向阀，取出出口阀球 □1.4 清洗出入口止回阀，使用稀释的清洗剂或清水对止回阀进行清洗。达到阀体、阀球清洁无污物 □1.5 检查出入口阀球，阀座，检查止回阀密封垫圈完好	□1.1 阀球必须光滑，不得有任何划痕或剥皮，没有异物黏在表面，无裂纹、破损现象，如未发生缺陷继续检查

质检点	1-W2	一级	二级

危险源：氢气

安全鉴证点	1-S1	

2 隔膜片检查	□A2（a） 工作前检测工作区域内空气中含氢量小于3%；工作中应至少每4h测定空气中的含氢量并符合标准。 □A2（b） 工作中开启制氢间的防爆风机。 □A2（c） 现场拆下的零件、材料等应定置摆放，禁止乱堆乱放。
□2.1 松开液压缸的螺栓，拆下液压缸缸头，取下隔膜片	□2.1 进出口阀座平整，光洁度为▽7～▽9，硬度不低于HB475±25。阀球必须光滑，椭圆度0.01，不得有任何划痕或剥皮，表面光洁度▽7～▽9。
□2.2 小心取下泵壳 □2.3 用清洗剂清洗并检查液压缸及出入口阀本体及螺孔螺纹状况，检测阀球阀座的配合严密性 □2.4 检查隔膜片的磨损情况	□2.2 隔膜片弹性良好无老化腐蚀破裂等缺陷，与液压缸间隙不大于0.80mm，如未发生缺陷继续检查

质检点	2-W2	一级	二级

危险源：氢气

安全鉴证点	2-S1	

3 检查过滤器管路	□A3（a） 工作前检测工作区域内空气中含氢量小于3%；工作中应至少每4h测定空气中的含氢量并符合标准。 □A3（b） 工作中开启制氢间的防爆风机。
□3.1 检查过滤器有无杂物，清扫泵体腔室，送水泵及管道是否畅通	□3.1 检查送水泵出口管道是否畅通，用氮气进行试验

续表

检修工序步骤及内容	安全、质量标准
危险源：氢气 安全鉴证点　3-S1	
4　零件回装 □4.1　将清洗检查后的隔膜片、阀门回装，按与拆卸相反的顺序组装 危险源：氢气 安全鉴证点　4-S1	□A4（a）　工作前检测工作区域内空气中含氢量小于3%；工作中应至少每4h测定空气中的含氢量并符合标准。 □A4（b）　工作中开启制氢间的防爆风机
5　检修工作结束 □5.1　工作完毕做到工完、料尽、场地清	□A5.1　废料及时清理，做到工完、料尽、场地清

检 修 技 术 记 录

数据记录：

遗留问题及处理措施：

记录人		年　月　日	工作负责人		年　月　日

4 除 灰 检 修

消 缺 工 序 卡

单位：_____　班组：_____　　　　　　　编号：_____

检修任务：MD 仓泵进料阀故障专项消缺　　　　　风险等级：_____

编　号		工单号	
计划检修时间		计划工日	
安全鉴证点（S1）	5	安全鉴证点（S2、S3）	0
见证点（W）	5	停工待检点（H）	0

办 理 工 作 票

工作票编号：

检修单位		工作负责人	
工作组成员			

施 工 现 场 准 备

序号	安 全 措 施 检 查	确认符合
1	进入噪声、粉尘区域正确佩戴合格的耳塞和防尘口罩	□
2	增加临时照明	□
3	工作前核对设备名称及编号	□
4	开工前确认检修的输灰系统已停止运行，确认设备已切断电源，检查灰斗下料手动插板阀门已关闭，气源已断开，挂"禁止操作，有人工作"标示牌；待管道及仓泵内介质放空方可开始工作	□

确认人签字：

设 备 故 障 现 象 原 因 分 析

序号	造成 MD 仓泵进料阀故障的原因分析	检 查 部 位
1	压缩空气携灰的冲刷使圆顶阀充气密封圈磨损	检查圆顶阀充气密封圈是否破损
2	圆顶磨损	检查圆顶阀圆顶磨损情况
3	圆顶阀阀体内部卡涩异物	检查圆顶阀内部是否有异物
4	密封件老化密封 O 形圈破损	检查圆顶阀密封 O 形圈
5	异物卡涩	检查圆顶阀内部是否有异物

工 器 具 检 查

序号	工具名称及型号	数量	完 好 标 准	确认符合
1	临时电源及电源线	1	手锤的锤头须完整，其表面须光滑微凸，不得有歪斜、缺口、凹入及裂纹等情形。手锤的柄须用整根的硬木制成，并将头部用楔栓固定。楔栓宜采用金属楔，楔子长度不应大于安装孔的 2/3	□
2	撬杠	1	必须保证撬杠强度满足要求。在使用加力杆时，必须保证其强度和嵌套深度满足要求，以防折断或滑脱	□
3	锉刀	1	锉刀手柄应安装牢固，没有手柄的不准使用	□
4	螺丝刀	2	螺丝刀手柄应安装牢固，没有手柄的不准使用	□
5	临时电源及电源线	1	检查检验合格证在有效期内，检查电源盘电源线、电源插头、插座完好无破损；漏电保护器动作正确，检查电源盘线盘架、拉杆、线盘架轮子及线盘摇动手柄齐全完好	□
6	角磨机	1	检查电源线、电源插头完好无破损，防护罩完好无破损；检查检验合格证在有效期内	□

序号	工具名称及型号	数量	完 好 标 准	确认符合
7	活扳手	2	活动扳口应在扳体导轨的全行程上灵活移动；活扳手不应有裂缝、毛刺及明显的夹缝、氧化皮等缺陷，柄部平直且不应有影响使用性能的缺陷	□
8	梅花扳手	3	梅花扳手不应有裂缝、毛刺及明显的夹缝、切痕、氧化皮等缺陷，柄部应平直	□
9	内六方扳手	1	外方无损坏、弯曲、断裂	□

确认人签字：

备 件 材 料 准 备

序号	材料名称	规　　格	单位	数量	检查结果
1	擦机布		kg	0.5	□
2	清洗剂	350mL	瓶	1	□
3	橡胶充气密封圈	$\phi200$	个	1	□
4	密封 O 形圈	$\phi350\times\phi3$	个	1	□
5	砂纸	120 目	张	5	□
6	高压石棉板	1000mm×2000mm×2mm	张	1	□

检 修 工 序

检修工序步骤及内容	安全、质量标准
1　圆顶阀解体，查找阀门缺陷原因并处理 □1.1　切断气源和电源，并排空系统和气源之间的残余压缩空气 □1.2　拆除圆顶阀与管路的连接 危险源：粉尘、撬杠 安全鉴证点　1-S1 □1.3　降低圆顶阀或仓泵高度，提供拆卸顶盘部件的操作空间。 □1.3（a）用 24～27（梅花扳手）松开灰斗手动插板门下金属伸缩节螺母；拉紧金属伸缩节调整螺母，使圆顶阀和下灰管有一定距离 危险源：梅花扳手 安全鉴证点　2-S1 质检点　1-W2　一级　二级 □1.4　拆除顶盘和阀体的连接螺栓 □1.4（a）用 18mm（内六方扳手）松开压盖螺母 □1.4（b）用气源管吹扫干净压盘螺栓孔 □1.4（c）用一字螺丝刀撬开压盘，移开 危险源：粉尘 安全鉴证点　3-S1 质检点　2-W2　一级　二级	□A1.1　衣服和袖口应扣好，不得戴围巾领带，长发必须盘在安全帽内；不准将用具、工器具接触设备的转动部位；工作人员应与注意灰尘污染保持适当距离或戴防尘口罩。 □A1.2　撬动过程中应采取防止被撬物倾斜或滚落的措施。 1.1　系统管道及仓泵阀门应无漏气、漏灰现象，运行平稳无卡涩现象。 1.2　使用活扳手或开口板拆除圆顶阀连接气源管，拆下排气阀 □A1.3　扳手不应有裂缝、毛刺及明显的夹缝、切痕、氧化皮等缺陷，柄部平直，检修平台上铺设胶皮，工器具和零部件必须使用防坠绳；应用绳栓在牢固的构件上，不准随便乱放。 1.3　金属伸缩节无磨损、漏灰；金属伸缩节拉紧调整螺母无缺失 □A1.4　正确佩戴防尘口罩、使用工器具。 1.4（a）压盖完好、无磨损；螺母丝扣无损伤。 1.4（b）压盘螺栓孔内无积灰，丝扣无损伤。 1.4（c）压盘完好、无磨损，密封圈无变形

检修工序步骤及内容	安全、质量标准
□1.5（a） 标记顶盘上密封圈膨胀接头相对阀体的方向，然后将顶盘部件从阀体拆下；顶盘部件包括可膨胀密封圈、内圈和托圈（记住石棉垫片的数量和尺寸，它保证圆形阀瓣和密封圈的间隙） □1.5（b） 检查圆顶球面有无沟痕，电焊补焊，用角向磨光机打磨 危险源：电焊机、角磨机	□A1.5（a） 操作人员必须正确佩戴防护面罩、防护眼镜；使用前检查角磨机砂轮片完好无缺损。 □A1.5（b） 电焊人员应持有有效的焊工证； 正确使用面罩、穿电焊服、戴电焊手套、戴白光眼镜、穿橡胶绝缘鞋；更换焊条时，必须戴电焊手套。 1.5（a） 用压缩空气吹扫圆顶、密封圈。 1.5（b） 检查圆顶是否圆润平滑无沟痕，如有修复

安全鉴证点	4-S1	

质检点	3-W2	一级	二级

检修工序步骤及内容	安全、质量标准
□1.6 将可膨胀密封圈从内圈上拆下 □1.6（a） 拆下膨胀密封圈	1.6 检查膨胀密封圈有无磨损、气孔，必要时更换

质检点	4-W2	一级	二级

检修工序步骤及内容	安全、质量标准
□1.7 更换磨损或划伤的密封圈	1.7 检查密封O形圈有无损坏，必要时更换

质检点	5-W2	一级	二级

检修工序步骤及内容	安全、质量标准
2 阀门回装 □2.1（a） 按相反顺序重新装配，清理干净气孔回装膨胀密封圈 □2.1（b） 更换新的橡胶石棉垫片，保证与原垫片相同的厚度 □2.1（c） 紧固锁紧螺母 □2.2 接通气源和电源，测试圆顶阀动作 □2.3 安装气动连接件 危险源：撬杠、梅花扳手	□A2.1 撬动过程中应采取防止被撬物倾斜或滚落的措施。 □A2.2 扳手不应有裂缝、毛刺及明显的夹缝、切痕、氧化皮等缺陷，柄部应平直。 2.1 阀门回装。 2.2 按相反顺序重新装配，更换新的橡胶石棉垫片，保证与原垫片相同的厚度

安全鉴证点	5-S1	

检修工序步骤及内容	安全、质量标准
3 现场清理 □3.1 修后设备见本色，周围设备无污染 □3.2 工完、料尽、场地清	3.2 废料及时清理，做到工完、料净、场地清

检 修 技 术 记 录

数据记录：

遗留问题及处理措施：

记录人		年 月 日	工作负责人		年 月 日

消 缺 工 序 卡

单位：_____ 班组：_____ 编号：_____

检修任务：微动水力吹灰器不能正常投入或吹灰中断消缺 风险等级：_____

编　号		工单号		
计划检修时间		计划工日		
安全鉴证点（S1）	2	安全鉴证点（S2、S3）		0
见证点（W）	1	停工待检点（H）		0
办 理 工 作 票				
工作票编号：				
检修单位		工作负责人		
工作组成员				

施 工 现 场 准 备

序号	安 全 措 施 检 查	确认符合
1	进入噪声区域正确佩戴合格的耳塞	□
2	进入粉尘较大的场所作业，作业人员必须戴防尘口罩	□
3	保证足够的饮水及防暑药品，人员轮换工作；在高温场所工作时，应为工作人员提供足够的饮水、清凉饮料及防暑药品	□
4	在高处作业区域周围设置明显的围栏，悬挂安全警示标示牌，必要时在作业区内搭设防护棚，不准无关人员入内或在工作地点下方行走和停留	□
5	对现场检修区域设置围栏、铺设胶皮，进行有效的隔离，有人监护	□
6	开工前与运行人员共同确认检修的设备已可靠与运行中的系统隔断，检查进汽门已关闭，电源已断开，挂"禁止操作，有人工作"标示牌	□

确认人签字：

设 备 故 障 原 因 分 析

序号	吹灰器不能正常投入或吹灰中断的原因分析	检 查 部 位
1	轴承齿轮的磨损、链条滚轮损坏	传动装置
2	齿轮磨损、裂纹、缺损等情况、齿轮啮合接触面腐蚀、检查外壳、轴承损坏	减速箱
3	介质脏污，卡涩，堵塞	供水阀

工 器 具 准 备 与 检 查

序号	工具名称及型号	数量	完 好 标 准	确认符合
1	梅花扳手（14～17mm、17～19mm、24～27mm）	1	扳手不应有裂缝、毛刺及明显的夹缝、切痕、氧化皮等缺陷，柄部应平直	□
2	内六角扳手（6、8、10、12mm）	1	扳手不应有裂缝、毛刺及明显的夹缝、切痕、氧化皮等缺陷，柄部应平直	□
3	手锤（2p）	1	手锤的锤头须完整，其表面须光滑微凸，不得有歪斜、缺口、凹入及裂纹等情形。手锤的柄须用整根的硬木制成，并将头部用楔栓固定。楔栓宜采用金属楔，楔子长度不应大于安装孔的2/3	□
4	活扳手（300mm）	2	活动扳口应在扳体导轨的全行程上灵活移动；活扳手不应有裂缝、毛刺及明显的夹缝、氧化皮等缺陷，柄部平直且不应有影响使用性能的缺陷	□

确认人签字：

备 件 材 料 准 备					
序号	材料名称	规　格	单位	数量	检查结果
1	擦机布		kg	4	□
2	B.R. GREASE 高温极压润滑脂（简称铁霸红油脂）	2.27kg	kg	0.2	□
3	极压齿轮油	9kg/桶	kg	3	□
4	高强垫片	$\phi55\times80$mm	套	1	□

检 修 工 序	
检修工序步骤及内容	安全、质量标准
1 吹灰器解体 危险源：手动工具 安全鉴证点　1-S1 □1.1 拆开进水管盘根压兰，取出盘根 □1.2 取出进水管，取下传动链 □1.3 拆下减速箱将润滑油脂放掉，并解体减速箱。检修部位应铺设胶皮并使用油盘，防止污染。由螺纹导轨上旋出传动套	□A1（a） 正确佩戴防护手套。 □A1（b） 必须使用防坠绳；应用绳拴在牢固的构件上，不准随便乱放。 □A1（c） 不准上下抛掷，应使用绳系牢后往下或往上吊。 □A1（d） 器具摆放要整齐，地面应铺设胶皮，小件物品应运回班内妥善保管，大件物品放在就地做好防护措施，重点防护物件从网格板孔隙掉落
2 吹灰器各部件检查 □2.1 内外管检查 □2.2 减速箱用色印检查齿轮啮合情况 □2.3 用塞尺或压铅丝的方法测量齿轮的磨损情况及齿侧间隙 □2.4 检查各轴承滚珠内外圈及齿轮 □2.5 吹灰器外管喷嘴检查 □2.6 吹灰器螺纹传动链及链轮检查 □2.7 吹灰器螺纹导轨和传动套检查 质检点　1-W2　一级　二级	2.1 腐蚀深度不可超过原壁厚的 30%。 2.2 齿高大于 70%，齿宽大于 35%。 2.3 磨损量小于 1/3，无断齿、点蚀等现象；齿侧间隙 0.1～0.5mm。 2.4 齿轮无点蚀、裂纹、胶合。轴承无点蚀，裂纹起皮过热，珠架无裂纹、变形。 2.5 喷嘴无裂纹锈蚀，喷射角度正确，喷头无松动堵塞，防松良好（W2）。 2.6 传动链的链轮磨损不超过 1/3。销轴无卡涩现象。 2.7 螺纹完整无麻点，沟槽无变形，传动无卡涩现象，铜套磨损小于 1/4；导轨上涂有高温润滑脂
3 吹灰器组装 危险源：高空的工器具、零部件 安全鉴证点　2-S1 □3.1 将清洗检查后的轴承、齿轮回装。按与拆卸相反的顺序组装吹灰器	□A3（a） 正确佩戴防护手套。 □A3（b） 必须使用防坠绳；应用绳拴在牢固的构件上，不准随便乱放。 □A3（c） 不准上下抛掷，应使用绳系牢后往下或往上吊。 □A3（d） 器具摆放要整齐，地面应铺设胶皮，小件物品应运回班内妥善保管，大件物品放在就地做好防护措施，重点防护物件从网格板孔隙掉落。 3.1 轴承内圈与轴无松动，有 0～3 丝过盈，外圈与箱体无滑动痕迹。减速器接合面密封良好
4 现场清理 □4.1 修后设备见本色，周围设备无污染 □4.2 工完、料净、场地清	4.2 废料及时清理，做到工完、料净、场地清

检 修 技 术 记 录
数据记录：

遗留问题及处理措施:				
记录人		年　月　日	工作负责人	年　月　日

5　脱　硫　检　修

消　缺　工　序　卡

单位：＿＿＿＿＿＿＿　班组：＿＿＿＿＿＿＿＿＿　　　　　　编号：＿＿＿＿＿＿＿＿

检修任务：**湿磨机漏浆液筒体内部消缺**　　　　　　　　　　　风险等级：＿＿＿＿＿＿

编　号		工单号	
计划检修时间		计划工日	
安全鉴证点（S1）	5	安全鉴证点（S2、S3）	1
见证点（W）	2	停工待检点（H）	0

办 理 工 作 票			
工作票编号：			
检修单位		工作负责人	
工作组成员			

施 工 现 场 准 备

序号	安 全 措 施 检 查	确认符合
1	进入噪声区域、使用高噪声工具时正确佩戴合格的耳塞、作业时正确佩戴防尘口罩	□
2	增加临时照明	□
3	手动盘车时做好人员、工器具防护措施	□
4	发现盖板缺损及平台防护栏杆不完整时，应采取临时防护措施，设坚固的临时围栏	□
5	开工前与运行人员共同确认检修的设备已可靠与运行中的系统隔断，挂"禁止操作，有人工作"标示牌	□
6	筒体内钢球、介质放尽，冲洗干净后方可开始工作	□

确认人签字：

设备故障现象原因分析

序号	造成湿磨机漏浆液的原因分析	检 查 部 位
1	人孔门漏浆液	人孔门密封面
2	湿磨机筒体内部衬胶磨损、湿磨机筒体漏浆液	湿磨机筒体内部衬胶磨损
3	湿磨机筒体外部衬胶连接螺丝松动、湿磨机筒体衬漏浆液	湿磨机筒体外部衬胶固定螺丝有松动

工 器 具 检 查

序号	工具名称及型号	数量	完 好 标 准	确认符合
1	大锤、手锤	1	大锤的锤头须完整，其表面须光滑微凸，不得有歪斜、缺口、凹入及裂纹等情形；大锤的柄须用整根的硬木制成，并将头部用楔栓固定；楔栓宜采用金属楔，楔子长度不应大于安装孔的2/3	□
2	撬杠	1	必须保证撬杠强度满足要求。在使用加力杆时，必须保证其强度和嵌套深度满足要求，以防折断或滑脱	□
3	活扳手	1	活动扳口应在扳体导轨的全行程上灵活移动；活扳手不应有裂缝、毛刺及明显的夹缝、氧化皮等缺陷，柄部平直且不应有影响使用性能的缺陷	□
4	通风机	1	检查通风机检验合格证在有效期内；通风机（易燃易爆区域）应为防爆型风机；风机转动部分必须装设防护装置，并标明旋转方向	□

序号	工具名称及型号	数量	完 好 标 准	确认符合
5	行灯 （24V）	1	检查行灯电源线、电源插头完好无破损；行灯电源线应采用橡胶套软电缆；行灯的手柄应绝缘良好且耐热、防潮；在周围均是金属导体的场所和容器内工作时，不应超过24V；行灯应有保护罩	□
6	临时电源及电源线		临时电源线架设高度室内不低于2.5m；检查电源线外绝缘良好，无破损；检查检验合格证在有效期内。检查电源插头插座，确保完好；不准将电源线缠绕在护栏、管道和脚手架上；检查检验合格证在有效期内。分级配置漏电保安器，工作前试漏电保护器，确保正确动作；检查检验合格证在有效期内。检查电源箱外壳接地良好	□

确认人签字：

备 件 材 料 准 备

序号	材料名称	规　格	单位	数量	检查结果
1	橡胶胶皮垫		个	1	□
2	擦机布		kg	0.2	□
3	螺栓松动液	350mL	瓶	1	□
4	磨机内部专用丁基橡胶板		块	若干	□

检 修 工 序

检修工序步骤及内容	安全、质量标准
□1　松开人孔紧固螺栓 危险源：大锤、行灯 安全鉴证点　1-S1	□A1.1　锤把上不可有油污；抢大锤时，周围不得有人，不得单手抢大锤；严禁戴手套抢大锤；检修工作中人孔打开后，必须设有牢固的临时围栏，并设有明显的警告标志。 □A1.2　检查行灯电源线、电源插头完好无破损；行灯电源线应采用橡胶套软电缆；行灯的手柄应绝缘良好且耐热、防潮
□2　架设轴流风机通风 危险源：通风机 安全鉴证点　2-S1	□A2　检查通风机检验合格证在有效期内；通风机（易燃易爆区域）应为防爆型风机；风机转动部分必须装设防护装置，并标明旋转方向
3　湿磨机筒体内部检查 危险源：空气、行灯 安全鉴证点　3-S1 安全鉴证点　1-S2　第5页	□A3.1　检测氧气浓度保持在19.5%～21%范围内；设专人不间断地监护，设置逃生通道，并保持通道畅通；工作间断时应将人孔临时进行封闭；人员进出登记。 □A3.2　禁止将行灯变压器带入容器内；在容器内使用的行灯，其电压不得超过12V。
□3.1　人孔门密封面检修 □3.2　湿磨机筒泄漏部位检修更换 □3.2（a）　检查湿磨机筒体橡胶衬体泄漏部位，更换磨穿橡胶衬板，检查磨损超过原始厚度1/2～2/3时必须更换新橡胶衬体，使用活扳手从筒体外面将需要更换的衬板螺丝松掉，使用大锤、撬杠或敲击螺丝刀将损坏衬板取出，装上新衬板 □3.3　湿磨机筒体外部衬胶连接螺丝检查 □3.3（a）　检查泄漏部位橡胶衬板固定螺栓，有无断裂和松动现象、使用活扳手、大锤紧固固定螺栓	3.1　检查人孔密封面衬胶完好无腐蚀磨损及贯通性沟痕，橡胶垫完好无断裂、变形。 3.2　检查磨损超过原始厚度1/2～2/3时必须更换新橡胶衬体。 3.3　检查泄漏部位橡胶衬板固定螺栓，有无断裂和松动现象

质检点	1-W2	一级	二级

续表

检修工序步骤及内容	安全、质量标准
4 检查湿磨机出、入口端面检查 □4.1 用直尺检查湿磨机出、入口端面衬胶板磨损情况，现有厚度不少于原始厚度 1/2～2/3，在磨机外部两端用套筒板紧固衬板螺栓	4 湿磨机出、入口端面衬胶板磨损不超过原始厚度 1/2～2/3，固定螺栓无断裂、松动等现象

质检点	2-W2	一级	二级

□5 封闭人孔 危险源：遗留人员、物	□A5 封闭人孔前工作负责人应认真清点工作人员；核对容器进出入登记，确认无人员和工器具遗落，并喊话确认无人。

安全鉴证点	4-S1	

5.1 安装前应仔细检查内部无任何遗留物。
5.2 密封垫片加装，确保不发生偏斜，螺栓紧固均匀

□6 工作结束 危险源：孔、废料	□A6 临时打的孔、栏杆，施工结束后，必须恢复原状，检查现场安全设施已恢复齐全；废料及时清理，做到工完、料净、场地清

安全鉴证点	5-S1	

安 全 鉴 证 卡

风险点鉴证点：1-S2 工序 3 湿磨机筒体内部检修，氧气含量测量

一级验收		年 月 日
二级验收		年 月 日
一级验收		年 月 日
二级验收		年 月 日
一级验收		年 月 日
二级验收		年 月 日
一级验收		年 月 日
二级验收		年 月 日
一级验收		年 月 日
二级验收		年 月 日
一级验收		年 月 日
二级验收		年 月 日
一级验收		年 月 日
二级验收		年 月 日
一级验收		年 月 日
二级验收		年 月 日
一级验收		年 月 日
二级验收		年 月 日
一级验收		年 月 日
二级验收		年 月 日
一级验收		年 月 日
二级验收		年 月 日
一级验收		年 月 日
二级验收		年 月 日

续表

检 修 技 术 记 录					
数据记录：					
遗留问题及处理措施：					
记录人		年　　月　　日	工作负责人		年　　月　　日

消 缺 工 序 卡

单位：＿＿＿＿＿＿＿ 班组：＿＿＿＿＿＿＿＿　　　　　　　　　　　编号：＿＿＿＿＿＿＿

检修任务：**吸收塔浆液循环泵振动大消缺**　　　　　　　　　　　　　风险等级：＿＿＿＿＿＿

编　　号		工单号	
计划检修时间		计划工日	
安全鉴证点（S1）	4	安全鉴证点（S2、S3）	0
见证点（W）	6	停工待检点（H）	0

办 理 工 作 票			
工作票编号：			
检修单位		工作负责人	
工作组成员			

施 工 现 场 准 备

序号	安 全 措 施 检 查	确认符合
1	进入噪声区域正确佩戴合格的耳塞	□
2	发生的跑、冒、滴、漏，要及时清除处理	□
3	开工前确认检修的设备系统已停止运行，确认设备已切断电源，检查1号吸收塔1号A浆液循环泵电动入口门阀门已关闭，电源已断开，在电脑操作画面上设置为"禁止操作，有人工作"，在入口门上挂"禁止操作，有人工作"标示牌；冲洗1号吸收塔1号A浆液循环泵，冲洗完成关闭冲洗阀门，并打开1号吸收塔1号A浆液循环泵放空门，待管道及泵内介质放空方可开始工作	□

确认人签字：

设 备 故 障 现 象 原 因 分 析

序号	造成浆液循环泵振动大的原因分析	检 查 部 位
1	浆液循环泵联轴器中心偏差大	检查联轴器中心度
2	浆液循环泵及电机地脚螺栓松动	检查泵体及电机地脚螺栓松动
3	浆液循环泵叶轮磨损	解体检查循环泵叶轮磨损
4	浆液循环泵轴承损坏	检查循环泵轴承磨损

工 器 具 检 查

序号	工具名称及型号	数量	完 好 标 准	确认符合
1	大锤	1	大锤的锤头须完整，其表面须光滑微凸，不得有歪斜、缺口、凹入及裂纹等情形。大锤的柄须用整根的硬木制成，并将头部用楔栓固定。楔栓宜采用金属楔，楔子长度不应大于安装孔的2/3	□
2	撬棍	1	必须保证撬杠强度满足要求。在使用加力杆时，必须保证其强度和嵌套深度满足要求，以防折断或滑脱	□
3	锉刀	1	锉刀手柄应安装牢固，没有手柄的不准使用	□
4	螺丝刀（150mm）	2	螺丝刀手柄应安装牢固，没有手柄的不准使用	□
5	临时电源及电源线	1	检查检验合格证在有效期内，检查电源盘电源线、电源插头、插座完好无破损；漏电保护器动作正确，检查电源盘线盘架、拉杆、线盘架轮子及线盘摇动手柄齐全完好	□
6	铜棒	1	铜棒无卷边，无裂纹，无弯曲	□
7	角磨机	1	检查电源线、电源插头完好无破损、防护罩完好无破损；检查检验合格证在有效期内	□
8	活扳手（450mm）	2	活动扳口应在扳体导轨的全行程上灵活移动；活扳手不应有裂缝、毛刺及明显的夹缝、氧化皮等缺陷，柄部平直且不应有影响使用性能的缺陷	□

序号	工具名称及型号	数量	完 好 标 准	确认符合
9	敲击扳手 （36、42、48mm）	3	内方无损坏、弯曲、断裂	□
10	梅花扳手 （17mm～19mm、24mm～ 27mm、27mm～30mm）	3	梅花扳手不应有裂缝、毛刺及明显的夹缝、切痕、氧化皮等缺陷，柄部应平直	□
11	内六角扳手 （3、4、5、6、8、10、12mm）	1	外方无损坏、弯曲、断裂	□

确认人签字：

备 件 材 料 准 备

序号	材料名称	规 格	单位	数量	检查结果
1	擦机布		kg	2	□
2	清洗剂	350mL	瓶	1	□
3	橡胶密封圈	2000mm×4mm	个	1	□
4	铜皮	0.05、0.1mm	kg	0.5	□
5	砂纸	120目	张	5	□
6	石棉板	1000mm×500mm×2mm	张	1	□

检 修 工 序

检修工序步骤及内容	安全、质量标准
1 检修前工作人员全面了解设备的运行情况如运行小时数、排浆能力、轴承温度、油质情况等，记录好轴承振动情况，同时查阅轴承使用小时，上次检修更换备件情况及遗留问题 □1.1 切断电源，关闭泵排出口阀门和辅助管阀门 □1.2 拆除联轴器的保护罩 危险源：噪声 表格：安全鉴证点 1-S1 □1.3 用24～27mm梅花扳手拆除联轴器中间节，架设百分表检测联轴器中心度 表格：质检点 1-W2 一级 二级 □1.4 用大锤、36号敲击扳手逐个检查浆液循环泵及电机地脚螺栓 危险源：大锤 表格：安全鉴证点 2-S1 表格：质检点 2-W2 一级 二级 □1.5 循环泵叶轮检查 □1.5（a） 用24～27mm梅花扳手拆除循环泵与减速机连接短节，将蜗壳与支架的连接螺柱、支架与悬架的连接螺栓拆下 □1.5（b） 用300mm活络扳手拆开机械密封水连接件，拆卸悬架组件连同叶轮一起抽出蜗壳 □1.5（c） 用300mm活络扳手松开叶轮与轴紧固螺栓，用24～27mm梅花扳手松护板与泵壳紧固螺栓，用撬杠敲出叶轮，取下护板 危险源：电动葫芦 表格：安全鉴证点 3-S1	□A1.1 衣服和袖口应扣好，不得戴围巾领带，长发必须盘在安全帽内；不准将用具、工器具接触设备的转动部位；工作人员应与注意环境噪声，保持适当距离或佩戴耳塞。 □A1.2 准备好检修用的工器具，落实工作负责人，做好安全措施，准备好备品备件，办理好工作票。 □A1.3 正确佩戴防护手套使用工器具；地面有油水必须及时清除，以防滑跌 1.3 用百分表测量联轴器中心，联轴器中心标准：径向0.05mm，轴向0.05mm □A1.4 锤把上不可有油污；严禁单手抡大锤；使用大锤时，周围不得有人靠近；严禁戴手套抡大锤。 1.4 地脚无裂纹，固定螺栓无松动、残缺及重大机械损伤 □A1.5 起重物品必须绑牢，吊钩应挂在物品的重心上，吊钩钢丝绳应保持垂直，禁止使用吊钩斜着拖吊重物。 1.5（a） 叶轮磨损超过原厚度1/2应更换。同时检查叶轮有无裂纹。 1.5（b） 检查循环泵叶轮无裂纹、砂眼、汽蚀等缺陷

续表

检修工序步骤及内容	安全、质量标准

质检点	3-W2	一级	二级

□1.6 轴承间隙检查、轴承与轴轴承室的配合紧力测量
□1.6（a） 用撬棍将叶轮由泵轴上拆下
□1.6（b） 用 8mm 内六角扳手松开机械密封静环端盖螺栓

□1.6（c） 用 200mm 三角拉马拆下循环泵联轴器
□1.6（d） 用 300mm 活络扳手拆开轴承室放油螺栓
□1.6（e） 用 17～19mm 梅花扳手松开轴承盖紧固螺栓，再用 ϕ25、长 400mm 的铜棒与手锤配合，将泵轴连同轴承一起从轴承室内部取出
□1.6（f） 用 ϕ25、长 400mm 的铜棒与手锤配合，将轴承从泵轴上拆下

1.6（a） 轴承外观检查不应有裂纹、黑皮、腐蚀。
1.6（b） 用外径千分尺测量泵轴与轴承配合部位的外径轴承与轴的配合紧力为 0.02～0.03mm。
1.6（c） 联轴器与轴的配合间隙 0mm±0.02mm。
1.6（d） 部件无裂纹、砂眼等缺陷。
1.6（e） 用三爪内径千分尺测量轴承室内径，再用外径千分尺测量轴承外径，轴承与轴轴承室的配合紧力为 0.02～0.03mm

质检点	4-W2	一级	二级

□1.7 泵轴检查、弯曲度测量

1.7 用 V 形铁和百分表测量轴弯曲，轴弯曲量不大于 0.02mm

质检点	5-W2	一级	二级

2 循环泵组装
□2.1 采用热装法将轴承安装在轴上
□2.2 待轴承完全冷却后，将轴承连同泵轴一起穿入轴承室
□2.3 用 0～150mm 深度尺测量轴承至轴承室密封面的距离，再测量轴承盖凸肩的高度，计算后确定轴承推力间隙

□A2.1 工作人员应与高温部件保持适当距离或穿戴防高温烫伤隔热服及防护手套。
□A2.2 起重物品必须绑牢，吊钩应挂在物品的重心上，吊钩钢丝绳应保持垂直禁止使用吊钩斜着拖吊重物；工作负荷不准超过铭牌规定。
□A2.3 活动扳口应在扳体导轨的全行程上灵活移动；活扳手不应有裂缝、毛刺及明显的夹缝、氧化皮等缺陷，柄部平直且不应有影响使用性能的缺陷。
2.1 轴承无型号一侧靠向轴间。
2.2 轴承的受力位置是轴承的外圈；泵组的轴承必须与轴承盖完全贴合。
2.3 轴承推力间隙为 0.2～0.4mm

质检点	6-W2	一级	二级

□2.4 根据计算后的数据制作轴承盖密封垫片，然后回装轴承盖，并用 17～19mm 梅花扳手紧固轴承盖压紧螺栓
危险源：高温部件、电动葫芦

2.4 螺栓紧力适中，紧力均匀

安全鉴证点	4-S1	

3 现场清理
□3.1 修后设备见本色，周围设备无污染
□3.2 工完料尽场地清

3.1 废料及时清理，做到工完、料净、场地清

检 修 技 术 记 录	

数据记录：

遗留问题及处理措施：

记录人		年 月 日	工作负责人		年 月 日

6 热 工 检 修

消 缺 工 序 卡

单位：_____ 班组：_____ 编号：_____

检修任务：**送风机动叶执行机构拒动消缺** 风险等级：_____

编 号			工单号	
计划检修时间			计划工日	
安全鉴证点（S1）	5		安全鉴证点（S2、S3）	0
见证点（W）	1		停工待检点（H）	0

办 理 工 作 票

工作票编号：

检修单位		工作负责人	
工作组成员			

施 工 现 场 准 备

序号	安 全 措 施 检 查	确认符合
1	进入生产现场必须戴安全帽，穿绝缘靴	□
2	进入噪声区域正确佩戴合格的耳塞	□
3	门口、通道、楼梯和平台等处不准放置杂物	□
4	发生的跑、冒、滴、漏，要及时清除处理	□
5	地面有油水、泥污等必须及时清除，以防滑跌	□
6	发现平台防护栏杆不完整时，应采取临时防护措施，设坚固的临时围栏	□
7	工作前核对设备名称及编号	□
8	设备需停电检修时，应将控制柜电源停电，并在电源开关上设置"禁止合闸，有人工作"警示牌，作业前必须验电	□
9	工序卡、记录本已准备齐全	□

确认人签字：

设 备 故 障 原 因 分 析

序号	造成温度显示异常的原因分析	检 查 部 位
1	由于机务设备卡塞导致电机过力矩；无电源或电源缺相；线圈绝缘强度降低；相间击穿	电机
2	内部齿轮卡涩	减速机构
3	电子元器件老化性能下降或损坏，虚焊、脱焊；卡件连接松动	卡件
4	接线连接松动	接线端子

工器具准备与检查

序号	工具名称及型号	数量	完 好 标 准	确认符合
1	螺丝刀	2	螺丝刀手柄应安装牢固，没有手柄的不准使用	□
2	内六角扳手	2	表面应光滑，不应有裂纹、毛刺等影响使用性能的缺陷	□
3	钢丝钳	2	绝缘胶良好，没有破皮漏电等现象，钳口无磨损，无错口现象，手柄无潮湿，保持充分干燥	□
4	万用表	1	塑料外壳具有足够的机械强度，不得有缺损和开裂、划伤和污迹，不允许有明显的变形，按键、按钮应灵活可靠，无卡死和接触不良的现象	□

序号	工具名称及型号	数量	完 好 标 准	确认符合
5	防静电手环	2	防静电手环产品标识应清晰齐全；导电松紧带、活动按扣、弹簧PU线、保护电阻及插头或鳄鱼夹等部件应完整无缺，各部件之间连接头应无缺损、断裂等缺陷	□

确认人签字：

备 件 材 料 准 备

序号	材料名称	规 格	单位	数量	检查结果
1	塑料布		kg	2	□
2	绝缘胶带		筒	1	□
3	绑扎带		根	10	□
4	抹布		卷	2	□
5	毛刷		支	1	□
6	记号笔		支	1	□

检 修 工 序

检修工序步骤及内容	安全、质量标准
1 执行机构过力矩检查 □1.1 核对设备名称及编号 □1.2 检查执行机构有无电机过力矩故障报警 □1.3 若有电机过力矩故障报警，将送风机动叶执行机构置就地手动操作 □1.4 使用执行机构手柄手动或关执行机构，检查是否有外部机械卡涩	1.4 手动开关送风机动叶执行机构，应灵活、无卡塞。若有外部机械卡涩，联系机务专业消除，若无机械卡塞继续检查
2 电源检查 □2.1 松开送风机动叶执行机构端盖，使用万用表检查供电电源 危险源：380V 交流电 安全鉴证点　1-S1	□A2.1（a） 工作时应戴安全帽和手套，使用有绝缘把手的工器具，穿绝缘鞋并站在干燥的绝缘物上进行。 □A2.1（b） 使用万用表带电测试应防止其测试表笔误碰短路或接地，且测试时不得转动万用表旋钮。 2.1 电源电压应在 380V±5%范围内，不缺相，如未发现缺陷继续检查
3 接线端子检查 □3.1 停运送风机动叶执行机构 380V 交流电源，悬挂"禁止合闸，有人工作"标示牌。 □3.2 使用螺丝刀拧紧接线端子螺丝，检查送风机动叶执行机构接线端子接线有无松动现象 危险源：380V 交流电，带电信号线（来自 DCS） 安全鉴证点　2-S1	□A3.2（a） 工作前验电。 □A3.2（b） 使用有绝缘柄的工具，其裸露的金属部分用绝缘带包扎，防止操作时短路或接地。 3.2 送风机动叶执行机构信号线和 380V 交流电源接线端子连接应无松动，接触不良现象，如未发现缺陷继续检查
4 卡件检查 □4.1 佩戴防静电手环 □4.2 检查送风机动叶执行机构卡件外观及保险，若有问题更换 危险源：静电、带电信号线（来自 DCS） 安全鉴证点　3-S1	□A4.1 插拔卡件必须戴防静电手环，防静电手环应可靠接地，并与皮肤接触良好。 4.2 卡件无烧损、虚焊、脱焊现象，保险完好。
□4.3 检查送风机动叶执行机构卡件插接	4.3 卡件插接应无松动，如未发现缺陷继续检查

检修工序步骤及内容	安全、质量标准
5 减速机构及电机检查 □5.1 核对电源线、信号线标识，并做好记录 □5.2 佩戴防静电手环 □5.3 拆线，并拔下卡件，放入防静电袋内	□A5.2 插拔卡件必须戴防静电手环，防静电手环应可靠接地，并与皮肤接触良好。 □A5.3（a） 使用有绝缘柄的工具，其外裸的导电部位应采取绝缘措施，防止操作时相间或相对地短路；工作时，应穿绝缘鞋；拆线前验电，确认无电。
危险源：静电、带电信号线（来自DCS） 安全鉴证点 4-S1 □5.4 检查送风机动叶执行机构减速机构 □5.5 检查送风机动叶执行机构电机 □5.6 恢复卡件插接和端子接线	□A5.3（b） 拆线时应逐根拆除，每根用绝缘胶布包好；拆下的连接线应设有防止相间短路的保护措施，并固定牢固。 □A5.3（c） 现场拆下的卡件、零部件等应定置摆放，禁止乱堆乱放，地面用塑料布铺垫。 5.4 减速机构无缺齿和变形、磨损现象，如未发现缺陷继续检查。 5.5 电机线圈电阻及绝缘良好，无断路和绝缘能力降低现象。 5.6 卡件插接和端子接线应牢固，无松动和接触不良现象
6 执行机构调试 □6.1 送风机动叶执行机构送电 □6.2 送风机动叶执行机构调试 危险源：执行器转动部分 安全鉴证点 5-S1 质检点 1-W2　一级　二级	□A6.2 调试过程中，远方操作人员与就地工作人员应保持联系；工作人员应远离执行器转动部分，不得用手触摸阀杆和手轮，避免挤伤手指。 6.2（a） 送风机动叶执行机构动作平滑，无卡涩，在现场0%、25%、50%、75%、100%位置，指令与反馈呈线性关系。 6.2（b） 开完、关完信号正确。 6.2（c） 全开、全关时间符合要求
7 检修工作结束 □7.1 清理现场	7.1（a） 修后设备见本色，周围设备无污染。 7.1（b） 工完料尽场地清

检 修 技 术 记 录

数据记录：

遗留问题及处理措施：

记录人		年　月　日	工作负责人		年　月　日

消 缺 工 序 卡

单位：_____ 班组：_____ 编号：_____

检修任务：**一次风机轴承润滑油站压力表指示不准消缺** 风险等级：_____

编　号		工单号	
计划检修时间		计划工日	
安全鉴证点（S1）	7	安全鉴证点（S2、S3）	0
见证点（W）	1	停工待检点（H）	0

办 理 工 作 票			
工作票编号：			
检修单位		工作负责人	
工作组成员			

施 工 现 场 准 备		
序号	安 全 措 施 检 查	确认符合
1	进入噪声区域正确佩戴合格的耳塞	□
2	作业人员必须戴防尘口罩	□
3	门口、通道、楼梯和平台等处不准放置杂物	□
4	发生的跑、冒、滴、漏，要及时清除处理	□
5	地面有油水、泥污等必须及时清除，以防滑跌	□
6	发现平台防护栏杆不完整时，应采取临时防护措施，设坚固的临时围栏	□
7	工作前核对设备名称及编号	□
8	工序卡、记录本已准备齐全	□
9	开工前确认消缺检修的设备已停止运行，关闭一次风机轴承润滑油站压力表取样二次门并在其门轮上挂"禁止操作，有人工作"标示牌	□
确认人签字：		

设 备 故 障 原 因 分 析		
序号	造成温度显示异常的原因分析	检 查 部 位
1	取样回路积於堵塞、泄漏	检查压力表取样回路
2	指示部件卡塞、松动	检查压力表指示部件
3	传动机构卡塞、松动	检查压力表传动机构
4	弹簧管老化性能下降	检查压力表弹簧管

工器具准备与检查				
序号	工具名称及型号	数量	完 好 标 准	确认符合
1	安全带	2	检查检验合格证应在有效期内，标识（产品标识和定期检验合格标识）应清晰齐全；各部件应完整，无缺失、伤残破损，腰带、胸带、围杆带、围杆绳、安全绳应无灼伤、脆裂、断股、霉变；金属卡环（钩）必须有保险装置，且操作要灵活。钩体和钩舌的咬口必须完整，两者不得偏斜	□
2	螺丝刀	2	螺丝刀手柄应安装牢固，没有手柄的不准使用	□
3	扳手（200mm×24mm、300mm×36mm）	2	活扳手开口平整无明显机械损伤，扳手与螺轮紧密配合，无松动现象，螺轮固定良好，无松动，螺轮螺纹无损伤	□
4	钢丝钳	2	绝缘胶良好，没有破皮漏电等现象，钳口无磨损，无错口现象，手柄无潮湿，保持充分干燥	□
确认人签字：				

	备 件 材 料 准 备				
序号	材料名称	规 格	单位	数量	检查结果
1	塑料布		kg	2	□
2	塑料丝堵		个	2	□
3	绝缘胶带		筒	1	□
4	绑扎带		根	10	□
5	垫片		个	5	□

检 修 工 序	
检修工序步骤及内容	安全、质量标准
1 压力表取样回路泄漏状况检查 □1.1 核对设备编号、信号线标识，并做好记录 □1.2 关闭一次风机轴承润滑油站压力表二次门 危险源：粉尘 安全鉴证点 1-S1 □1.3 使用扳手缓慢拧开一次风机轴承润滑油站压力表取样回路接头，检查垫片有无破损，若有破损更换垫片 危险源：带压介质 安全鉴证点 2-S1 □1.4 检查更换完毕，使用扳手缓慢拧紧一次风机轴承润滑油站压力表取样回路接头 危险源：带压介质 安全鉴证点 3-S1	□A1.1 核对设备编号防止误碰其他运行设备。 □A1.2（a） 使用工具均匀用力，松开可能积存压力介质锁母、螺丝时应避免正对介质释放点。 □A1.2（b） 进入粉尘较大的场所作业，作业人员必须戴防尘口罩。 □A1.3 松开一次风机轴承润滑油站压力表接头时应缓慢拆卸并避免正对介质释放点，如有介质渗出，则停止松懈接头，待没有介质渗出，再缓慢松懈接头，直到完全松开。 1.3 检查一次风机轴承润滑油站压力表取样回路接头有无松动，垫片有无破损现象，如未发生缺陷继续检查
2 取样回路清理吹扫 □2.1 关闭一次风机轴承润滑油站压力表二次门 危险源：粉尘 安全鉴证点 4-S1 □2.2 使用扳手缓慢松开一次风机轴承润滑油站压力表接头，将吹扫气源接入取样管路 危险源：带压介质 安全鉴证点 5-S1 □2.3 缓慢打开气源吹扫设备取样管路，吹扫5分钟左右拆除吹扫气源 □2.4 使用扳手紧固一次风机轴承润滑油站压力表，打开二次门	□A2.1 进入粉尘较大的场所作业，作业人员必须戴防尘口罩。 □A2.2 松开变送器接头时应缓慢拆卸并避免正对介质释放点，如有介质渗出，则停止松懈接头，待没有介质渗出，再缓慢松懈接头，直到完全松开。 2.4 一次风机轴承润滑油站压力表取样吹扫完毕，观察压力表指示是否正常，如果仍然不正常继续检查
3 压力表拆卸 □3.1 关闭压力表二次门 □3.2 使用扳手缓慢松开压力表紧固接头，待压力表回零后将接头全部松开，将压力表拆下 危险源：带压介质 安全鉴证点 6-S1 □3.3 取出垫片，用塑料丝堵将取样管口封堵严密，防止杂物落入	□A3.2（a） 现场拆下的零件、设备、材料等应定置摆放，禁止乱堆乱放，地面用塑料布铺垫。 □A3.2（b） 松开接头时应缓慢拆卸并避免正对介质释放点，如有介质渗出，则停止松懈接头，待没有介质渗出，再缓慢松懈接头，直到完全松开

检修工序步骤及内容	安全、质量标准
4 压力表校验 □4.1 压力表进入实验室之前应进行清洁,保证外观整洁,无灰尘、油污、水渍等 □4.2 对压力表进行校验 危险源:带压的仪表校验用油 | 安全鉴证点 | 7-S1 | | □4.2.1 压力表指示部件检查 □4.2.2 压力表传动机构检查 □4.2.3 压力表弹簧管检查 □4.2.4 压力表校验 | 质检点 | 1-W2 | 一级 |	□A4.2 在校验台上松开可能积存压力介质的法兰、接头、螺丝时应先将校验台泄压,再松开,同时避免正对介质释放点。 4.2.1 压力表指示部件检查,指针与表盘应无卡塞、摩擦现象,指针连接牢固无松动现象。 4.2.2 压力表传动机构检查,扇形齿轮无脱扣、卡塞现象,游丝清洁无油泥现象。 4.2.3 压力表弹簧管检查,弹簧管无明显形变。 4.2.4(a) 记录压力表校验器前和校验后的输出值。 4.2.4(b) 校验后的压力表在误差要求范围内
5 压力表回装,设备投运 □5.1 放入垫片,将压力表固定在接头上 □5.2 使用扳手缓慢紧固压力表接头 □5.3 打开压力表二次门	5.3(a) 压力表取样回路无渗漏、堵塞。 5.3(b) 压力表示值正常
□6 清理现场	6 修后设备见本色,周围设备无污染,工完料净场地清

检 修 技 术 记 录

数据记录:

遗留问题及处理措施:

记录人		年　月　日	工作负责人		年　月　日

消 缺 工 序 卡

单位：＿＿＿＿＿＿＿＿＿　　班组：＿＿＿＿＿＿＿＿＿　　　　　　　　编号：＿＿＿＿＿＿＿＿

检修任务：**一次风母管压力变送器显示异常消缺**　　　　　　　风险等级：＿＿＿＿＿＿

编　号		工单号	
计划检修时间		计划工日	
安全鉴证点（S1）	6	安全鉴证点（S2、S3）	0
见证点（W）	1	停工待检点（H）	0

办 理 工 作 票			
工作票编号：			
检修单位		工作负责人	
工作组成员			

施 工 现 场 准 备

序号	安 全 措 施 检 查	确认符合
1	进入现场作业人员必须戴安全帽，有粉尘区域必须戴防尘口罩	□
2	进入噪声区域正确佩戴合格的耳塞	□
3	门口、通道、楼梯和平台等处不准放置杂物	□
4	发生的跑、冒、滴、漏，要及时清除处理	□
5	地面有油水、泥污等必须及时清除，以防滑跌	□
6	发现平台防护栏杆不完整时，应采取临时防护措施，设坚固的临时围栏	□
7	工作前核对设备名称及编号	□
8	工序卡、记录本已准备齐全	□

确认人签字：

设 备 故 障 原 因 分 析

序号	造成温度显示异常的原因分析	检 查 部 位
1	传感器老化性能下降	传感器
2	设备接线松动	接线端子
3	取样回路积於堵塞、泄漏	取样回路

工器具准备与检查

序号	工具名称及型号	数量	完 好 标 准	确认符合
1	安全带	2	检查检验合格证应在有效期内，标识（产品标识和定期检验合格标识）应清晰齐全；各部件应完整，无缺失、伤残破损，腰带、胸带、围杆带、围杆绳、安全绳应无灼伤、脆裂、断股、霉变；金属卡环（钩）必须有保险装置，且操作要灵活。钩体和钩舌的咬口必须完整，两者不得偏斜	□
2	螺丝刀	2	螺丝刀手柄应安装牢固，没有手柄的不准使用	□
3	活扳手 （200mm×24mm、 300mm×36mm）	2	活动扳口应在扳体导轨的全行程上灵活移动；活扳手不应有裂缝、毛刺及明显的夹缝、氧化皮等缺陷，柄部平直且不应有影响使用性能的缺陷	□
4	钢丝钳	2	绝缘胶良好，没有破皮漏电等现象，钳口无磨损，无错口现象，手柄无潮湿，保持充分干燥	□
5	万用表	1	塑料外壳具有足够的机械强度，不得有缺损和开裂、划伤和污迹，不允许有明显的变形，按键、按钮应灵活可靠，无卡死和接触不良的现象	□

确认人签字：

续表

<table>
<tr><td colspan="6" align="center">备 件 材 料 准 备</td></tr>
<tr><td>序号</td><td>材料名称</td><td>规　格</td><td>单位</td><td>数量</td><td>检查结果</td></tr>
<tr><td>1</td><td>塑料布</td><td></td><td>kg</td><td>2</td><td>□</td></tr>
<tr><td>2</td><td>塑料丝堵</td><td></td><td>个</td><td>2</td><td>□</td></tr>
<tr><td>3</td><td>绝缘胶带</td><td></td><td>筒</td><td>1</td><td>□</td></tr>
<tr><td>4</td><td>绑扎带</td><td></td><td>根</td><td>10</td><td>□</td></tr>
<tr><td>5</td><td>垫片</td><td></td><td>个</td><td>5</td><td>□</td></tr>
<tr><td>6</td><td>记号笔</td><td></td><td>支</td><td>1</td><td>□</td></tr>
</table>

<table>
<tr><td colspan="2" align="center">检 修 工 序</td></tr>
<tr><td align="center">检修工序步骤及内容</td><td align="center">安全、质量标准</td></tr>
<tr>
<td>
1 变送器接线检查
□1.1 核对设备名称及编号
□1.2 松开变送器端盖，使用螺丝刀拧紧接线端子螺丝，检查变送器接线端子接线有无松动现象

危险源：带电导线

<table><tr><td>安全鉴证点</td><td>1-S1</td><td></td></tr></table>
</td>
<td>
□A1.2 使用有绝缘柄的工具时，工具裸露的金属部分用绝缘带包扎，防止操作时短路或接地。
1.2 检查变送器接线端子信号线连接，应无松动，接触不良现象，如未发现缺陷继续检查
</td>
</tr>
<tr>
<td>
2 取样回路泄漏检查
□2.1 使用扳手紧固一次风母管压力变送器接头，检查接头有无松动
□2.2 关闭一次风母管压力变送器二次门
□2.3 使用扳手缓慢拧开一次风母管压力变送取样回路接头，检查垫片有无破损，若有破损更换垫片

危险源：一次风

<table><tr><td>安全鉴证点</td><td>2-S1</td><td></td></tr></table>
□2.4 检查更换完毕，使用扳手缓慢拧紧一次风母管压力变送取样回路接头
</td>
<td>
2.1 一次风母管压力变送器接头应无松动，如未发生缺陷继续检查。

□A2.3 松开变送器接头时应缓慢拆卸并避免正对介质释放点，如有介质渗出，则停止松懈接头，待没有介质渗出，再缓慢松懈接头，直到完全松开。
2.3 检查一次风母管压力变送器取样回路接头垫片有无破损现象，如未发生缺陷继续检查。

2.4 取样回路无泄漏
</td>
</tr>
<tr>
<td>
3 取样回路吹扫
□3.1 关闭一次风母管压力变送器二次门
□3.2 使用扳手缓慢松开一次风母管压力变送器接头，将吹扫气源接入取样管路

危险源：一次风

<table><tr><td>安全鉴证点</td><td>3-S1</td><td></td></tr></table>
□3.3 缓慢打开气源吹扫设备取样管路，吹扫 5min 左右拆除吹扫气源
□3.4 使用扳手紧固一次风母管压力变送器，打开二次门
</td>
<td>
□A3.2 松开变送器接头时应缓慢拆卸并避免正对介质释放点，如有介质渗出，则停止松懈接头，待没有介质渗出，再缓慢松懈接头，直到完全松开。

3.3 取样管路无异物堵塞。

3.4 一次风母管压力变送器吹扫完毕，恢复后观察变送器输出是否正常，如果仍然不正常继续检查
</td>
</tr>
<tr>
<td>
4 变送器拆线
□4.1 核对变送器编号、信号线标识，并做好记录
□4.2 变送器拆线

危险源：带电导线

<table><tr><td>安全鉴证点</td><td>4-S1</td><td></td></tr></table>
</td>
<td>
□A4.2（a） 使用有绝缘柄的工具，工具裸露的金属部分用绝缘带包扎，防止操作时短路或接地。
□A4.2（b） 拆线时应逐根拆除，每根用绝缘胶布包好；拆下的连接线应设有防止相间短路的保护措施，并固定牢固
</td>
</tr>
<tr>
<td>
5 压力变送器拆卸
□5.1 关闭压力变送器二次门，悬挂"禁止操作，有人工作"标示牌
</td>
<td></td>
</tr>
</table>

检修工序步骤及内容	安全、质量标准
□5.2 使用扳手缓慢松开压力变送器紧固接头，待压力变送器回零后将接头全部松开，拆下压力变送器 危险源：一次风 	安全鉴证点	5-S1			□A5.2（a） 现场拆下的零件、设备、材料等应定置摆放，禁止乱堆乱放，地面用塑料布铺垫。 □A5.2（b） 松开接头时应缓慢拆卸并避免正对介质释放点，如有介质渗漏，则停止松懈接头，待没有介质渗出，再缓慢松懈接头，直到完全松开
□5.3 取出垫片，用塑料丝堵将取样管口封堵严密，防止杂物落入	
6 压力变送器校验 □6.1 压力变送器进入实验室之前应进行清洁，保证外观整洁，无灰尘、油污、水渍等 □6.2 校验压力变送器，记录变送器校验前和校验后的输出值 危险源：仪表校验用油 | 安全鉴证点	6-S1		| | 质检点	1-W2	一级	二级		□A6.2 在校验台上松开可能积存压力介质的法兰、接头、螺丝时应先将校验台泄压，再松开，同时避免正对介质释放点。 6.2 校验后的变送器输出应在误差要求范围内
7 压力变送器回装，设备投运 □7.1 放入垫片，将压力变送器固定在接头上 □7.2 使用扳手缓慢紧固压力变送器接头，待压力变送器面向前方时将接头全部紧固 □7.3 变送器接线 危险源：带电导线 	安全鉴证点	9-S1			 □7.4 打开压力变送器二次门	□A7.3 使用有绝缘柄的工具，工具裸露的金属部分用绝缘带包扎，防止操作时短路或接地。 7.4（a） 变送器测量回路无渗漏、堵塞，接线无松动。 7.4（b） 一次风母管压力变送器示值正常，信号无跳变、坏点等现象
8 检修工作结束 □8.1 清理现场	8.1（a） 修后设备见本色，周围设备无污染。 8.1（b） 工完料净场地清

检 修 技 术 记 录

数据记录：

遗留问题及处理措施：

记录人		年 月 日	工作负责人		年 月 日

消 缺 工 序 卡

单位：_____ 班组：_____ 编号：_____

检修任务：再热器减温水电动调节阀内漏量大消缺 风险等级：_____

编 号		工单号		
计划检修时间		计划工日		
安全鉴证点（S1）	5	安全鉴证点（S2、S3）		
见证点（W）	3	停工待检点（H）		1

办 理 工 作 票				
工作票编号：				
检修单位		工作负责人		
工作组成员				

施 工 现 场 准 备

序号	安 全 措 施 检 查	确认符合
1	进入噪声区域时正确佩戴合格的耳塞	□
2	进入高温环境作业时，保证周围通风良好	□
3	必须保证检修区域照明充足	□
4	开工前与运行人员共同确认检修的设备已可靠与运行中的系统隔断。检查确认 1 号炉再热器减温水电动调节阀前后电动截止阀已关闭，电源已断开，挂"禁止合闸，有人工作"标示牌；检查确认 1 号炉再热器减温水电动调节阀电源已断开，挂"禁止合闸，有人工作"标示牌；检查确认 1 号炉再热器减温水电动调节阀处疏水阀已打开；检查确认 1 号炉再热器减温水电动调节阀温度已降至 50℃ 以下	□

确认人签字：

设 备 故 障 原 因 分 析

序号	原 因 分 析	检 查 部 位
1	阀瓣、阀座密封面长期冲刷	检查调节阀阀瓣、阀座
2	电动执行器限位偏移	检查调整调节阀电动执行器行程

工 器 具 检 查

序号	工具名称及型号	数量	完 好 标 准	确认符合
1	八角锤（0.9kg）	1	手锤的锤头须完整，其表面须光滑微凸，不得有歪斜、缺口、凹入及裂纹等情形。手锤的柄须用整根的硬木制成，并将头部用楔栓固定。楔栓宜采用金属楔，楔子长度不应大于安装孔的 2/3	□
2	撬棍（18mm×400mm）	1	必须保证撬杠强度满足要求。在使用加力杆时，必须保证其强度和嵌套深度满足要求，以防折断或滑脱	□
3	锉刀	1	锉刀手柄应安装牢固，没有手柄的不准使用	□
4	螺丝刀（150mm）	2	螺丝刀手柄应安装牢固，没有手柄的不准使用	□
5	活扳手（200mm×24mm、300mm×36mm）	2	活动扳口应在扳体导轨的全行程上灵活移动；活扳手不应有裂缝、毛刺及明显的夹缝、氧化皮等缺陷，柄部平直且不应有影响使用性能的缺陷	□
6	紫铜棒	1	紫铜棒应无卷边、无裂纹、无弯曲	□
7	内六角扳手（4mm×7mm～17mm×160mm）	1	表面应光滑，不应有裂纹、毛刺等影响使用性能的缺陷	□

序号	工具名称及型号	数量	完 好 标 准	确认符合
8	梅花扳手 （10～32mm）	1	表面应光滑，不应有裂纹、毛刺等影响使用性能的缺陷	□
9	研磨机	1	检查研磨机检验合格证在有效期内；检查研磨机电源线、电源插头等完好无损；使用研磨机时戴绝缘手套	□
10	临时电源及电源线	1	检查电源盘电源线、电源插头、插座完好无破损；漏电保护器动作正确，检查电源盘线盘架、拉杆、线盘架轮子及线盘摇动手柄齐全完好，检查检验合格证在有效期内	□

确认人签字：

备 件 材 料 准 备

序号	材料名称	规 格	单位	数量	检查结果
1	擦机布		kg	1	□
2	清洗剂	350mL	瓶	1	□
3	砂纸	120目	张	5	□

检 修 工 序

检修工序步骤及内容	安全、质量标准
□1　解体阀门，解体前阀盖位置做好标记，解体时阀门应处于开启状态，将阀盖紧固螺母全部松开 危险源：高温阀体、手锤 安全鉴证点　1-S1 质检点　1-W2　一级　二级	□A1（a）　进入高温环境作业时，保证周围通风良好。 □A1（b）　接触高温物体必须戴隔热手套。 □A1（c）　禁止戴手套使用手锤。 解体前阀盖位置做好标记，敲打阀门时必须使用铜棒
2　检查阀体 危险源：高温阀体、手锤 安全鉴证点　2-S1 □2.1　检查阀门阀芯、阀座密封面是否有腐蚀、冲刷和裂纹等缺陷 □2.2　检查阀杆表面应光洁表面无划痕、沟槽和腐蚀现象，发现后及时处理，必要时更换 □2.3　阀盖密封面用金相砂纸打磨 质检点　2-W2　一级　二级	□A2（a）　禁止戴手套使用手锤。 □A2（b）　接触高温物体必须戴隔热手套。 2　阀门检修时注意保护各密封面不要损伤，对阀门阀杆、密封面进行精细检查，确认其完好；阀芯、阀座回装前应清理表面，保持光洁；填料室应清理干净
□3　研磨阀芯、阀座，用红丹粉检查阀门密封面接触情况 危险源：临时电源及电源线、研磨机 安全鉴证点　3-S1 质检点　1-H3　一级　二级	□A3（a）　检查电源盘电源线、电源插头、插座完好无破损；漏电保护器动作正确，检查电源盘线盘架、拉杆、线盘架轮子及线盘摇动手柄齐全完好，检查检验合格证在有效期内。 □A3（b）　检查研磨机检验合格证在有效期内；检查研磨机电源线、电源插头等完好无损；使用研磨机时戴绝缘手套。 3　阀门密封面密封线连续，清晰，无间断，呈连续的闭合曲线
□4　阀门回装，螺栓对称紧固要均匀，确认零部件完好无损 危险源：扳手 安全鉴证点　4-S1	□A4　正确佩戴防护手套使用工器具。 4　螺栓对称紧固均匀

续表

检修工序步骤及内容	安全、质量标准
□5 检查调整调节阀电动执行器行程，阀门传动 危险源：电源盘、研磨机 表格：安全鉴证点 | 5-S1 | 表格：质检点 | 3-W2 | 一级 | 二级 |	□A5（a） 阀门传动前送电调试检查电动执行机构绝缘及接地装置良好。 □A5（b） 调整阀门执行机构行程的同时，不得用手触摸阀杆和手轮，避免挤伤手指。 5 行程限位准确，力矩开关动作正常

<table>
<tr><td colspan="2" align="center">检 修 技 术 记 录</td></tr>
<tr><td colspan="2">数据记录：

</td></tr>
<tr><td colspan="2">遗留问题及处理措施：

</td></tr>
<tr><td>记录人</td><td>年　月　日　　　　　工作负责人　　　　　年　月　日</td></tr>
</table>